普通高等教育“十三五”规划教材

采矿概论

王子云　渠爱巧　主编
韩延清　何晓光　张永华　庄世勇　副主编

中国石化出版社

内 容 提 要

本书全面系统地介绍了采矿工程专业的基本知识和基本概念，内容涵盖岩石力学、爆破、地下采矿工艺、井巷施工、矿井通风、采矿设备、露天采矿工艺等专业知识。

本书可以作为普通高等院校非采矿专业的教材，也可以作为金属、非金属矿山生产技术人员的培训教材以及设计研究人员的参考书。

图书在版编目(CIP)数据

采矿概论/王子云，渠爱巧主编．—北京：中国石化出版社，2019.4(2025.2重印)
普通高等教育“十三五”规划教材
ISBN 978-7-5114-5291-7

Ⅰ.①采… Ⅱ.①王… ②渠… Ⅲ.①矿山开采-高等学校-教材 Ⅳ.①TD8

中国版本图书馆CIP数据核字(2019)第063050号

未经本社书面授权，本书任何部分不得被复制、抄袭，或者以任何形式或任何方式传播。版权所有，侵权必究。

中国石化出版社出版发行

地址：北京市东城区安定门外大街58号
邮编：100011 电话：(010)57512500
发行部电话：(010)57512575
http://www.sinopec-press.com
E-mail：press@sinopec.com
北京捷迅佳彩印刷有限公司印刷
全国各地新华书店经销

*

710×1000毫米 16开本 13.25印张 237千字
2019年5月第1版 2025年2月第2次印刷
定价：35.00元

前　言

众所周知，各个国家的经济发展都高度依赖矿产资源，矿产资源的可持续发展对国民经济具有举足轻重的作用。当今世界经济正处于大发展大变革大调整时期，时有波折起伏，但世界经济走向开放、走向融合的大趋势没有改变。在这样一个自由、开放、包容的国际经济大环境下，各行各业的相互融合，专业间的相互交叉，就显得尤为重要。采矿业为其他行业的发展提供充足的矿产资源的同时，其他行业也需要更好地了解采矿专业的基本理论知识。

本书正是为非采矿专业编写的一本教材，内容贯穿了岩石力学、爆破、地下采矿工艺、井巷施工、矿井通风、采矿设备、露天采矿工艺、矿山环境污染与防治等专业知识。内容方面突出了基本知识和基本概念，文字叙述详略得当、重点突出，同时配以更多的图片，以加深读者对相关知识的理解。

本书由辽宁科技学院王子云、渠爱巧担任主编，韩延清、何晓光、张永华、庄世勇担任副主编。参加本书编写的还有鞍钢集团弓长岭井下矿田迎春、宫国慧，沈阳有色冶金设计院闵文军，辽宁环宇矿业咨询有限公司孙爱祥等。

本书在编写过程中，得到了有关院校、同行和工程技术人员的支持和帮助，在此表示感谢！

同时，本书在编写过程中参考了大量文献资料，大部分已在参考文献中列出，限于篇幅，不能一一列出，在此向文献作者表示衷心的感谢！

由于编写人员水平有限，书中难免有不妥之处，恳请读者批评、指正。

编　者

前　言

众所周知，[illegible]个国家的经济[illegible]发展[illegible]，[illegible]产资源[illegible]对国民经济[illegible]重要的作用。[illegible]正处于[illegible]发展[illegible]的关键时期，[illegible]在这样一个窗口，[illegible]的国际经济[illegible]，专业间的相互交叉，[illegible]更[illegible]其他行业[illegible]。

[illegible]

[illegible]

[illegible]在此表示感谢！

同时，[illegible]大部分已在[illegible]文献中列出，[illegible]在此向文献作者表示衷心的感谢！

由于编写人员水平有限，书中难免有不妥之处，恳请读者批评指正。

编　者

目　　录

1 绪　论

1.1 我国金属矿产资源状况

1.1.1 矿产资源的基本特征

矿产资源是指由地质作用形成并天然赋存于地壳或地表的固态、液态或气态的物质，它是具有经济价值或潜在经济价值的有用岩石、矿物或元素的聚集物。

矿产资源按照其用途分为能源矿产和原料矿产两大类。能源矿产包括煤、石油、天然气等；原料矿产又分为金属矿产与非金属矿产等。金属矿产包括黑色金属矿产(如铁、锰、铬、钒等)和有色金属矿产(如铜、铝、铅、锌等)；非金属矿产包括建筑材料(如云母、石棉等)、化工原料(如硫铁矿、磷等)及其他材料(如石灰石、白云石等)。

矿产资源的基本特征包括：

①产出天然性。矿产资源是在漫长的地质过程当中，由于地质作用而形成的以各种形式存在的产物，可以是固体、液体或气体。

②经济效用性。矿产资源说到底是一个经济的概念，如果某矿物没有效用价值，开发的成本大于其利用价值，即不能盈利，则就不能作为矿产资源。

③资源相对性。矿产资源是目前或可以预见的将来，能被当时的科学技术开发出来，并在经济上合理的天然物质；它的开发利用受科学技术社会需求、经济条件、政治军事形势以及环境保护等因素的影响。因此，矿产资源既具有客观存在的自然物质的属性，又具有社会、经济、政治，乃至军事的属性。

④效用基础性。矿产资源是人类生产和生活资源的基本源泉之一，随着人类对矿产资源开发利用程度的提高，矿产资源对人类的效用和贡献也越来越大；人类社会生产力的每一次巨大进步，都伴随着矿产资源利用水平的巨大飞跃。

⑤不可再生性。这是矿产资源最大的基本特征，矿产资源的形成和富集要经过漫长的地质年代，这就决定了矿产资源的基本特征，如稀缺性、耗竭性等；同时也决定了人类必须十分注意合理开发利用和保护矿产资源。

⑥分布地域性。矿产资源形成需要一定的地质条件，其空间分布是不均衡

的，总是相对集中于某些区域，有些区域的资源密度大、质量好、易开发，而有些区域则相反。此外，开发利用的社会经济条件和工艺技术也有地域差异。

⑦储量耗竭性。其耗竭性在微观上表现为矿山保有储量逐年衰减，生产能力逐步消失，这就要求对减少的储量进行补偿，并保有一定的资源储备；在宏观上表现为人类需求的日益增长，导致矿产资源基础的质量和丰度递降，勘查、开发条件恶化，社会成本递增。

⑧供给稀缺性。矿产资源的供给是有限的，尽管科学技术和社会经济条件在不断发展和改善，这有利于提高资源的利用效率，但任何矿产资源的回收利用程度总是有限度的，因此，人们不得不考虑矿产资源的可持续利用问题。

⑨赋存差异性。矿产资源大多隐伏在地表之下，控制成矿的地质条件极为复杂，其赋存的时间、空间和质量、数量，具有很大的差异性和不确定性，找矿的随机性较大。

1.1.2 我国金属矿产资源状况

矿产资源的不可再生性、储量耗竭性、供给稀缺性与人类对矿产资源的需求的无限性形成尖锐的矛盾。任何国家的经济发展都高度依赖矿产资源，所以，矿产资源的可持续发展，对国家经济具有举足轻重的作用。

当前，我国已进入工业化快速增长时期，许多矿产资源的消费速度正在接近或超过国民经济的发展速度。矿产资源的供需矛盾日益尖锐，表现为储量增长赶不上产量增长，产量增长赶不上消费增长，一些重要矿产进口量激增，现有矿产资源储量的保证度急降。据经济学家们的研究发现，在人均国民生产总值处于1000~2000美元时，国家对矿产资源的使用强度最大，这实际上相当于工业化中期阶段，而我国在今后的20~30年正处于工业化中期阶段，对矿产资源的使用强度将进入高峰期。可以预计，未来三十年我国矿产资源消费需求仍将成倍数增长，中国将成为许多矿产资源的第一消费大国。

21世纪，中国的高速工业化、城市化、人口增长、科技发展，对矿产资源的需求巨大。我国能源矿产中煤炭资源非常丰富，居世界第三位，但石油缺口较大，保证度不足，金属矿产资源状况与能源矿产不同，其基本状况如下。

①矿产资源总量丰富，但人均拥有量相对不足。中国是世界上少有的几个资源总量大、矿种配套程度较高的资源大国。我国已经发现171种矿产，探明储量的矿产有156种，矿产资源总量约占世界的12%，居世界第三位，但因国家人口基数大，人均仅为世界平均资源量的58%。对科技、国防十分重要的有色金属也只有世界人均占有量的52%。我国大部分支柱性矿产的人均占有量都很低，所以说中国是个资源相对贫乏的国家。

②用量较少的矿产资源丰富，而大宗矿产储量相对不足。我国经济建设用量不大的部分矿产，如钨、锡、钼、锑、稀土等的探明储量居世界前列，在世界上具有较强竞争力。如我国钨矿保有储量是国外钨矿总储量的3倍左右；稀土资源更丰富，仅内蒙古白云鄂博的储量就相当于国外稀土储量的4倍。然而我国需求量大的铁、铜和铝土矿的保有储量占世界总量的比例则很低，分别只有8.0%、4.92%和1.44%；铅、锌、镍等其他有色金属的人均拥有量，也明显低于世界人均拥有量。

③贫矿多，富矿少，开发利用难度大。我国铁矿的探明储量200多亿吨，但97.5%的是含铁品位仅为33%左右、难以直接利用的贫矿，含铁平均品位为55%左右，能直接入高炉的富铁矿只有2.5%；我国铜矿储量居世界第6位，但平均品位只有0.87%，其中品位在1%以上和2%以上的铜矿，分别占铜总资源储量的35.9%和4.0%，而大于2Mt以上的大型铜矿床的品位基本上都低于1%；铝土矿几乎全部为难选冶的一水硬铝石型。贫矿多就加大了矿山建设投资和生产成本。

④中小型矿床多，超大型矿床少，矿山规模偏小。我国储量大于1000Mt的特大型铁矿床只有9处，而小于100Mt的有500多处；有色金属矿床的规模也都偏小，我国迄今发现的铜矿产地900多处，其中大型矿床仅占2.7%，中型矿床8.9%，小型矿床达88.4%。我国目前已开采的320多个铜矿区累计年产铜精矿(含铜量)只有436.4kt。而智利的丘基卡玛塔一个矿山每年金属铜产量就达660kt。在总体上，我国小型地下矿山多，大型露天矿山少。

⑤共生伴生矿多，单矿种矿床少，利用成本高。我国80多种金属和非金属矿产中，都有共生、伴生有用元素，其中尤以铝、铜、铅、锌等有色金属矿产为甚。我国铜矿床中，单一型占27.1%，而综合型占72.9%；以共(伴)生矿产出的汞、锑、钼资源储量，分别占到各自总资源储量的20%~33%；我国有1/3的铁矿床含有共(伴)生组分，主要有钛、钒、铜、铅、锌、钨、锡、钼、金、钴、镍、稀土等30余种。虽然共(伴)生元素多，可以提高矿山的综合经济效益，但由于矿石组分复杂，选矿难度大，也加大了矿山的建设投资和生产成本。

⑥金属矿产资源的区域分布相对不均。铁矿主要分布在辽、川、鄂、冀、蒙等地，占全国储量60%以上；铜矿主要分布在赣、皖、滇、晋、鄂、甘、藏等地，合计占全国储量80%以上；铝土主要分布在晋、贵、豫、桂四省区，占全国储量90%以上；铅、锌主要分布在粤、甘、滇、湘、桂等省区，占全国储量65%左右；钨主要分布在赣、湘以及粤、桂等省区，合计占全国储量80%以上；锡等优势矿产主要分布在赣、湘、桂、滇等南方省区。

综观我国金属矿产资源现状、供需情况、矿产资源勘查与开采情况，我国矿产资源形势可概括为：资源矿种较齐全、总量较丰富、人均占有量少、找矿潜力大；重要大宗矿产(如石油、富铁、铜、锰、铬、钾盐)国内供应缺口大，某些有色、稀有金属(如钨、锡、铋、钼、锑、锂、铯等)、稀土、非金属矿产(如菱镁石、石墨、滑石、重晶石、石膏、芒硝、萤石等)及煤具有资源优势。未来20年，我国经济与社会快速发展，矿产资源需求将成倍增长，金属矿产资源形势将十分严峻。

我国各种矿产的储量多寡悬殊，显现出我国矿产资源的重要特点，就是用量少的金属矿产人均资源量大，而大宗金属矿产人均资源量小。而对我国未来经济的可持续发展，大宗金属矿产资源可供储量并不乐观，其保证程度相对较低。

根据21世纪初我国金属矿产资源的形势和国家实施第三步战略目标的要求，我国必须研究、确立并实施适合我国国情的产资源发展战略，以实现矿产资源可持续发展。我国成矿条件有利，金属矿产资源潜力大，特别是西部广大地区及东部深部地带的勘查程度低，找矿潜力大，只要加强勘查工作，并充分利用国外资源，我国完全可以改变当前矿产资源供应的严峻形势。

1.2 金属矿产资源的可持续发展

1.2.1 矿产资源可持续发展问题讨论

我国经济正在汇入世界经济之中，作为人口最多、经济发展最快的发展中国家，在21世纪前半叶要实现工业化，达到中等发达国家水平，将面临来自各方面的挑战，其中能否实现矿产资源的可持续供应就是一个致命的挑战。目前，国内金属矿产资源后备储量正处于危机状态，为了保障我国经济发展第三步战略目标的顺利实现，当务之急就是要进一步推进体制改革，按照市场需求和规划要求，有效有序地增加矿产资源的后备储量与资源量，并充分利用国外矿产资源。要实现金属矿产资源的可持续发展，必须采取适合国情的行之有效的政策与措施。

1.2.1.1 加强国内金属矿产勘查，增加财政投入

在经济全球化，矿业全球化的今天，要树立矿产资源全球观。对于我国缺乏或不足的矿产资源，必须实施全球矿产资源战略，在国家经济可能的条件下，需要大量进口，以建立稳定、安全、经济、多元化的矿产资源供应体系。对于某些具有战略意义或储量不多的矿产，无疑也可以先利用国外资源。但是，我国作为国土辽阔、人口众多的发展中国家，经济实力有限，对国内有很好的成矿条件和

很大找矿潜力的矿产，则要尽可能利用国内资源，以免受制于人。

从地质科学和地区成矿学的角度来说，中国大陆成矿条件很好。目前，我国有许多矿山面临资源枯竭或后备储量不足，其原因与长期地勘投入不足相关，事实上，东、中部许多矿山特别是大型矿山都位于成矿条件十分优越的成矿区带中，其矿山周边及外围找矿潜力很大，再找到超大型矿床的可能性仍然存在。国外许多矿山开采深度超过千米，甚至达到5000多米，而我国现有矿山的勘探深度和开采深度普遍只有600~700m，所以，根据资源大国的经验，我国现有矿山的深部应该还有很大的找矿潜力。特别应该注意到，我国西部的矿产资源调查评价程度很低，还有大片的资源调查空白区，对有良好成矿背景和条件的西部，理应发现更多的矿床，有待勘查、开发。

应该指出，新的成矿理论的提出、新矿床类型的发现、勘查技术方法的突破以及采选冶技术的进步，在很大程度上都会深化人们对矿产资源的认识和促进矿产资源价值的提升。我国未来的矿产资源潜力和远景的评价将不可估量。

要加强金属矿产勘查就要增加财政投入。国家财政对矿产勘查工作要加大支持力度，各省(区)要根据矿产资源规划，从财政中提取一定资金和资源补偿费来支持本省(区)的矿产勘查工作。

1.2.1.2 培育及完善矿业市场，建立矿产勘查风险基金

在矿业发达国家，在矿产勘查、开发中引入市场机制，形成市场，并吸引企业、个人投资矿业，形成矿产勘查与开发自我发展的良性循环，这已是成功的经验，它符合矿业市场运转的规律。目前，从事金属矿产的大部分矿业公司、矿山企业和勘查单位，尚未形成较大规模，矿业市场处于起步阶段。为了培育矿业市场，一方面需要矿业与矿产勘查企业的自身努力，另一方面还要政府给以政策和经济上的支持。

首先，要建立国家矿产勘查风险基金制度。风险基金用于支持在国内外从事国家所需矿产的勘查单位；接受基金支持的单位，如果勘查成功，可用部分矿权作价回报或矿产开发收益后向国家返回全部或部分基金，使基金形成良性循环。

勘查风险基金的来源：一是在中央财政所拨全国矿产勘查费中提取一定比例；二是每年收取的矿产资源补偿费中划归中央的部分。勘查风险基金主要提供预查、普查及少量国家急需的详查项目，近期可包括资源危机矿山的找矿项目。重点支持资质信誉好的企业。

其次，实行优惠的税收政策，鼓励和吸引社会资金投向矿产勘查与开发。对矿业公司、矿山企业、矿产勘查单位(企业)以及社会上各行各业(包括个人)，凡是矿产勘查与开发的投资者，给以税收的优惠。这一政策在加拿大非常有效，

加拿大已成为世界矿业市场的重要中心之一。

1.2.1.3 充分利用国外资源，吸引外资投入矿业市场

我国紧缺的重要矿产，如富铁、铜、锰、铬、铝、铂、钾盐等相当大部分需要依靠国际市场，我国的优势矿产，如钨、锡、铋、钼、锑、锶、稀土、石墨等，为国际矿业市场所需。在全球矿业市场中应该很好地运作。

要充分发挥优势矿产的作用。对国际市场所需的我国优势矿产，在国内要保持一定供应期限的后备储量，由政府指导、监督、把关，协会组织有序生产，有节制出口，控制国际市场价格，并逐步增加深加工矿产品的出口，使资源优势充分转变为外汇优势。

要充分利用国外矿产资源。有计划地组织有实力的国内矿业公司和国家地质调查单位去国外进行勘查与开发，逐步形成多个实力强大的跨国矿业公司，并以多种形式进入国际矿业市场，其中包括：从国际矿业市场进口矿产品，在国外购买矿产地、矿山，与当地企业或国际矿业公司合资经营或独资勘查和开发，通过投资与受援国联合勘查和开发矿山等。对进口量大的矿产品，要组织中、长期稳定的进口渠道，优先考虑周边友好国家，并要有一定的进口储备。

要营造投资环境，吸引国外资本投入国内矿业市场。参照国际惯例和海洋石油部门引进外资的经验，进一步完善法规和加强执法，创造外资进入我国矿业市场的条件，改变国际矿业公司来华投资活动停滞不前的情况。

此外，还要跟踪市场、研究对策、制定规划。为了充分开发与利用好国内、国外两个市场、两种资源，需要跟踪掌握世界矿业市场情况、矿产资源形势。为此，要建立矿产资源战略分析研究中心和完善的信息系统，长期、全面、系统地从事资源信息工作，以适应千变万化的矿业市场，促进我国的矿业发展。

1.2.1.4 寻找新型矿产资源，开发利用替代金属矿产原料

人类社会工业化所消耗的矿产资源，相当于人类有史以来消耗资源的总和，当世界全面实现工业化以及人类进入现代文明社会时，资源的消耗量还会增长，矿产资源的短缺将长期存在。因此，为了人类社会及我国的可持续发展，必须致力于开拓、发现新的矿产资源。国家要不失时机地进行新的战略部署。

首先，要开发新的能源。在切实加强可再生能源(水力、风力、潮汐、地热等)的开发研究与开发利用的同时，应配合国家航天计划对利用月球土壤中氦-3进行探索；争取对可控核聚变装置的研究与开发早日有所突破，为人类最终开发利用取之不尽用之不竭的核能创造条件。

其次，开拓国内矿产资源勘察研究的新领域。科学技术的发展，特别是材料

科学的飞速发展，对具有特定物理化学特性的环保材料、纳米材料、合成材料提出了新需求。因此，要加强对矿物、岩石各种有用成分指标的测定与研究，努力寻求有新需求的矿产。

第三，大力开发替代金属原料的非金属矿产资源。非金属矿产资源相对金属矿产资源更为丰富，发达国家的非金属矿产的产值一般都超过了金属矿产的产值。非金属矿产的利用已涉及各个领域，尤其涉及新材料领域，一些耐酸、耐腐蚀、耐高温、高硬度、高强度隔热、隔音等材料都以非金属矿产为原料。精细陶瓷、碳素纤维材料、玻璃纤维等可制造刀具、汽车发动机、航天器零部件、通讯材料等。这方面，我国与发达国家相比有很大的差距，应加紧开发研究。

此外，还要开展大洋与极地矿产资源的勘查。洋底有丰富的铁、锰、磷、铜、镍，铀、铂、(铅、锌、金、银)等构成的多金属结核、结壳、硫化物堆积等矿产，这是几十年后重要的接替资源，是人类尚未开发的共同财富。联合国成立了海底管理理事会，负责洋底矿产资源及环境的管理。我国应积极参与洋底矿产资源(包括生物资源)的勘查，加强开发利用技术的研究。对于极地矿产资源，按国际法规定，为保护环境，目前尚不允许勘查开发，但可进行科学考察。我国应开展对极地矿产资源的调查与研究，为今后的勘查作好必要的准备。

1.2.2 与矿产资源相关的矿业问题

为了金属矿产资源可持续发展，必须关注与矿产资源发展密切相关的矿业政策与措施。

①完善矿产资源法律、法规，合理利用矿产资源。从1986年矿产资源法公布实施以来，矿产资源的管理开始有法可依，找矿、开矿秩序有所好转。但由于法律、法规尚不完善，操作性不够强，加上一些地方有法不依，执法不严，致使大量矿产资源和自然环境遭受破坏，因此，要进一步完善矿产资源法律、法规及有关政策。国家在已有《矿产资源法》、《固体废物污染环境防治法》和《资源综合利用法》的基础上，要进一步制定《矿山环境保护法》、《矿业市场法》等法律；要制定相关的优惠政策，对开发利用尾矿、尾液，新开发利用伴生、共生组分的企业，对进口勘察及矿山新技术装备的企业，在政策上给予倾斜。

目前对地方违法签发采矿证、滥采乱挖，严重破坏资源的情况要严加管理；要实行一矿一主，严禁矿中有矿；要建立部、省(区)两级监督检查网系，制定监督监察工作条例，建立限期处理制度；要加强执法监督、检查和社会监督。

②降低矿业税收，适度提高矿产品价格。1999年税制改革后，独立铁矿税赋由4. 8%增至18.4%，有色金属矿由2.9%增至10.1%，税赋水平大大超过全国工业平均税赋水平(占销售收入的6.8%)，比澳、加、美等国高出一倍以上。

我国矿山的赋税高，又长期实行矿产品低价或限价政策，加上矿山社会负担过重，致使矿山成本长期攀升，其结果既不利于矿业的发展，也不利于上游地勘产业的拉动，更不利于下游加工业的技改挖潜。降低矿业税赋，参照国际市场适度调整矿产品价格势在必行。

③培育、开拓矿业市场。建立符合社会主义市场经济规律的采矿权出让、转让制度。取消对矿产资源使用的无偿划拨。通过公平竞争，实现矿产资源的合理配置。推行矿产权的合理流转，促进矿山企业的改组、改制，走规模化、集约化经营的道路，形成有实力的现代矿山企业。

④建立新的矿业体制，形成矿业运行的良性循环。地质与矿业是国家经济与社会发展的重要基础，我国是一个地质、矿业大国，很有必要在全国实行统一规划、计划，实行归口领导。国家有必要考虑组建相对独立、兼有一定行政职能的国家管理局，负责全国公益性地质勘查与战略性矿产勘查工作，负责制定全国矿业发展规划及行业政策，执行矿业法规，组织培育及指导监督矿业市场。已有的相关学会、协会，要在国家局与各企业间充分发挥中介组织和推动科技发展的作用。

在市场经济条件下，商业性地质勘查工作是地质工作的重要组成部分。国家要制定专门的扶持政策，如：投资矿产勘查免收各项税收，有申请国家风险勘查基金的优先权，逐步允许进入资本市场，建立规范运作矿业权市场等。鼓励勘查单位与矿业企业的结合，矿业企业用于地质勘查的费用进入成本，以培育出真正意义上的矿业公司。

1.3 发展矿业循环经济

1.3.1 矿业纳入循环经济问题

实施可持续发展战略已成为世界潮流。在有限的地球上，经济可持续增长是不可能的，但可持续发展是可能的。可持续增长与可持续发展不同，发展的含义并非量的增长，而是质的发展。量不可能无限增长，质可以无限地发展。

回顾历史，人类社会经济发展过程中，经历了三种经济模式。

①传统经济模式。即人类从自然中获取资源，又不加任何处理地向环境排放废弃物，这是一种“资源-产品-污染排放”的单向开放式经济过程。但随着工业的发展，生产规模的扩大和人口的增长，环境自净能力削弱乃至丧失，这种模式导致的环境问题日益严重，资源短缺的危机愈发突出。这是不考虑环境代价的必然结果。

②末端治理模式。即开始注意环境问题，但具体做法是"先污染、后治理"，强调在生产过程的末端采取措施治理污染。但是，治理技术难度大，治理成本极高，而且生态恶化难以遏制，经济效益、社会效益和生态效益都很难达到预期目标。

③ 循环经济模式。20 世纪末，可持续发展战略成为世界潮流后，源头预防和全过程治理逐渐替代了末端治理，成为国际社会环境与发展政策的主流。人们在不断探索和总结的基础上，以资源利用最大化和污染排放最小化为主线，逐渐将清洁生产、资源综合利用、生态设计和可持续利用等集成一个新的经济模式，即循环经济模式。

为了最大限度地合理利用我国矿产资源，提高资源的利用水平，减少矿业对环境的影响，实现矿业经济的可持续发展和经济与环境的协调发展，我国矿业必须逐步纳入循环经济。

我国矿产资源总量丰富，但人均占有量少，资源禀赋不佳。据统计，我国 45 种主要资源的人均储量居世界 80 位，为世界平均水平的 58%，金属矿产资源的品位和保证度相对较低。

我国经济一直快速增长，资源消耗大。2002 年全国矿业总产值占全国 GDP 的 4.97%，占国内工业生产总值的 9.60%，在国民经济中举足轻重。2020 年，我国将全面进入小康社会，要实现 GDP 翻两番的目标，我国经济必须保持 7%~9%的增长率。到 2020 年按小康计算，铁 430kg/(人·年)[目前为 220kg/(人·年)]；铜 2.50kg/(人·年)[目前为 1.3kg/(人·年)]，矿产资源的消耗不堪重负。

目前，我国金属矿产资源的利用水平仍然很低，资源开发仍然处于粗放生产模式，矿产资源的总回收率约 30%，比世界平均低 20%。除此以外，还有许多宝贵资源，如：尾矿、废石、表外矿、贫矿、境界外矿、"呆矿"、多金属共(伴)生矿、高炉冶炼渣等资源，没有得到很好利用，资源大量浪费。

矿业发展带来的环境问题日益突出。我国矿产开发总体规模已居世界第三位，开采矿石 5021Mt，成为世界矿业大国。然而，矿业的发展过程中，付出的环境代价沉重。据统计，全国因采矿引起的地面塌陷面积 $8.7\times10^4hm^2$；因采矿造成的废水、废液排放量占工业排放总量的 10%以上；金属矿山堆积尾矿达 5000Mt，并以每年 200~300Mt 的速度递增；就年产 260Mt 铁矿而言，年产出尾矿达 150~200Mt。矿山产生固体废物量为全国新增量的 50%以上。

我国矿产资源消耗与经济效益的反差很大。2003 年我国消耗全球 31%的原煤、27%的钢材、29%的铜，而仅创造出全球 GDP 的 4%。资源与效益的强烈反差再次提出警示，必须尽快遏止和扭转目前矿产资源"大开采、低利用、高排放”的局面。按照循环经济原则改造提升矿业，全面转变经济增长方式，已成为发展矿业的紧迫任务。

矿业在国民经济中占有重要地位，是整个工业体系的基础和先导。矿产开采、选矿和冶炼既处于矿产资源利用循环的输入端，又是排放废物的大户，因此改造矿业的末端治理的经济模式，提高资源利用率，将矿业纳入我国循环经济体系，具有至关重要的意义。

1.3.2 循环经济的内涵及特征

循环经济(Recycle Economy)以资源的高效利用为目标，它遵循“减量化(Reduce)、再利用(Reuse)、再循环(Recycle)”原则(又称“3R”原则)。循环经济要求物质在经济体系内多次重复利用，尽量减少对物质特别是自然资源的消耗；要求经济体系排放的废物总量，不超过环境的自净能力；要求物质商品“利用”的最大化，在满足人类不断增长的物质需要的同时，大幅度地减少物质消耗；循环经济又要求在经济体系内协调运作，将一个部门的废弃物用作另一个部门的原材料，从而实现“低开采、高利用、少排放”，进而形成“最优生产、最优消费和最少废弃”的社会。总之，循环经济物流模式可以认为是“资源生产流通消费再生资源”的反馈式流程。循环经济运行模式为“资源-产品-再生资源”，见图 1-1。

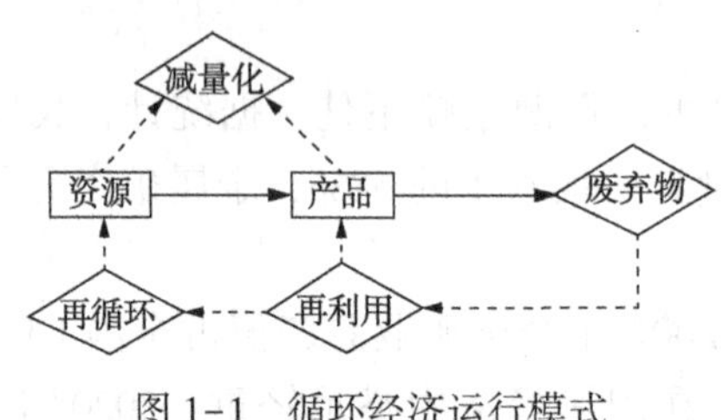

图 1-1 循环经济运行模式

循环经济内涵的基本点是：①是封闭型物质、能量循环的网状经济；②资源循环利用科学经营管理，低开采、高利用；③废物零排放或低排放，对环境友好；④追求经济利益、环境利益与社会利益的统一；⑤经济增长方式为内涵型发展；⑥环境治理方式为源头预防，全过程控制；⑦支持理论为生态系统理论、工业生态学理论等；⑧评价指标为绿色核算体系。

循环经济的主要特征可归纳如下。

①物质流动多重循环性。循环经济的经济活动按自然生态系统的运行规律和模式、组织成为一个“资源产品再生资源”的物质反复循环流动的过程，最大限度地追求废弃物的零排放。循环经济的核心是物和能的闭环流动。

②科学技术先导性。循环经济的实现是以科技进步为先决条件的。依靠科技进步，积极采用无害或低害新工艺、新技术，大力降低原材料和能源的消耗，实现少投入、高产出、低污染。对污染控制的技术思路不再是末端治理，而是采用先进技术实施全过程的控制。

③ 生态、经济、社会效益的协调统性。循环经济把经济发展建立在自然生态规律的基础上，在利用物质和能量的过程中，向自然界索取的资源最小化，向社会提供的效用最大化，向生态环境排放的废弃物趋零化，使生态效益经济效益社会效益达到协调。

④清洁生产的导引性。清洁生产是循环经济在企业层面的主要表现形式，生产全过程污染控制的核心，就是把环境保护策略应用于产品的设计、生产和服务中，通过改善产品设计的工艺流程，尽可能不产生有害的中间产物，同时实现废物(或排放物)的内部循环，以达到污染最小化及节约资源的目的。

⑤全社会参与性。推行循环经济是集经济、科技与社会于一体的系统工程，它需要建立一套完备的办事规则和操作规程，并有督促其实施的管理机制。要使循环经济得到发展，光靠企业的努力是不够的，还需要政府的财力和政策支持，需要消费者的理解和支持，才能使经济社会整体利益最大化。

1.3.3 矿业纳入循环经济的模式

最近十年，国内外循环经济的实践取得了重要进展。在我国，除政府规划和培植一批生态工业园外也得到了企业界的响应。不少大中型企业在循环经济理论的驱动下，创造出各种适合实情、可操作、有实效的循环经济模式，其中将矿业纳入循环经济(以矿业为主体或作为主要组成部分)的模式有以下几种。

1.3.3.1 企业内部循环型

这种模式在国外称作“杜邦化学公司模式”，它的主要做法是在企业内部贯彻清洁生产，使资源在各生产环节之间循环使用，按照这种模式运作的矿山企业在开采阶段必须精心设计，以减少采矿损失，提高回采率，对不同品级的矿石应合理规划，贫富兼采，采出废石应当尽量回填，破坏的土地应该复垦绿化，尾矿回填井下或用作建材。在选冶阶段，需要不断根据矿石特征调整工艺，采用先进技术提高选冶回收率，强化共生伴生组分的综合回收。安徽铜陵有色集团东瓜山铜矿是以这种模式进行建设的范例，矿山采用全尾矿块石胶结充填法将废石和尾矿全部用于井下充填，“废石不出坑、尾矿不进库”，基本实现零排放。

1.3.3.2 企业自身延伸型

企业通过自身产业延伸，将废物作为再生资源包容在延伸后的企业内部加以消化，使经济总量扩大。河北永年煤矿原为单一型煤炭企业，且煤质差、消耗高、污染重。企业通过向多元化经济方向拓展，以“煤生电、灰生砖、电生钢”搭建循环经济框架。企业建成煤矸石电厂、粉煤灰砖厂，并利用煤电优势向钢铁产业扩张，建成特种钢厂，把单一的煤矿企业发展成集采煤、发电、制砖、炼钢、轧钢、机械加工于一体的循环经济型企业集团。不但使固定资产和利税翻了几番，而且使矿山生态逐渐恢复，矿区环境明显改善，实现了经济和环境双赢。抚顺煤矿也是按这种模式进行老矿山改造，利用与煤共生的油页岩富矿炼油，并作为燃料供发电厂发电。发电厂的废渣生产高质量矿渣水泥，普通页岩用作井下充填料，利用废弃矿井中丰富的煤层气，为城市提供能源。这一系列的举措，使抚顺煤矿走出了煤矿资源枯竭的困境。

1.3.3.3 企业资源交换型

在多种矿产的集中区，各产业部门分别建立了各自的矿山和矿产品加工企业，形成了区域性矿业群体。企业间交叉供应不同的产品或副产品，作为原料、技术和工艺互为补充，最大限度地利用矿产资源。鄂东铁铜矿区，蕴藏丰富的铁、铜、金、银、硫、钴、钨及稀散元素和非金属矿产，区内有数十家矿山和矿产加工企业，总体上分为以大冶铁矿与武钢为主体的钢铁生产系统，和以铜绿山铜矿与大冶有色公司为主体的有色冶金系统。在两大系统间有固定的副产品交换关系：大冶铁矿向有色公司提供副产铜精矿，有色公司所属矿山向武钢提供铁精矿；有色公司利用全区的矿产资源回收十余种有色金属、贵金属和稀散元素，伴生元素产品的产值占有色公司总产值的22%。大冶铁矿也由铜、金、硫、钴等副产品中获得占总产值40%的收入。

1.3.3.4 产业横向耦合型

矿业与发电、化工、轻工、建材等不同产业部门横向耦合，组成生态工业网络。矿产资源在网内流转、复合、再生，最终大部分或全部被消化吸收。由于网络由不同产业的企业构成，具有广泛的材料需求和完备的加工能力，因此对矿产资源开发利用的程度较之单一矿业要深广得多。这种模式相当于丹麦卡伦堡生态工业园模式。我国鲁北化工集团正在按这种模式建设生态工业园。园内建立了“磷铵硫酸水泥联产”、“海水多用”、“盐碱热电联产”三条生产链，相互耦合联动。消除了磷石膏、硫铁矿的污染，节约了硫铁矿和石灰石两种资源；对海水实施了养殖、提溴制盐、炼钾镁多级开发；使氯碱厂与热电厂链接，减少了生产环节，节省了运输费用。鲁北集团系统内余热利用率达71%，清洁能源利用率达86%，并实现了废物减排、土地改良、经济效益递增的目的。

1.3.3.5 区域资源整合型

即将矿业全面纳入社会循环经济系统，与区域社会经济融为一体。在区域统筹规划下，通过物质、水系统、能源、信息的集成，各类资源的整合，构建区域性(区、市、省经济区)循环经济系统。矿业不仅与工业发生关系，还介入农牧业、环保业、旅游业及公共事业，为社会提供矿产品、材料、能源、水、气与服务，废弃矿井开发为多种用途的场。所，恢复生态的矿山成为旅游和科教的景点。矿业与整个社会经济进入可持续发展的态势。

上述几种模式代表着循环经济发展的不同层次：企业内部循环属于微循环，是整个循环经济的基础；企业群体之间的耦合，是循环经济的主要组成部分；社会整合则标志着循环经济发展到了较高阶段。矿业纳入循环经济后，将作为有机整体的一部分参与社会的新陈代谢，吐故纳新，保持着持久的生命力。

从上述以矿业为主体或矿业部分纳入循环经济的几种模式中可以看出，矿业纳入循环经济表现出其自身的特点，归纳起来主要有以下两个方面。

①矿产资源企业不能组成闭合大循环，只能形成循环链和循环网。矿产资源与生物资源不同，生物资源可以在被利用后回复到产生的过程中，实现资源循环的闭合。对于矿产资源的流转，不能以“生产者—消费者—还原者”的生态模式来规划和设计，而只能根据其属性组织多个小循环，并使之相互沟通，形成循环链和循环网。由矿产资源加工而成的钢铁、有色金属、某些有机合成物、玻璃等材料，消费后回收利用可看成是矿产资源在消费领域的闭合循环。这一循环能大大减少矿产的开采，节约资源与能源，改善环境。其循环的完美程度对矿产品市场有着重大影响：2000 年我国因回收利用废金属，至少少开采了 25.4%的铜矿、6.5%的铝矿和 9.2%的铅矿；而同年世界相应的统计数字为 22.6%、30.6%和 39.7%，效益更是举足轻重。消费领域与生产领域的资源循环是相辅相成、缺一不可的两个方面。

②实现矿产资源循环利用，必须依靠其他产业的联动与支持。矿业本身可使矿产资源得到部分循环利用，但不可能将来选治的代谢产物全部消化吸收。它所产生的大量废物要依靠其他产业吸收消化，才能构成连续的工业食物链。矿业可以通过延长产业链和横向树枝状拓展来营造自身废物的消费者。但如果能通过区域经济统筹规划，将矿业与环保业、旅游业相互结合，组成经济网络，则可以达到节省投入、降低成本的目的，使多方受益。

将矿业纳入循环经济是我国产业结构调整的一部分，是发展矿业、加快建设资源节约型、环境友好型社会的重要战略举措。

2 采矿基础知识

根据矿床开采的不同空间位置，分为露天开采、地下开采、露天和地下联合开采三种。露天开采是用露天坑道在地面进行准备和采矿工作；地下开采是从地表掘进一系列井巷通达矿体，进行开拓和采矿工作；露天和地下联合开采则指矿体的上部用露天开采，下部用地下开采。

2.1 基本概念

2.1.1 矿石、废石及品位

凡是地壳中的矿物自然聚合体，在现代技术经济条件下，能以工业规模从中提取国民经济所必需的金属或其他矿物产品者，称为矿石。矿石的自然聚集体称为矿体。矿床是矿体的总称，一个矿床可以由一个或数个矿体组成。矿体周围的岩石称为围岩。凡位于倾斜至急倾斜矿体上方或下方的岩石称为上盘与下盘围岩，位于水平或微倾斜矿体顶部或底部的岩石称为顶板或底板围岩。

矿体周围的岩石，以及夹在矿体中的岩石(夹石)，不含有用成分或含量过少，当前不宜作为矿石开采的则称为废石。矿石和废石的概念是相对的，是随着国民经济的发展，矿山开采和矿物加工技术水平的提高而变化的。一般地讲，划分矿石和废石的界限取决于下列因素：国家的社会制度及所规定的技术经济政策，矿体的埋藏条件，采矿和矿石加工的技术水平，地区的技术经济条件等。

矿石中有用成分的含量，称为品位。品位常用百分数表示。黄金、金刚石、宝石等贵重矿石，常分别用1t（或1m^3)矿石中含多少克或克拉有用成分来表示，如某矿的金矿品位为5g/t等。矿床内的矿石品位分布很少是均匀的。

边界品位是划分矿石与废石(围岩或夹石)的有用组分最低含量标准。对各种不同种类的矿床，许多国家都有统一规定的边界品位。矿山计算矿石储量分为表内储量与表外储量。表内外储量划分的标准是按最低可采平均品位，又名最低工业品位，简称工业品位。按工业品位圈定的矿体称为工业矿体。显然工业品位高于或等于边界品位。

2.1.2 金属矿石的种类

凡是提取金属成分的矿石，称为金属矿石。

(1)根据所含金属种类不同，金属矿石可分为贵重金属矿石(金、银、铂等)、有色金属矿石(铜、铅、锌、铝、镍、锑、钨、锡、钼等)、黑色金属矿石(铁、锰、铬)、稀有金属矿石(钽、铌等)和放射性矿石(铀、钍等)。

(2)按所含金属成分数目，金属矿石又可分为：单一金属矿石和多金属矿石。

(3)金属矿石按其所含金属矿物性质、矿物组成和化学成分可分为：

①自然金属矿石：金属以单一元素存在于矿床中的矿石，称为自然金属矿石，如金、银、铂等。

②氧化矿石：这是指矿石矿物的化学 成分为氧化物、碳酸盐及硫酸盐，如赤铁矿 Fe_2O_3、红锌矿 ZnO、软锰矿 MnO_2、赤铜矿 Cu_2O、白铅矿 $PbCO_3$等。

③硫化矿石：矿石矿物的化学成分为硫化物，如黄铜矿 $CuFeS_2$、方铅矿 PbS、辉钼矿 MoS_2等。

④混合矿石：矿石中含有前三种矿物中两种以上的混合物。

(4)按品位的高低，金属矿石可分为富矿和贫矿。以磁铁矿矿石为例，品位超过55%为平富矿；品位在50%~55%为高炉富矿；品位在30%~50%为贫矿。铜矿石的品位大于1%即为富矿，小于1%则为贫矿。

(5)金属矿石按其所含金属矿物的性质、矿物组成及化学成分，可分为：

①自然金属矿石：金属以单一元素存在于矿床中的矿石，如金、银、铂、铜等。

②氧化矿石：矿石中矿物的化学成分为氧化物、碳酸盐及硫酸盐的矿石，如赤铁矿 Fe_2O_3、红锌矿 ZnO、软锰矿 MnO_2、赤铜矿 CuO、白铅矿 $PbCO_3$等。一些铜矿及铅锌矿床，在靠近地表的氧化带内，常有氧化矿石存在。

③硫化矿石：矿石中矿物的化学成分为硫化矿物的矿石，如黄铜矿 $CuFeS_2$、方铅矿 PbS、辉钼矿 MoS_2等。

④混合矿石：矿石中含有上述三种矿物中两种或两种以上的矿石混合物。开采这类矿床时，要考虑分采分运的可能性。

2.1.3 矿岩的物理力学性质

矿石和围岩的物理力学性质对矿床的开采影响较大，主要有：硬度、坚固性、稳固性、结块性、氧化性、自燃性、含水性、碎胀性等。

2.1.3.1 坚固性

矿岩坚固性是一种抵抗综合外力(工具的冲击、机械破碎、炸药爆炸等)的性能。但它与矿岩的强度是两种不同的概念，强度是指矿岩抵抗压缩、拉伸、弯曲及剪切等单向作用力的性能。

坚固性的大小，常用坚固性系数 f 表示。它反映矿岩的极限抗压强度、凿岩速度、炸药消耗量等的综合值。目前国内常用矿岩的极限抗压强度来表示坚固性系数，即

$$f=R/10 \tag{2-1}$$

式中 R——矿岩的极限抗压强度，MPa。

2.1.3.2 稳固性

稳固性是指矿石或岩石在被采掘后的空间允许暴露面积大小和允许暴露时间长短的性能。影响矿岩稳固性的因素十分复杂，它不仅与矿岩的成分、结构、构造、节理状况、风化程度以及水文地质条件等有关，还与开采过程所形成的实际状况有关(如巷道的方向及其形状、开采深度等)。稳固性和坚固性既有联系又有区别。节理发育、构造破碎地带，矿岩的坚固性虽好，但其稳固性却大为下降。因此，不能将二者混同起来。

矿岩的稳固性，对井巷的维护方法、采矿方法的选择及地压管理方法，均有很大的影响。根据矿石或岩石的稳固程度，可分为极不稳固的、不稳固的、中等稳固的、稳固的和极稳固的五类。

①极不稳固的。是指掘进巷道或开辟采场时，不允许有暴露面积，否则可能产生片帮或冒落现象。在掘进巷道时，须用超前支护方法进行维护。

②不稳固的。这类矿石或岩石允许有较小的不支护的暴露面积。

③中等稳固的。允许有较大的暴露面积，并允许暴露较长时间再进行支护。

④稳固的。允许暴露面积很大，只有局部地方需要支护。

⑤极稳固的。允许非常大的暴露面积并长时间不发生冒落。

2.1.3.3 结块性

结块性是指采下的矿石，在遇水和受压经过一定的时间，又结成整块的性质。我们通常见到的黏土矿物、滑石、高硫矿遇水受压，经过一段时间后，易出现结块现象。结块性对于放矿、装卸、运输等生产环节造成困难，甚至于影响到某些采矿方法的顺利使用。

2.1.3.4 氧化性和自燃性

矿石的氧化性是指硫化矿石在水和空气的作用下，变成了氧化矿石的性质。在硫化矿石中混入氧化矿石后，还会降低选矿的回收率。

硫化矿石在空气中被氧化，并放出热量，经过一段时间后，矿石温度升高，会引起燃烧，这种现象称为矿石的自燃性。高硫矿石(含硫量在18%~20%)一般都具有这种性质，特别是粉状的高硫矿石，与空气接触的面积大，更容易引起火灾。

2.1.3.5 含水性

含水性是指矿石吸收和保持水分的性能。含水性直接影响到矿石的放矿、提升、运输及矿仓贮存等。

2.1.3.6 碎胀性

矿岩的碎胀性是指矿石和围岩被破碎后，其体积比原体积增大的性质。破碎后的体积与原岩体积之比，称为碎胀性系数(又叫松散系数)。

2.2 金属矿床的分类

金属矿床的矿体形状、厚度及倾角，对于矿床开拓和采矿方法的选择，有直接的影响。因此，金属矿床的分类，一般按矿体形状、倾角和厚度三个因素进行分类。

2.2.1 按矿体形状分类

2.2.1.1 层状矿床

这类矿床多为沉积或变质沉积矿床，如图2-1(a)所示。其特点是矿床规模较大，赋存条件(倾角、厚度等)稳定，有用矿物成分组成稳定，含量较均匀，多见于黑色金属矿床。

2.2.1.2 脉状矿床

这类矿床主要是由于热液和气化作用，矿物质充填于地壳的裂隙中生成的矿床，如图2-1(b)、(c)所示。其特点是矿床与围岩接触处有蚀变现象，矿床赋存条件不稳定，有用成分含量不均匀。有色金属、稀有金属及贵重金属矿床多属此类。

2.2.1.3 块状矿床

这类矿床主要是充填、接触交代、分离和气化作用形成的矿床，如图2-1

(d)、(e)、(f)所示。它们的特点是：矿体大小不一，形状呈不规则的透镜状、矿巢、矿株等产出，矿体与围岩的界限不明显。某些有色金属矿床(铜、铅、锌等)属于此类。在开采脉状矿床和块状矿床时，要加强探矿工作，以充分回收矿产资源。

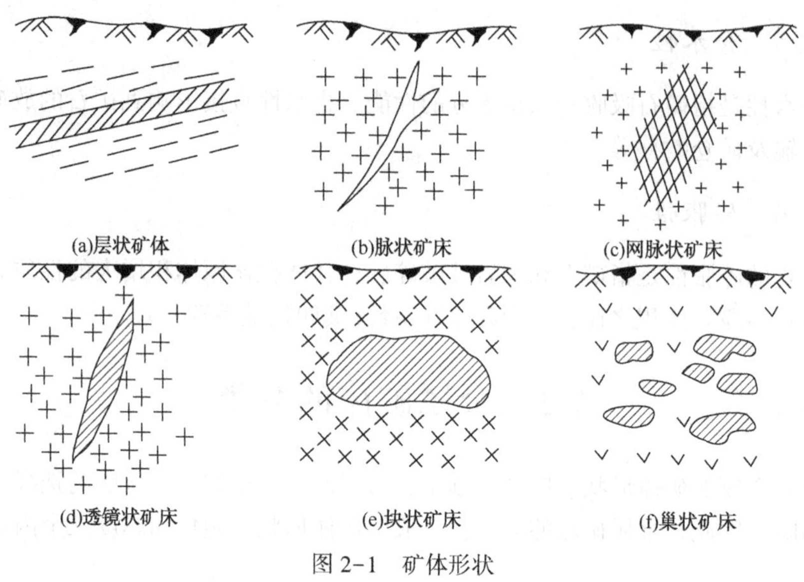

图 2-1　矿体形状

2.2.2　按矿体倾角分类

矿体倾角是指矿体中心面与水平面的夹角。矿体倾角对于采矿方法的选择、矿石运搬方式及运搬设备的确定，都有非常重要的影响。

(1) 水平和微倾斜矿体　一般是指倾角小于5°的矿体。开采这类矿床时，各种有轨或无轨运搬设备可以直接进入采场。

(2) 缓倾斜矿体　一般指倾角为5°～30°的矿体。这类矿体的采场运搬一般采用人力或电耙、输送机等机械设备。

(3) 倾斜矿体　一般指倾角为30°～55°的矿体。开采这类矿床时，可借助溜槽、溜板或爆力抛掷等方法运搬矿石。

(4) 急倾斜矿体　一般指倾角大于55°的矿体。在开采急倾斜矿床时，可利用矿石自重的重力运搬方法。

2.2.3　按矿体厚度分类

矿体的厚度是指矿体上盘与下盘间的垂直距离或水平距离。前者称为垂直厚度或真厚度，后者称为水平厚度，如图 2-2 所示。由于矿体厚度常有变化，因此常用平均厚度表示。矿体按厚度分类如下：

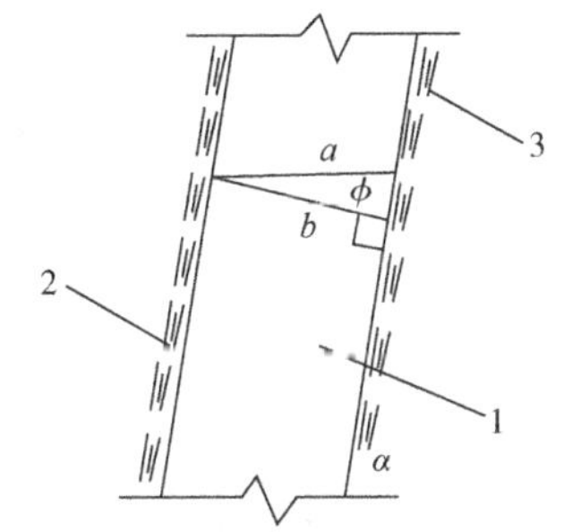

图 2-2 矿体的水平厚度和垂直厚度
1—矿体；2—矿体上盘；3—矿体下盘；
a—水平厚度；b—垂直厚度；
α—矿体倾角；ϕ—a 与 b 夹角

(1)极薄矿体　厚度在 0.8m 以下。开采这类矿体时，不论其倾角多大，掘进巷道和回采都要开掘围岩，以保证人员及设备所需的正常工作空间。

(2)薄矿体　厚度为 0.8～4m。回采可以不开采围岩，但厚度在 2m 以下，掘进水平巷道需开掘围岩。手工开采缓倾斜薄矿体时，4m 是单层回采的最大厚(高)度。开采薄矿体一般采用浅孔落矿。

(3)中厚矿体　厚度为 5～15m。开采这类矿体掘进巷道和回采可以不开采围岩。对于急倾斜中厚矿体可以沿走向全厚一次开采。

(4)厚矿体　厚度为 15～40m。开采这类急倾斜矿体时，多将矿块的长轴方向垂走向方向布置，即所谓垂直走向布置。开采这类矿体多用中深孔或深孔落矿。

(5)极厚矿体　厚度大于 40m。开采这类矿体时，矿块除垂直走向布置外，有时在厚度方向还要留走向矿柱。

2.3　开采单元的划分

2.3.1　矿田和井田

在进行矿床开采时，必须有步骤有计划地进行，应将矿床划分为由大到小的开采单位。一般在倾斜、急倾斜矿床中，将矿床划分为井田，井田划分为阶段，阶段划分为采区(矿块)，采区就是最基本的开采单位。

在开采水平或微倾斜矿体时，将矿床划分为井田后，再将井田划分为盘区，盘区划分为采区，采区就是最基本的开采单位。

划归一个矿山企业开采的全部矿床或其一部分叫作矿田。在一个矿山中划归一个矿井或坑口开采的全部矿床或其一部分称为井田，如图 2-3 所示。矿田有时等于井田(如图 2-3 中的Ⅰ号、Ⅱ号矿田)，有时包括几个井田(如图 2-3 中的Ⅲ号矿田)。划归矿业公司或矿务局开采的矿床称为矿区。同样，一个矿区可以包含若干个矿田。

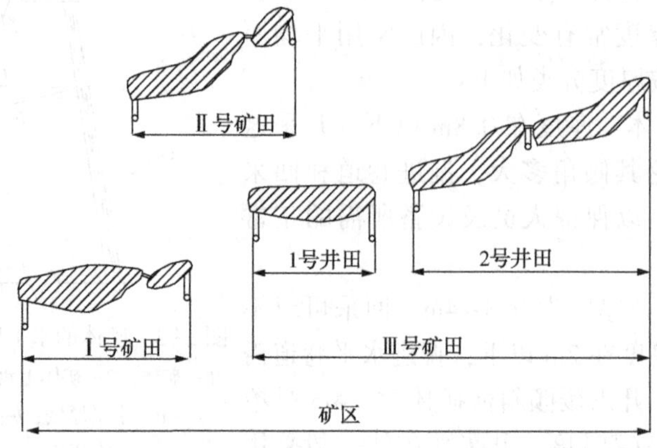

图 2-3　矿区、矿田、井田

2.3.2　阶段和矿块

在开采倾斜和急倾斜矿床时，在井田中，每隔一定的垂直距离掘进与走向一致的主要运输巷道，将井田在垂直方向上划为若干个条带状来开采，这个条带称为阶段，如图 2-4 所示。阶段的范围是：上下以相邻的两个阶段运输平巷为界，左右以井田的边界为界。

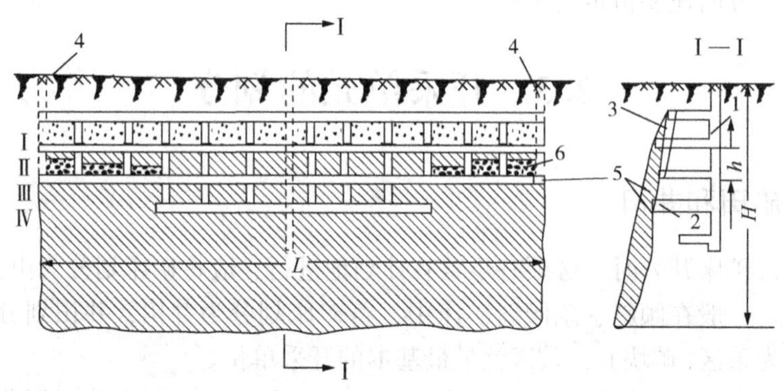

图 2-4　阶段和矿块的划分

Ⅰ—已采完阶段；Ⅱ—正在回采阶段；Ⅲ—开拓、采准阶段；Ⅳ—开拓阶段；

H—矿体垂直埋藏深度；h—阶段高度；L—矿体的走向长度；

1—主井；2—石门；3—天井；4—排风井；5—阶段运输巷道；6—矿块

上下两个相邻阶段运输巷道底板之间的垂直距离，叫阶段高度(如图 2-4 中 h)。上下两个相邻阶段运输巷道沿矿体的倾斜距离，叫阶段斜长。开采倾斜和急倾斜矿体时，一般均采用阶段高度；只有开采缓倾斜矿体时，才采用阶段斜长这一概念。在矿山，常以阶段运输平巷所处的标高来命名一个阶段，例如，阶段运输平巷标高为+300m的阶段称为+300m中段或+300m水平。也可以按中段开采顺序命名。影响阶段高度的因素很多，国内外学者一般从地质因素、技术因素以及经济因素等方面研究确定阶段高度。

在阶段中沿走向每隔一定的距离，掘进天井连通上下两个相邻阶段运输巷道，将阶段再分为独立的回采单元，称为矿块(如图2-4中)。矿块是地下开采最基本的回采单元。不同的采矿法，采用不同的矿块结构和参数，具体内容将在采矿方法各章中论述。

2.3.3 盘区和采区

在开采水平和微倾斜矿体时，常用盘区和采区的概念。开采这类矿体时，如果矿床的厚度不超过允许的阶段高度，则在井田内不再划分阶段。如图2-5所示，在矿体倾斜方向的中部，沿走向方向掘进一条主要运输巷道和一条回风巷道，再分别沿走向方向每隔一定距离掘进运输巷道，将井田在走向方向划分为一个个矿段，这些矿段称为盘区。将盘区沿倾斜方向划分为若干个条带，称为采区。采区是盘区开拓最基本的回采单元(图2-5)。

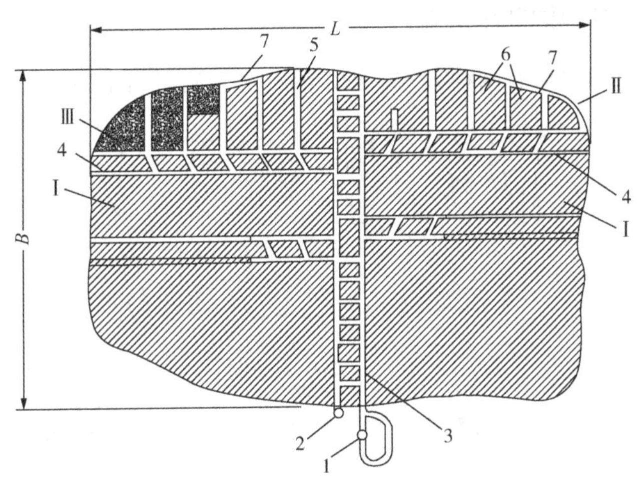

图2-5　盘区和采区

Ⅰ—开拓盘区；Ⅱ—采准盘区；Ⅲ—回采盘区；

1—主井；2—副井；3—主要运输巷道；4—盘区运输巷道；

5—采区运输巷道；6—采区；7—切割巷道；

L—矿体倾斜长；B—矿体走向长

2.4 矿床的开采顺序及开采步骤

2.4.1 井田间的开采顺序

一个矿田可由若干个井田组成。在确定矿田内各井田的开发顺序时，应遵循先近后远、先浅后深、先易后难、先富后贫、综合利用的原则。

先近后远是指应该先开发那些外部运输条件好，距水源、电源较近的矿井，以减少初期投资，缩短基建时间；先浅后深是指应该优先开采那些埋藏较浅，勘探程度较高的矿井，而将埋藏较深，勘探不足的矿井留待后期开发，以期早日取得良好的经济效益；先易后难是指应该先开发那些地质条件变化不大，开采技术条件较好，采矿方法容易解决的矿井，以便早日形成生产能力；先富后贫是指应该优先开发那些品位较高的矿段，以使早日收回基建投资，取得较好的经济效益。在矿田开发时，就应该研究对矿床内的各种共生和伴生的有用矿物进行全面回收，综合利用，多种经营(例如一些磷矿可做磷肥及磷加工工业)，这是我国目前矿山企业提高经济效益的重要措施。

2.4.2 井田内阶段的开采顺序

阶段的开采顺序可有两种方式，即下行式和上行式(图 2-6)。

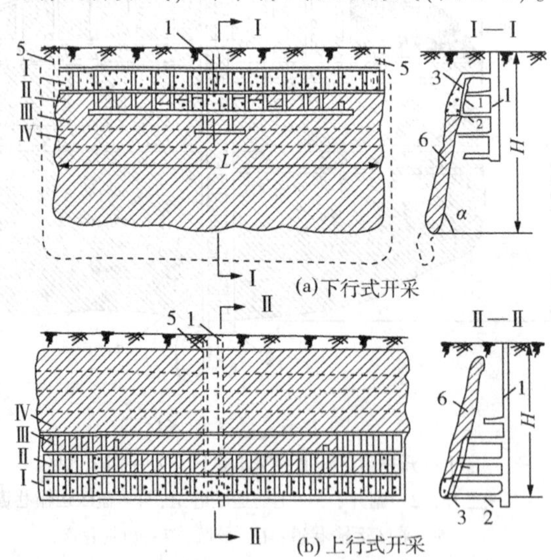

图 2-6 井田中阶段的开采顺序

1—主井；2—石门；3—平巷；4—天井；5—副井；6—矿体；α—矿体倾角；
Ⅰ—采完阶段；Ⅱ—回采阶段；Ⅲ—采准阶段；Ⅳ—开拓阶段

(1)下行式，自上而下进行开采　即先开采上部阶段，而后开采下部阶段。也可以同时开采几个阶段。

(2)上行式，与下行式相反　上行式开采顺序，仅在开采缓倾斜矿床时的某些特殊情况下使用。例如地表无废石场(存放废石的场地)，必须将上部的废石充填于下部的采空区，或者以深部采空区作为蓄水池用等。

在生产实际中，一般多采用下行式开采顺序。因为这种开采顺序有很多优点：节省初期投资；缩短基建时间；在逐步向下的开采过程中能进一步探清深部矿体；生产安全条件好；适用的采矿法多。

2.4.3　阶段中矿块的开采顺序

阶段中矿块的开采顺序，按开采工作相对于主要开拓巷道的推进方向，可分为三种。

(1)前进式开采　当阶段运输平巷掘进结束后，从靠近主要开拓巷道的矿块先开始开采，向井田边界依次推进(图 2-7 Ⅰ)。

(2)后退式开采　在阶段运输巷道掘进至井田边界后，从井田的边界矿块开始，向主要开拓巷道方向依次开采(图 2-7 Ⅱ)。

(3)混合式开采　初期采用前进式开采，后期改为后退式开采。

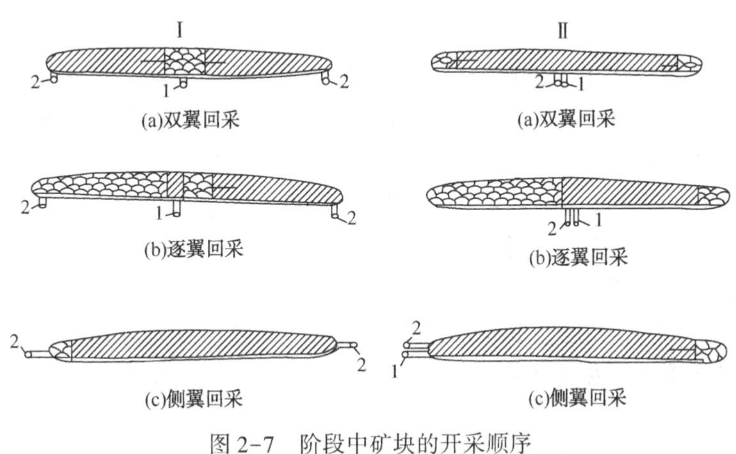

图 2-7　阶段中矿块的开采顺序

Ⅰ—前进式开采；Ⅱ—后退式开采；1—主井；2—风井

2.4.4　金属矿地下开采的步骤

金属矿床地下开采的步骤可以分为开拓、采准、切割与回采四个步骤。这些步骤反映了矿床开采不同的工作阶段(如图 2-4)。

(1)开拓　从地表开掘一系列的巷道到达矿体，以形成矿井生产所必不可少的行人、通风、提升、运输、排水、供电、供风、供水等系统，以便将矿石、废石、污风、污水运(排)到地表，并将设备、材料、人员、动力及新鲜空气输送到井下，这一工作称为开拓。

(2)采准　采准是在已完成开拓工作的矿体中掘进巷道，将阶段划分为矿块(采区)，并在矿块中形成回采所必需的行人、凿岩、通风、出矿等条件。掘进的巷道称为采准巷道。一般主要的采准巷道有阶段运输平巷、穿脉巷道、通风行人天井、电耙巷道、漏斗颈、斗穿、放矿溜井、凿岩巷道、凿岩天井、凿岩硐室等。

(3)切割　切割工作是指在完成采准工作的矿块内，为大规模回采矿石开辟自由面和补偿空间，矿块回采前，必须先切割出自由面和补偿空间。凡是为形成自由面和补偿空间而开掘的巷道，称为切割巷道，例如切割天井、切割上山、拉底巷道、斗颈等。不同的采矿方法有不同的切割巷道。但切割工作的任务就是辟漏、拉底、形成切割槽。

(4)回采　在矿块中做好采准切割工程后，进行大量采矿的工作，称为回采。回采工作一般包括落矿、采场运搬、地压管理三项主要作业。如果矿块划分为矿房和矿柱进行两步骤开采时，回采工作还应包括矿柱回采。

2.5　三级矿量

国家为了考核矿山的采掘关系，保证各开采步骤间的正常超前关系，依据矿床开采准备程度的高低，将矿量划分为三个等级，即开拓矿量、采准矿量及备采矿量。有关部门对矿山三级矿量的界限和保有期限作出了规定。

(1)开拓矿量　按设计规定在某范围内的开拓巷道全部掘进完毕，并形成完整的提升、运输、通风、排水、供风、供电等系统，则此范围内开拓巷道所控制的矿量，称为开拓矿量。

(2)采准矿量　在已完成开拓工作的范围内，进一步完成开采矿块所用采矿方法规定的采准巷道掘进工程，则该矿块的储量即为采准矿量。采准矿量是开拓矿量的一部分。

(3)备采矿量　在已进行了采准工作的矿块内，进一步全部完成所用采矿方法规定的切割工程，形成自由面和补偿空间等工程，则该矿块内的储量称为备采矿量。备采矿量是采准矿量的一部分。

我国有关部门以矿山年产量为单位，对矿山三级矿量保有年限作出一般规定。允许各矿经批准对三级矿量的保有期限，根据矿床赋存条件、开拓方式、采矿方法、矿山装备水平和技术水平以及矿山年产量等情况，有一定的灵活性。

2.6 矿石损失和贫化

2.6.1 矿石损失和贫化的概念

在矿床开采过程中，由于种种原因会造成一部分矿石未采下来或采下来的矿石未能完全运出地表而丢失。凡是在开采过程中造成矿石数量上减少的现象，称为矿石损失。

矿石损失分为非开采损失与开采损失。非开采损失是指与开采无关的损失，即由于地质构造与水文地质条件等引起的矿石损失，以及为保护井筒和地表建筑物所留的保安矿柱的损失。开采损失指与开采有关的(或开采过程中发生的)矿石损失。开采损失又分为未采下损失与采下损失。未采下损失是指在开采范围内无法开采或开采不经济的边缘矿体、平行矿脉和矿块内永久性矿柱所造成的损失，以及崩矿时未崩下的矿石损失。采下损失是指已采下而残留在采场中不能放出的矿石损失和运输过程中的矿石损失。

在开采过程中损失的工业矿石量与原工业矿石量之比，称为矿石损失率。而采出的纯矿石量与原工业矿石量之比，称为矿石回收率。损失率和回收率都用百分数(%)表示。

在开采过程中还有矿石贫化。矿石贫化是指因混入废石或高品位粉矿的流失而造成采出矿石的品位比原矿石品位降低的现象。采出矿石品位降低值与原工业矿石品位的比值，称为贫化率，也用百分数(%)表示。混入采出矿石中的废石量与采出矿石量之比，称为废石混入率。

矿石损失与贫化，是评价矿床开采的主要指标。它不仅反映对国家资源的利用程度，还反映采出矿石质量的好坏。在金属矿床开采中，降低矿石损失与贫化，具有重大意义。

2.6.2 降低矿石损失与贫化的措施

为了充分开采利用地下资源，减少因矿石损失、贫化造成经济损失，提高矿产原料的数量和质量，应针对产生矿石损失与贫化的原因，采取有效的措施。

①加强地质测量工作，为采矿设计和生产提供可靠的地质资料，以便正确确定采掘范围，减少废石混入量和矿石损失量。

②选择合理的开拓方法，尽可能不留或少留保安矿柱。

③选择合理的开采顺序，及时回采矿柱和处理采空区。

④选择合理的采矿法及其结构参数，改进采矿工艺。

⑤改进采场底部结构，采用振动出矿设备和无轨装运设备，加强出矿管理，以提高矿石回收率，降低矿石贫化率。

⑥选择合理的提升运输方式和容器，避免多次转运矿石，以减少粉矿流失。

2.7 炸药与起爆方法

2.7.1 爆炸和炸药的基本概念

2.7.1.1 爆炸现象

爆炸是人们日常生产、生活中常遇到的现象。例如车胎放炮、锅炉胀裂、燃放鞭炮等都是爆炸。其共同特征是物质发生急剧变化并放出大量的能量对周围介质做机械功，使之受到强烈压缩、震动以至破坏，同时可能伴随声、光和热效应等现象。

爆炸现象可以分为三类：

①物理爆炸。在爆炸前后，物质的化学成分不变，仅发生物态的变化。例如锅炉的爆炸是由于内部蒸汽压力超过容器的极限强度，但爆炸前后蒸汽的成分仍然是 H_2O，只是由高压变为低压而已。

②化学爆炸。在爆炸前后，不仅有物理状态的改变，而且物质的化学成分也发生变化。常用的炸药爆炸均属于此类。

③核爆炸。某些物质的原子核发生裂变或聚变链锁反应时，瞬间释放巨大能量而引起的爆炸。

2.7.1.2 化学爆炸应具备的条件

物质的化学爆炸能够达到足够的能量密度而又比较容易实现，故在矿业工程中应用最广泛。尤其是在金属矿山和多数非金属矿山，几乎都利用工业炸药的爆炸破碎岩石和矿石。

利用炸药爆破矿岩时，爆炸瞬间可以看到火光、烟雾、飞石，随即听到响声。这表明爆炸反应是放热的，有大量气体产物，而且反应的速度极快。这是炸药爆炸时的三个基本特征，是形成化学爆炸的三个必备条件，常又称为化学爆炸三要素。放热反应是炸药爆炸最基本特征，放热才有能量使反应过程自行传播，否则就不能形成爆炸。应速度极快是炸药爆炸区别一般化学反应的标志，仅有反应过程大量放热的条件，还不足以形成爆炸，必须还要化学反应速度快，才能产生爆炸。炸药通过化学反应所产生的气体产物是对外界做功的媒介物，也就是说，炸药的内能借助于气体的膨胀迅速转变为对外界的机械功。如果反应时没有大量气体产生，那么，即使这种反应的放热量很大，反应速度很快，也不会形成爆炸。

产生化学爆炸的三个条件是相辅相成的，缺一不可。凡能同时具备上述三个条件的物质，当其受到外界某种能量作用激发后，化学反应就能自行传播，并以爆炸形式在瞬间完成。

2.7.1.3 炸药的化学反应形式

根据化学爆炸反应的速度与传播性质，炸药的化学反应分为 4 种基本形式。

(1)热分解　在一定温度下炸药能自行分解，其分解速度与温度有关(如硝铵炸药)。随着温度的升高反应速度加快，当温度升高到一定值时，热分解就会转化为燃烧，甚至转化为爆炸。不同的炸药其产生热分解的温度、热分解的速度也不同。

(2)燃烧　在火焰或其他热源的作用下，炸药可以缓慢燃烧(数毫米每秒，最大不超过数百厘米每秒)。其特点是：在压力和温度一定时，燃烧稳定，反应速度慢；当压力和温度超过一定值时，可以转化为爆炸。

(3)爆炸　在足够的外部能量作用下，炸药以数百米至数千米每秒的速度进行化学反应，能产生较大的压力，并伴随光、声音等现象。其特点是：不稳定性，爆炸反应的能量足够补充维持最高、稳定的反应速度，则转化为爆轰；能量不够补充则衰减为燃烧。

(4)爆轰　炸药以最大的反应速度稳定地进行传播。其特点是具有稳定性，特定炸药在特定条件下其爆轰速度为常数。

2.7.1.4 炸药及其分类

炸药是一种在一定外能作用下，能发生高速化学反应、放出大量的热和生成大量气体的物质，即炸药是一种能把它所集中的能量在瞬间释放出来的物质。从本质上来分析炸药，首先，炸药所含的能量很集中，炸药与一般燃料比较，它的单位容积所含的能量高，单位容积炸药爆炸放出的热量比燃料燃烧产生的热量大几百倍；其次，因为炸药本身同时含有氧化剂和可燃剂等，炸药的组成包含了爆炸反应所需的元素或基团；第三，在常温常压的环境中，绝大多数炸药的物质结构是一种暂时相对稳定状态，只有受到足够外能作用时，才发生爆炸。

炸药化学反应的基本形式有热分解、燃烧、爆炸、爆轰。其中爆轰是化学反应最充分的一种形式，释放的能量最多。利用炸药进行工程爆破时，应力求使其达到爆轰状态。这四种形式的化学变化性质虽不相同，但它们之间却有密切的联系。炸药的热分解在一定条件下可以转变为燃烧，而炸药的燃烧在一定条件下又可以转变为爆炸或爆轰。研究炸药化学变化的形式，就是为了控制外界条件，使炸药的化学变化符合我们的要求。

炸药按不同的分类依据分为不同的类型。

(1)按炸药的组成分类

①单质炸药。亦称爆炸化学物。它是各组成元素以一定的化学结构存在于同一分子中的炸药。这类炸药的分子中含有某些具有爆炸性质的特殊基因，这些基因的化学键很容易在外界能量作用下发生破裂而激起爆炸反应。如梯恩梯等就属于这种炸药。

②混合炸药。它是由两种或两种以上分子组成的物理混合物。这类炸药可以是气态、液态、固态或多相体系。为控制炸药性能，矿用炸药一般由多种成分的混合物制成，如铵梯炸药等。

(2)按炸药的用途分类

①起爆药。这类炸药的特点是感度高，在很小的外界能量(如火焰摩擦、撞击等)激发下就发生爆炸。它主要用于制造起爆器材如雷管等。最常用的起爆药有雷汞、氮化铅、二硝基重氮酚等。

②猛炸药。这类炸药对外界能量的敏感程度比起爆药低，为了使其达到爆轰状态，需用起爆药的爆炸能来起爆，可用来作起爆器材的加强药或主药包。

猛炸药的爆炸威力比起爆药强大。它又可分为单质猛炸药(如梯恩梯)和混合猛炸药(如铵梯炸药)两大类。

③发射药。发射药也称缓性炸药。这类炸药的特点是对火焰感度高。其反应方式为燃烧，而在密闭条件下可转为爆炸。工业上主要用来制造起爆器材(如黑火药作导火索药芯)和火箭弹。

2.7.1.5 起爆药和单质炸药

(1)起爆药

①雷汞。雷汞 $Hg(CNO)_2$为白色或灰色微细晶体，50℃以上即自行分解，在160~165℃时发生爆炸。干燥的雷汞对撞击、摩擦和火花极敏感。潮湿的或压制的雷汞感度降低。湿雷汞易与铝起作用生成极危险的雷酸盐，故雷汞不允许装入铝管壳。工业用雷汞雷管都用铜壳或纸壳。

②氮化铅。氮化铅 $Pb(N_3)_2$通常为白色针状晶体，有毒，与雷汞或二硝基重氮酚比较，氮化铅的感度较低，但起爆能力比雷汞大。氮化铅不因潮湿受压而失去爆炸能力，在水下也可起爆。由于氮化铅在有 CO_2存在的潮湿环境中易与铜发生反应而生成极敏感的氮化铜，因此氮化铅雷管不可用铜质管壳，而必须采用铝壳或纸壳。

③二硝基重氮酚。二硝基重氮酚 $C_6H_2(NO_2)_2N_2O$(简称 DDNP)为黄色或黄褐色晶体。它的安定性好，在常温下长期贮存于水中仍不降低其爆炸性能。干燥

的二硝基重氮酚在75℃时开始分解，170~175℃时爆炸。

二硝基重氮酚对撞击、摩擦的感度均比雷汞或氮化铅低，热感度则介于两者之间，起爆能力高于雷汞和氮化铅。由于二硝基重氮酚的原料来源广，生产工艺简单、安全，成本较低，而且具有良好的起爆性能，所以国产工业雷管目前几乎都用二硝基重氮酚来作起爆药。

(2)单质猛炸药

①梯恩梯，即三硝基甲苯$C_6H_2(NO_2)_3CH_3$(简称TNT)。它是黄色晶体，吸湿性弱，几乎不溶于水。梯恩梯的热安定性好，温度在150℃以下几乎不分解，到180℃以上才显著分解。梯恩梯遇火能燃烧，在密闭条件下或大量燃烧时可转为爆炸。它的机械感度较低，但如混入细砂一类硬质掺和物时则容易引爆。受阳光的照射会降低质量。

梯恩梯有广泛的军事用途。许多炸药厂采用精制梯恩梯作雷管中的加强药或硝铵类炸药中的敏化剂。

②黑索金，即环三次甲基硝胺$C_3H_6N_3(NO_2)_3$，简称RDX。黑索金为白色晶体，熔点204.5℃，爆发点230℃，不吸湿，几乎不溶于水；热安定性好，但能被火焰点燃，在空气中平稳燃烧；机械感度高于梯恩梯。由于黑索金的威力和爆速都很高，除用作雷管中的加强药外，还可用作导爆索的药芯或同梯恩梯混合制造起爆药包。

③特屈儿，即三硝基苯甲硝胺$C_6H_2(NO_2)_3 \cdot NCH_3NO_2$。它是淡黄色晶体，难溶于水，不因含水而失去爆炸能力，热感度及机械感度高于梯恩梯，爆炸性能好。特屈儿容易与硝酸铵强烈作用而释放热量导致自燃，故严禁与硝酸铵相混合。特屈儿除用于军事用途外，也可用作工业雷管的加强药。

④泰安，即季戊四醇四硝酸酯$C(CH_2ONO_2)_4$，简称PETN。它是白色粉状晶体，几乎不溶于水。遇火不易燃烧，对冲击、摩擦的感度高于以上几种单质炸药，爆炸威力大。

⑤硝化甘油，即三硝酸酯丙三醇$C_3H_5(ONO_2)_3$，简称NG。它是淡黄色油状液体，不溶于水，在水中不失去爆炸性。硝化甘油有毒，应避免皮肤与之接触。

硝化甘油在50℃时开始挥发，爆发点200℃。它的机械感度很高，受撞击和震动易发生爆炸，一般不单独使用。

2.7.2 起爆和起爆能

2.7.2.1 起爆能

为了打破原体系(炸药)的平衡，必须由外部给予最低限度的能量，这种外部能量叫作起爆能，而引起炸药爆炸的过程叫作起爆。

工业炸药的起爆能通常有以下三种形式：

①热能。利用加热作用使炸药起爆，热能是起爆能中最基本的一种，其形式又可分为火焰、火星、电热等。工业雷管多利用这种形式起爆其内部装药。

②机械能。通过撞击、摩擦、针刺等机械作用使炸药分子间产生强烈的相对运动，并在瞬间将机械能转化为热能，使炸药起爆。机械能在爆破中不直接使用，但在贮存、运输和使用炸药的过程中，必须充分注意机械能起爆炸药的可能性。

③爆炸冲能。利用起爆药爆轰产生的动能，可以使猛炸药起爆。在爆破工程中广泛应用的有雷管、导爆索的爆炸冲能起爆炸药。

2.7.2.2 炸药的起爆机理

起爆能是否能使炸药起爆取决于起爆能量的大小及能量的集中程度。根据活化能理论，化学反应只是在具有活化能量的活化分子互相接触和碰撞时才能发生。活化分子具有比一般分子更高的能量，故比较活泼。为了使炸药起爆，就必须有足够的外能使部分炸药分子变为活化分子。活化分子的数量愈多，其能量同分子平均能量相比愈大，则爆炸反应速度也愈高。因此，外能愈大、愈集中，炸药局部温度愈高，形成的活化分了愈多，则引起炸药爆炸的可能性愈大。反之，如果外能均匀地作用于炸药整体，则需要更多的能量才能引起爆炸。这一点对于热能起爆过程尤为重要。

(1)热能起爆机理　炸药在热能作用下通常都产生放热分解，但并不一定导致爆炸。只有当单位时间内炸药反应放出的热量大于散失的热量时，炸药中才有可能产生热的积累，而只有炸药中产生热积累，才有可能使炸药温度上升，引起反应速度加快和导致爆炸。另外，放热量随温度的变化率应大于散热量随温度的变化率，只有这样才能引起炸药加速反应。

(2)机械能起爆机理　炸药在摩擦、撞击作用下，由机械能转化为热能而引起爆炸的假说已有多种，其中的热点学说被普遍承认。

热点学说认为，在机械作用下产生的热来不及均匀地分布到全部炸药分子，而是集中在炸药个别的小点上，这些小点的温度达到爆发点时，就会首先在这里发生爆炸，然后再扩展到全部，这些先达到起爆温度的微小区域，被称为灼热核。

灼热核形成原因主要有三个：

①炸药中微小气泡的绝热压缩形成灼热核；

②炸药颗粒或薄层间的强烈摩擦形成灼热核；

③炸药颗粒与掺合物间的表面摩擦形成灼热核。

(3)爆炸冲能起爆机理　在工程爆破中，常利用起爆药的爆炸冲能去引爆次发炸药，例如用雷管的爆炸使铵油炸药起爆。爆炸冲能起爆的机理是爆能在瞬间转变为机械能或热能，首先在炸药的某些局部区间造成灼热核，然后由灼热核周围炸药分子的爆炸进一步扩展。

2.7.3　起爆器材及其性能

产生起爆能以引爆炸药、导爆索和继爆管的器材称为起爆器材。雷管是工程爆破的主要起爆器材，有火雷管、电雷管、导爆管雷管等。此外，导爆索、导爆管、导火索、继爆管和起爆药柱(起爆弹)也是常用的起爆器材。

2.7.3.1　雷管

雷管是起爆器材中最重要的一种，包含管壳、加强帽、起爆药、加强药等基本组成部分。按点燃方式和起爆能源的不同，分为火雷管、电雷管、非电导爆管雷管；按管壳材料可将雷管分为铜壳、纸壳、铝壳雷管。

(1)火雷管　火雷管是通过火焰来引爆雷管中的起爆药使其爆炸，是最简单的起爆器材，又是其他各种雷管的基本部分(雷管基本体)。如图 2-8 所示，火雷管由管壳、加强帽、起爆药、加强药组成，用导火索引爆。

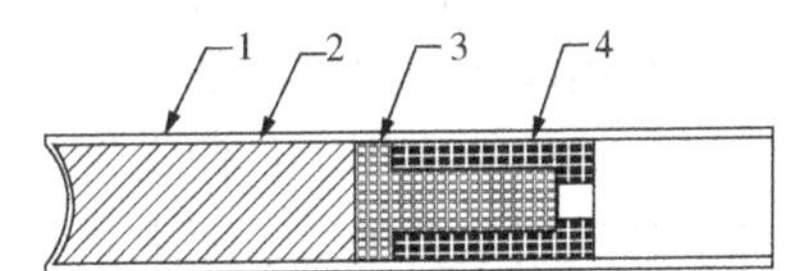

图 2-8　雷管基本体结构示意图

1—管壳；2—加强药；3—起爆药；4—加强帽

① 管壳。通常用金属材料(铜、铝、铁)、纸或硬塑料制成，须有一定的强度以保护管内的起爆药和加强药。管壳的一端为开口供导火索等插入，另一端以圆锥形或半球面形凹穴封闭，此封闭凹穴称为聚能穴。

② 起爆药和加强药。起爆药具有良好的火焰感度，能在火焰的作用下发生爆轰，且能急剧增长到稳定爆轰。目前我国主要采用二硝基重氮酚(DDNP)作起爆药。加强药对火焰不敏感，它需要吸收起爆药的起爆能才能爆炸。由于共爆炸威力大，用加强药来提高雷管的起爆能力。雷管的起爆能力与加强药的爆炸性能(主要是爆力和猛度)、装药直径、装药密度、装药量等相关。目前我国主要采用黑索金(RDX)、特屈儿或黑索金-梯恩梯作加强药。

③ 加强帽。加强帽是一个中心带小孔的金属罩，常用铜皮冲压而成。其作用是：封闭雷管内的装药，减少起爆药的暴露面积，防止起爆药受潮，增强雷管的安全性，提高雷管的起爆能力。

(2)电雷管。电雷管是由电能转化成热能而引发爆炸的工业雷管，它是由雷管的基本体和电点火装置组成，分瞬发电雷管、毫秒延期电雷管、秒延期电雷管和煤矿许用电雷管。在爆破作业中，使用电雷管可远距离点火和一次起爆大量药包，使用安全、效率高，便于采用爆破新技术。

① 瞬发电雷管。瞬发电雷管是在电能的直接作用下，立即起爆的雷管，又称即发电雷管，是在雷管的基本体的基础上加上一个电点火装置组装而成(图 2-9)。

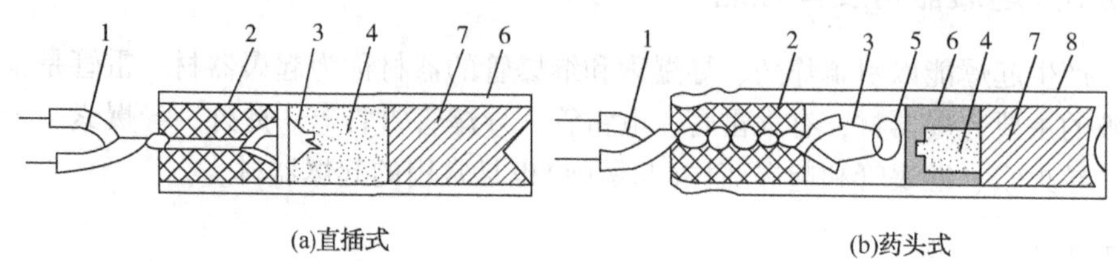

(a)直插式　(b)药头式

图 2-9　瞬发电雷管

1—脚线；2—密封塞；3—桥丝；4—起爆药；
5—引火药头；6—加强帽；7—加强药；8—管壳

电点火装置由两根绝缘脚线、塑料或塑胶封口塞、桥丝、点火药组成。电雷管的起爆是由脚线通以恒定的直流或交流电，使桥丝灼热引燃点火药，点火药燃烧后在其火焰热能作用下，使雷管起爆。脚线用作给桥丝输送电流，有铜和铁两种导线，外皮用塑料绝缘，要求具有一定的绝缘性和抗拉伸、抗曲扰和抗折断能力。脚线长度可根据用户需要而定制，一般多用 2m 长的脚线为主。每一发雷管都是由两根颜色不同的脚线组成，颜色的区分主要为方便使用和炮孔连线；桥丝，即电阻丝，通电后桥丝发热点燃引点火药。常用的桥丝有康铜丝和镍铬合金丝；点火药一般是由可燃剂和氧化剂组成的混合物，它涂抹在桥丝的周围呈球状。通电后桥丝发生的热量引燃点火药，由点火药燃烧的火焰直接引爆雷管的起爆药；封口塞的作用是为了固定脚线和封住管口，封口后还能对雷管起到防潮作用。

瞬发电雷管适用于露天及井下采矿、筑路、兴修水利等爆破工程中，用作起爆炸药、导爆索、导爆管等；在有瓦斯和煤尘爆炸危险的场所，必须采用煤矿许用瞬发电雷管。

② 秒延期电雷管。延期时间以秒为单位的电雷管叫秒延期电雷管。秒延期电雷管的结构与瞬发电雷管相近(图 2-10)，所不同的是，前者的引火头与起爆药之间装有一段用精制导火索作的延期药，并以精制导火索的长度来控制延期时间，或令长度不变，调整黑火药的组成配比或加工工艺改变燃速，以达到不同的延期时间，秒延期电雷管的结构有两类，其中整体管壳式多用金属管壳；而两段管壳式则用精制导火索将点火部分的管壳和爆炸部分的管壳连接起来

[图 2-10(b)]。有的管壳上开有两个排气孔，其作用是及时泄掉导火索燃烧气体产物以免压力升高而影响燃速。为防止受潮，排气孔用蜡纸密封。

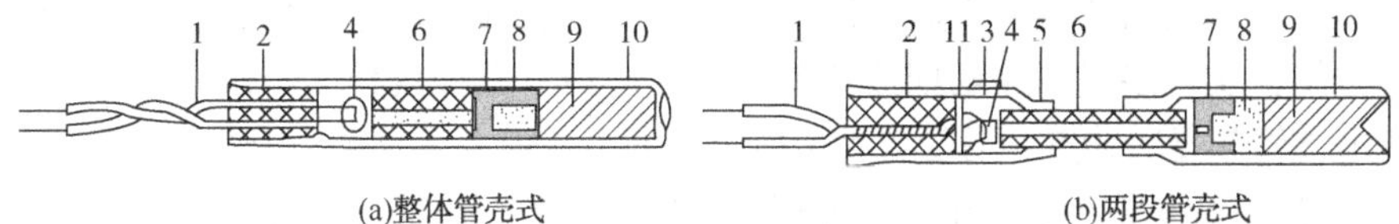

(a)整体管壳式　　(b)两段管壳式

图 2-10　秒延期电雷管

1—脚线；2—密封剂；3—排气孔；4—引火药头；5—点火部分管壳；6—精制导火索；7—加强帽；8—起爆药；9—加强药；10—普通雷管部分管壳；11—纸垫

③毫秒延期电雷管。通以足够电流使引火头燃烧，还要经过一段延期时间才爆炸的电雷管叫延期电雷管。毫秒延期电雷管是延期时间十几毫秒至数百毫秒的延期电雷管，是一种短延期电雷管。它是在电能直接作用下，引燃点火药，再引燃延期体，由延期体的火焰冲能而引发电雷管爆炸。

毫秒延期电雷管是在原瞬发电雷管的基础上加一个延期体作为延期时间装置，延期体装配在电引火装置和雷管起爆药之间，只要通电点火，它就可以根据延期时间来控制一组起爆雷管的起爆先后顺序，为各种爆破技术的应用提供了物质条件，如图 2-11 所示。

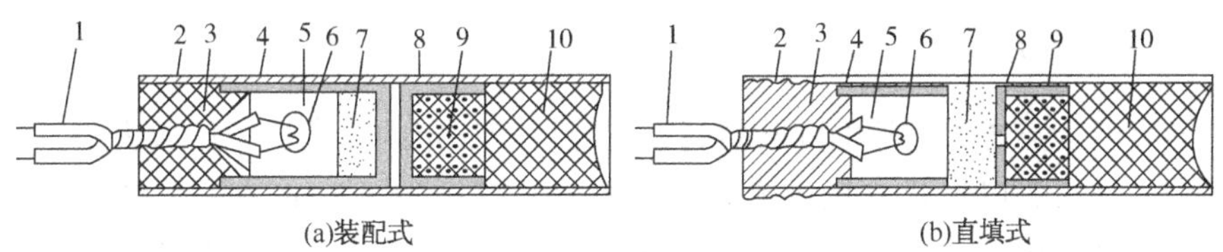

(a)装配式　　(b)直填式

图 2-11　毫秒延期电雷管

1—脚线；2—管壳；3—塑料塞；4—长内管；5—气室；6—引火药头；7—压装延期药；8—加强帽；9—起爆药；10—加强药

毫秒延期电雷管使用范围：用于微差分段爆破作业，起爆各种炸药，采用毫秒微差爆破技术可以减轻地震波，减少二次爆破，根据爆破设计顺序，先爆的炮孔为后爆的炮孔提供了自由面，直接提高了爆破效率。在有瓦斯和煤尘爆炸危险的地方，必须使用煤矿许用电雷管。

④煤矿许用电雷管。煤矿许用电雷管又叫安全电雷管，它适用于有瓦斯、煤尘爆炸危险的井下使用。它的特点是起爆药部分加有一定的消焰剂，可避免使用时造成瓦斯爆炸。煤矿许用电雷管也分为煤矿许用瞬发电雷管和煤矿许用毫秒延期电雷管。其他性质与瞬发电雷管和毫秒延期电雷管相同，只是煤矿许用毫秒延

期电雷管的延期时间不能超过 130ms。

电雷管起爆法的优点：可以远距离控制起爆，比用火雷管、导火索点火起爆安全；可以预先用仪表检查起爆网络，排除故障，保证可靠起爆；可以精确控制起爆时间，实现多段顺序延期或微差延期大爆破；爆破规模大，效率高。

电雷管起爆法缺点：易受各种杂散电流的干扰而发生早爆，因此在杂散电流达 30mA 的地点禁止使用；雷雨天不能用；电爆网络敷设要求技术高，操作比较复杂。

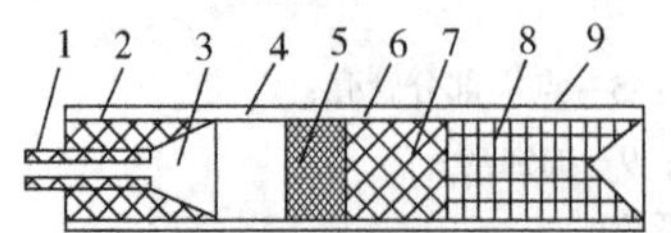

图 2-12　毫秒导爆管雷管结构示意图

1—塑料导爆管；2—塑料连接套；3—消爆空腔；4—空信帽；5—延期药；6—加强帽；7—副装药；8—主装药；9—金属管壳

(3) 导爆管雷管　导爆管雷管是导爆管的爆轰波冲能激发而引发爆炸的一种工业雷管。它是利用导爆管的管道效应来传递爆轰波，从而引爆雷管，实现非电起爆。导爆管雷管分为瞬发导爆管雷管和延期导爆管雷管。

瞬发导爆管雷管是由雷管的基本体、卡口塞、导爆管三部分组成。延期导爆管雷管与瞬发导爆管雷管相比，多一个用于延时的延期体，如图 2-12 所示。

导爆管雷管适用于露天及井下无瓦斯、矿尘爆炸危险的采矿、筑路、兴修水利等爆破工程。毫秒、半秒、秒延期导爆管雷管用于微差分段爆破作业，起爆各种炸药。

2.7.3.2　导火索

导火索为点燃火雷管的配套材料，它能以较稳定的速度连续传递火焰，引爆火雷管。导火索以粉状或粒状黑火药为芯药，直径为 2.2mm 左右。芯药内有三根芯线，其作用是保证生产时装药均匀，并保证燃烧速度稳定。芯药外包缠内层线、内层纸、中层线、沥青、外层纸、外层线和涂料层，缠紧成索状，其结构如图 2-13 所示。

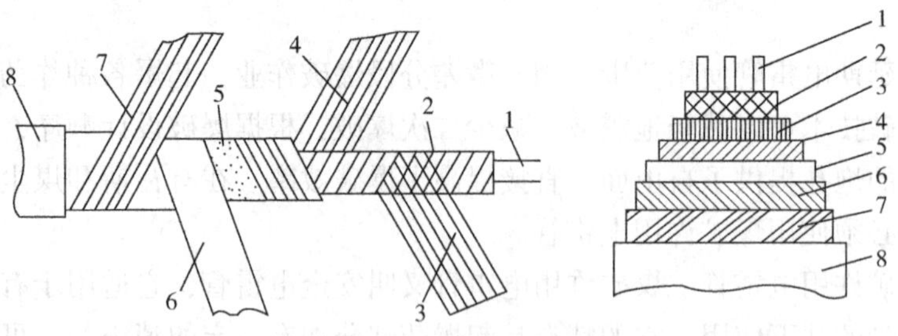

图 2-13　导火索结构示意图

1—芯线；2—药芯；3—内线层；4—中线层；5—防潮层；6—纸条层；7—外线层；8—涂料层

导火索的喷火强度和燃速，是保证火雷管起爆可靠、准确和安全的主要条件。国产普通导火索的燃速为每米 100~125s，它是一项重要的质量标准。燃速发生变化的导火索不得使用。导火索燃烧时不得有断火（药芯燃烧中断，不能继续传递火焰）、透火（火星从索壳喷出）、外壳燃烧或爆燃等现象发生。

值得注意的是，人们往往由于对导火索在爆破安全中的重要性认识不足而造成事故。例如，导火索受到外力挤压时，药芯密度的改变能使燃速发生变化甚至引起爆燃，提高反应速度，使人来不及躲避，造成事故。因此，正在燃烧的导火索是不能用脚去踩的。

2.7.3.3 导爆索

导爆索是以黑索金或泰安为索芯，以棉线、麻线或人造纤维为被覆材料，传递爆轰波直接引爆炸药的索状起爆器材，它本身需要雷管引爆。

（1）导爆索的品种和结构　根据使用条件的不同，导爆索分为两类：一类是普通导爆索，另一类是安全导爆索。普通导爆索是目前生产和使用最多的一种导爆索，它有一定的抗水性能，能直接引爆常用的工业炸药。冶金矿山所用的导爆索均属此类。安全导爆索爆轰时火焰很小，温度较低，不会引爆瓦斯和矿尘。

导爆索的结构与导火索相似，不同之处在于导爆索用黑索金或泰安作芯药，所以呈白色，而不是黑色。索芯中有三根芯线，索芯外有三层棉纱和纸条缠绕，并有两层防潮层。最外层表面涂成红色作为与导火索相区别的标志，导爆管是内白外红，导爆索是内黑外白。

（2）普通导爆索的性能与规格

①外观尺寸。导爆索外观可以反映导爆索的质量。例如最外层棉纱层被覆的好坏能影响导爆索的耐折、耐拉以及抗水性能；表面如有油脂和折伤痕迹，则药芯易折断，油脂容易渗入药芯面导致钝感；搭接接头过多会影响网路强度和传爆的可靠性。导爆索的外径为 5.7~6.2mm，每卷长度为（50±0.5）m。

②爆速与索芯药量。国产导爆索爆速标准规定不低于 6500m/s。普通导爆索以黑索金为药芯的药量为 12~14g/m、药芯密度为 1.2 g/cm^{3}左右时，爆速为 6700m/s 左右。

③耐水、耐热、耐冷性能。国产导爆索标准规定，导爆索在 0.5m 深的水中浸泡 24h 后，其感度和传爆性能仍合格；在（50±3）℃条件下保温 6h，外观及传爆性能不变；在（−40±3）℃条件下冷冻 2h 之后，其感度和传爆性能均合格。

2.7.3.4 导爆管

导爆管是用莎纶或高压聚乙烯挤制的管子，其外径为 3mm，内径约 1.5 mm。

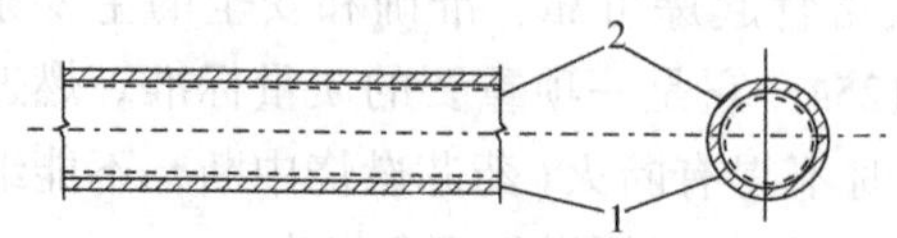

图 2-14　塑料导爆管结构图
1—高压聚乙烯塑料管；2—炸药粉末

管内壁表面涂有一薄层起爆药，可采用奥克托金与铝粉的混合物或黑索金与铝粉的混合物，药量为 16~20mg/m（约为导爆索的 1/1000），如图 2-14 所示。

导爆管内所含炸药量极少，而其直径又远远小于炸药稳定爆轰的临界直径，故按经典爆轰理论，不可能产生稳定爆轰。但根据管道效应原理，导爆管可以传播空气冲击波。波动过程中冲击波能量的衰减可由管壁内表面加强药粉的爆炸能量来补偿。导爆管中激发的冲击波以 1600~2000m/s 的速度传播，发出白色亮光而声响不太大。冲击波传播后导爆管仍然完整无损，安全性很好。

导爆管的传爆是依靠管内冲击波来传递能量的，若外界某种因素堵塞了软管中的空气通道，导爆管的稳定传爆便在此被中断；采用明火和撞击都不能引起导爆管爆炸，而在具有一定压力的空气强激波的作用下会引爆导爆管；导爆管在传爆过程中，携带的药量很少，不能直接起爆炸药，但能起爆雷管中的起爆药。

2.7.4　起爆方法

根据使用的起爆器材的不同，炸药的起爆方法可分为火雷管起爆法、电雷管起爆法、导爆索起爆法和非电导爆管雷管起爆法。目前火雷管起爆法的应用逐渐减少；导爆索起爆法主要用于加强起爆；广泛应用的是导爆管起爆法及电雷管起爆法。

2.7.4.1　火雷管起爆法

火雷管起爆法是利用点燃导火索产生的火焰使火雷管起爆，并通过火雷管的爆轰引起药包的爆轰。火雷管起爆法所用的起爆器材有火雷管、导火索及点火器材等。起爆方法如下所述。

（1）雷管与导火索的连接　将所需长度的导火索插在火雷管的孔中即可。为防止脱落，可用胶布缠上。这一工作必须在爆破器材库区的专门房间进行。

（2）起爆药包的加工　装有起爆雷管的药包叫作起爆药包。起爆药包的加工方法是，先将药包一端的包纸解开，再用专门的非铁材料锥子在药上扎出一个小孔，将起爆雷管插入药包，并用胶布或细绳捆好。为防水，可套上防水胶套。起爆药包的加工只准在爆破作业面附近的安全地方或专门地点进行。装配好的起爆药包如图 2-15 所示。

（3）点火起爆　导火索通常可用导火索段、点火棒、点火线或点火筒等点火器材来点燃，各种方法都是为了控制点火时间。为了保证安全，必须实行一次点

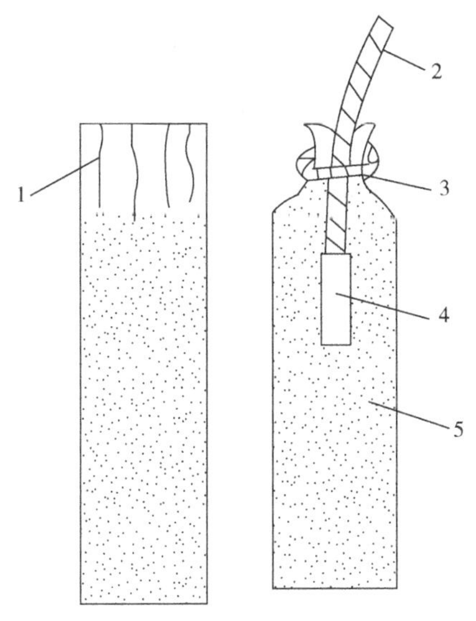

图 2-15　起爆药包
1—药卷开口；2—导火索；3—扎口绳；
4—火雷管；5—炸药

火，不能一次点火的要限定点燃导火索的根数。

火雷管起爆法的适用范围很广，主要用于浅孔爆破。火雷管起爆法的优点是操作简便、成本较低，其缺点是需要在工作面点火，毒气量较大，安全性较差。常因导火索质量问题产生早爆或晚爆事故，多数现场已不采用此法起爆了。

2.7.4.2　电力起爆法

电力起爆法是利用电能使雷管爆炸，进而起爆炸药的起爆方法。它所需的器材有：电雷管、导线和起爆电源。

电爆网路由电雷管与导电线组成。电爆网路主线必须采用绝缘良好的导线专门敷设，不准利用铁轨、铁管、钢丝绳、水和大地作爆破线路。主线在联入网路前，各自两端应短路。电爆网路有串联、并联、混合联三种形式。

(1)串联网路　串联网路是将雷管的脚线或端线，依次联成一串，通电起爆时，电流连续流经网路中的每发雷管，这时网路的总电阻等于各部分导线电阻和全部雷管电阻之和，见图 2-16。

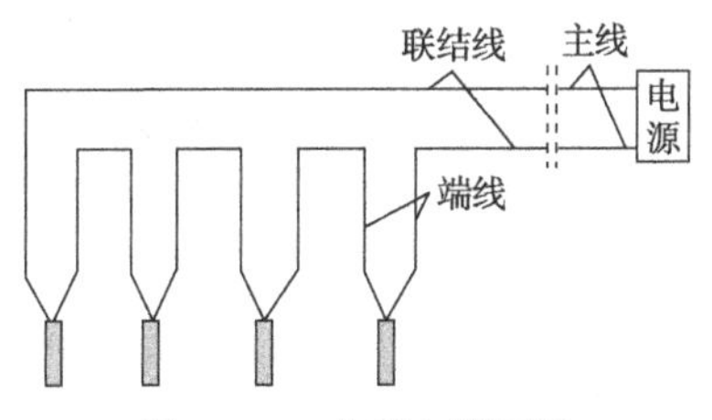

图 2-16　串联电爆网路

串联的优点是网路计算，敷设和检查比较简单(导线消耗量较少)，并且由于起爆所需的电流强度小，故可使用功率较小的电源。其缺点为起爆不十分可靠，因为当网路中有任一处断路就会使整个网路拒爆。所以只适于炮眼数目较少的爆破。

(2)并联网路　并联电爆网路是将所有雷管的两根脚线或端线分别连接到两根起爆主线上，通过主线的电流强度等于通过各支线电雷管的电流强度之和。见图 2-17。

并联的优点是当网路中某一支路或雷管发生故障时，不会影响其他电雷管起爆。缺点是所需的电流强度大，因而需要功率较大的电源及断面大的导线，线路较复杂，导线消耗量比较大，检查较繁琐。并且当各支路的电阻不同时，必须进行

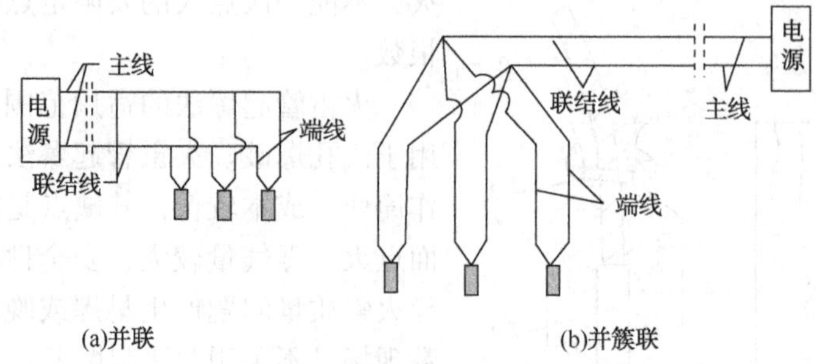

图 2-17　并联电爆网路

电阻平衡，否则容易拒爆。

(3)混合联　混合联是串联和并联的混用，常用的是先串联后并联或先并联后串联这两种基本形式，如图 2-18 所示。

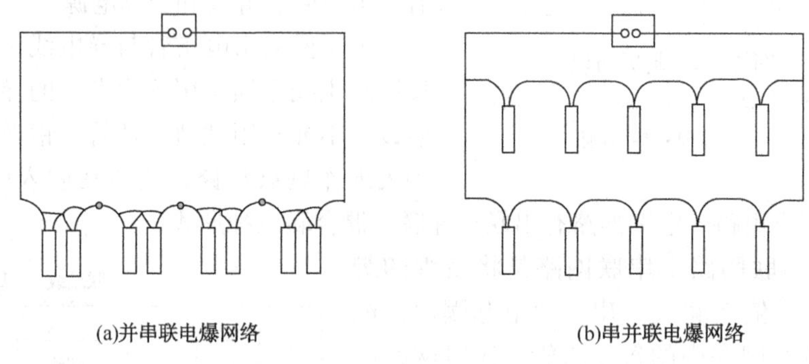

图 2-18　混合联电爆网路

如图 2-19 所示，为复式并串联。它是将两个串联的网路进行并联，并且在每对端线上并联两个电雷管，以确保起爆。

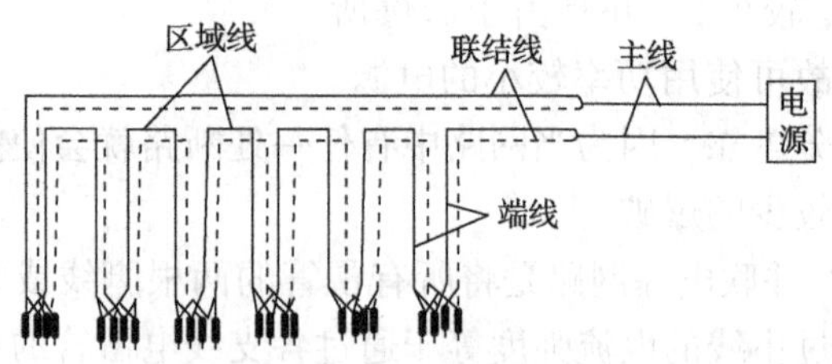

图 2-19　复式并串联电爆网路

混合联虽然比较复杂，但是起爆较可靠，因而在爆破中常采用这种方式。

电力起爆法具有较安全、可靠、准确、高效等优点，在国内外仍占有较大比重。在大、中型爆破中，主要仍是用电力起爆。特别是在有瓦斯、矿尘爆炸的环境中，电力起爆是主要的起爆方法。但电力起爆容易受各种电信号的干扰而发生早爆，因此在有杂散电、静电、雷电、射频电、高压感应电的环境中，不能使用普通电雷管。

2.7.4.3 导爆索起爆法

导爆索起爆法是利用雷管爆炸引爆导爆索，再经由导爆索网路引起药包爆炸的方法。这种方法因不必在炮孔内装置起爆雷管，故又称为(孔内)无雷管起爆法。在需要延时分段起爆的地方，将导爆索中接入继爆管，就能达到导爆索毫秒爆破的目的。这种爆破法所需起爆材料有雷管、导爆索和继爆管等。导爆索起爆网路常用的有串联、并簇联、单向分段并联和双向分段并联等。

(1)串联　在每个药包之间直接用传爆线连接起来，如图 2-20 所示。此法当一个药包拒爆时，影响到后面的药包也拒爆。因此很少采用。

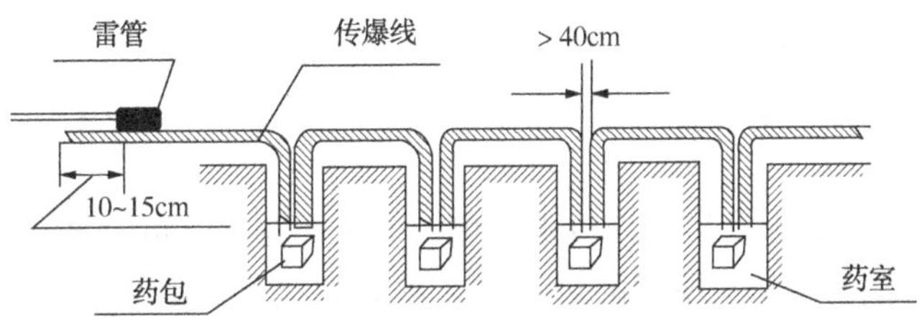

图 2-20　导爆索串联起爆网络

(2)并簇联　将各炮孔的导爆索连成一束或几束，再将它们连接到主干导爆索上的联接网路，一般只用在炮孔较集中的场合。这种连接法，导爆索的消耗较大，只有在药包集中在一起时(如隧道爆破)应用。如图 2-21 所示。

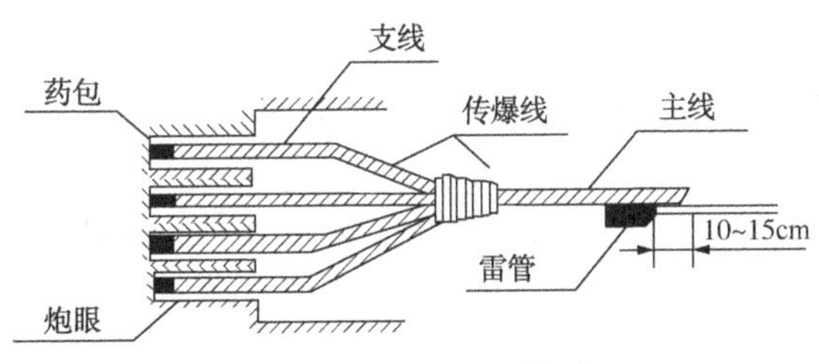

图 2-21　导爆索并簇联

(3)单向分段并联　单向分段并联也叫侧向并联或开口并联网路，是将各炮孔的导爆索的导爆索按同一方向并联在支路导爆索上，再将各支路导爆索按同一方向并联在主干导爆索上的联接网路(图 2-22)。为实现毫秒爆破，可在网路上适当位置装上继爆管。这种网路连接简单，消耗导爆索也较少，且可实现大区微差爆破，因此适用于中小型爆破。

(4)双向分段并联网路　双向分段并联网路又叫环形网路，其特点是由各炮孔的导爆索可同时接受从主干索或支干索传来的爆轰波，引爆孔内导爆索(图 2-23)。这种网路起爆可靠性较高。若支干索或主干索有一段拒爆，爆轰波还能由另一方向传来。井下爆破时，为了克服冲击波破坏网路，往往采用这种连接方式。它的缺点是导爆索、继爆管消耗量增加，网路敷设、操作较复杂。

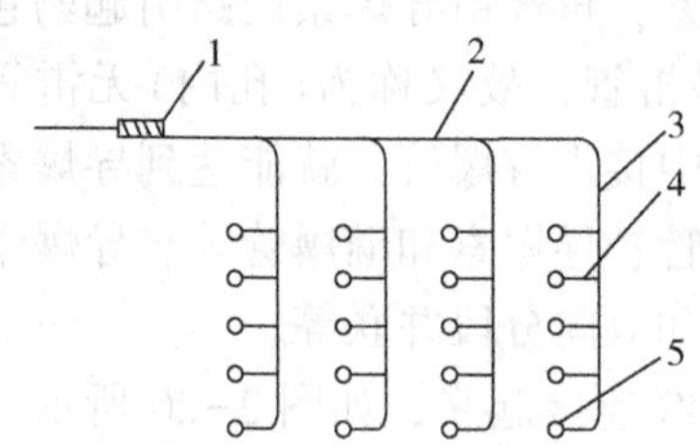

图 2-22　导爆索单向分段并联
1—火雷管；2—主导爆索；
3—支导爆索；4—引爆索；5—炮孔

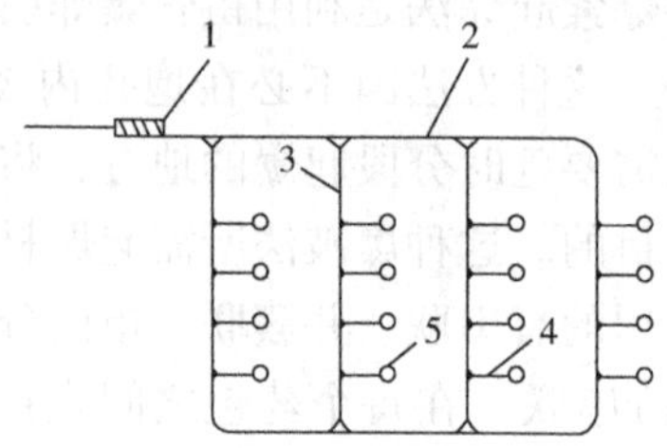

图 2-23　导爆索双向分段并联
1—火雷管；2—主导爆索；
3—支导爆索；4—引爆索；5—炮孔

导爆索起爆法的优点是操作技术简单，安全性较高，可以使成组装药的深孔或峒室同时起爆，由于导爆索的爆速高，可以提高弱性炸药的爆速和传爆可靠性。缺点是导爆索价格较高，不能用仪表检查起爆网路的质量。

2.7.4.4　导爆管起爆法

在有杂散电流、静电、射频电或雷电干扰存在的地区使用电雷管起爆法，可能会发生意外爆炸事故。在这些情况下宜采用非电起爆的方法。导爆管起爆法是利用导爆管传递冲击波引爆雷管进而起爆炸药的方法。

(1)导爆管起爆系统组成　导爆管起爆法所需材料有：击发元件、传爆元件、连接元件等。

①击发元件。击发元件是用于击发导爆管的元件，其装置形式多种多样，击发枪、击发笔、高压电火花、电引火头、火雷管、电雷管、导爆索等都可作为导爆管的击发元件。

②传爆元件。传爆元件就是导爆管，它一头与击发元件连接，另一头与连接装置连接。

③连接元件。连接元件的功能是实现导爆管之间的冲击波传播。我国现用的连接元件多由连接块或多路分路器为主体构成。连接装置形式多种多样，连接块如图 2-24 所示，从主发导爆管传播过来的冲击波在接块内引爆传爆雷管，转而激发被发导爆管，后者通到起爆雷管(孔内药包)，也可以通到另一个连接块。

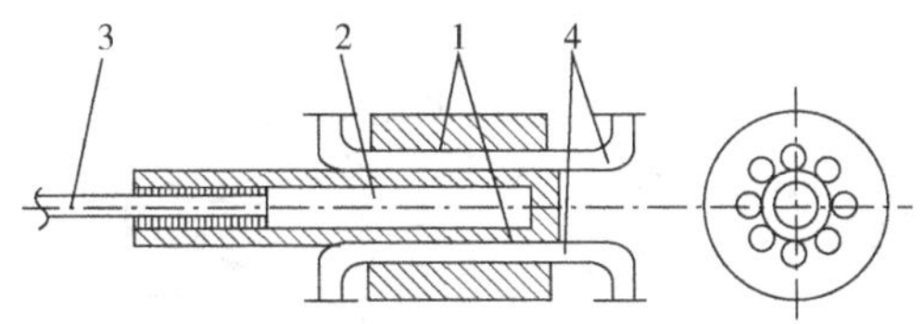

图 2-24　连接块结构示意图

1—塑料连接块主体；2—传爆雷管；3—主发导爆管；4—被发导爆管

导爆管的外径只有 3mm，而雷管壳的内径为 6.18～6.22mm。为了固定导爆管同雷管之间的连接，需要在导爆管外面套上一个塑料卡口塞(图 2-25)。

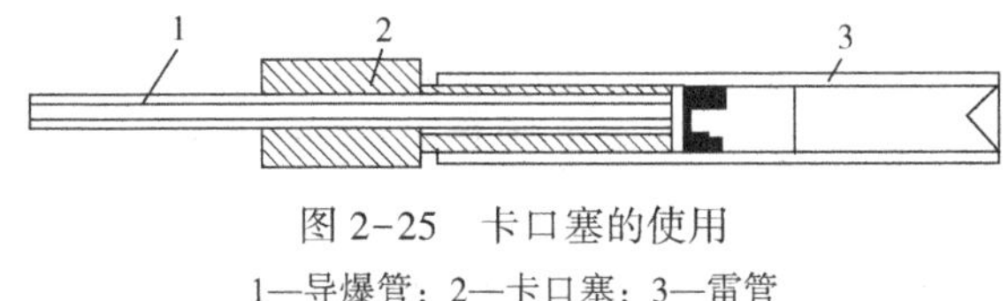

图 2-25　卡口塞的使用

1—导爆管；2—卡口塞；3—雷管

图 2-26 是一个由多路分路器为主体构成的连接元件，其作用原理和连接块不一样。它不是通过传爆雷管，而是利用密闭容器中的空气冲击波来实现被发导爆管的激发。一根主发导爆管可以通过一个多路器激发几根到几十根被发导爆管。

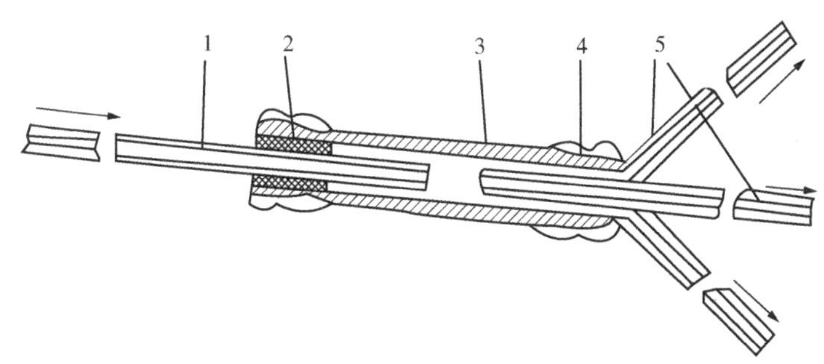

图 2-26　多路分路器构成的导爆管连接元件

1—主发导爆管；2—塑料塞；3—壳体；4—金属箍；5—被发导爆管

(2) 导爆管爆破网络

①簇联网路。簇联网路如同电爆的并联网路一样，把炮孔或药包中非电毫秒雷管用一根导爆管延伸出来，然后把数根延伸出来的导爆管用连通管或传爆雷管并在一起，如图 2-27 所示。这一网路简单、方便，多用于数十到上百个炮孔的起爆，如炮眼爆破、深孔爆破和掘进爆破等药包比较密集的场合。

②串联网路　对于深孔松动控制爆破，当进行排面微差起爆时，即同一排的

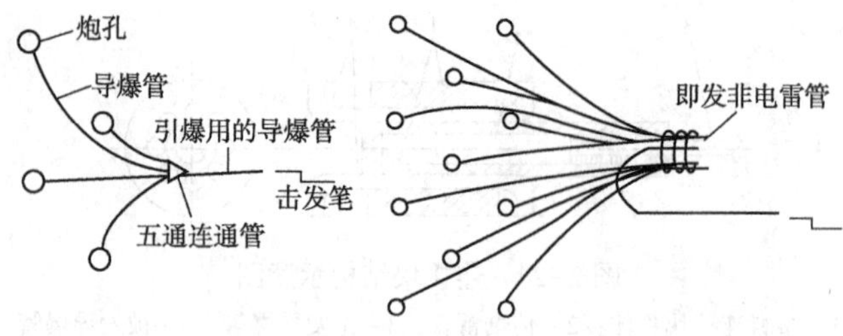

图 2-27　簇联网路

炮孔安放同一段别的毫秒雷管，不同排安放不同段别雷管，每排炮孔连接常采取串联，如图 2-28 所示。

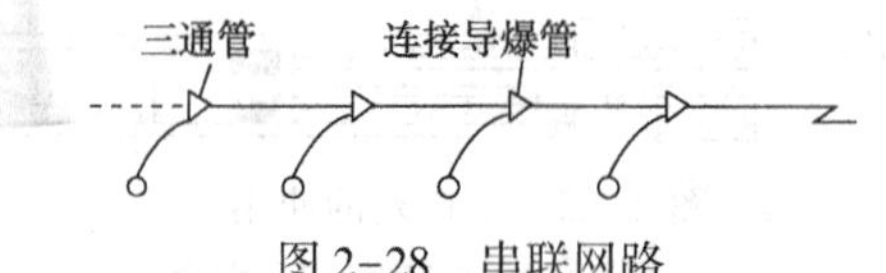

图 2-28　串联网路

③并串联网路。并联网路与串联网路的结合组成并串网路，如图 2-29 所示。并串联网路是深孔松动控制爆破和硐室松动控制爆破起爆网路中最基本的形式。

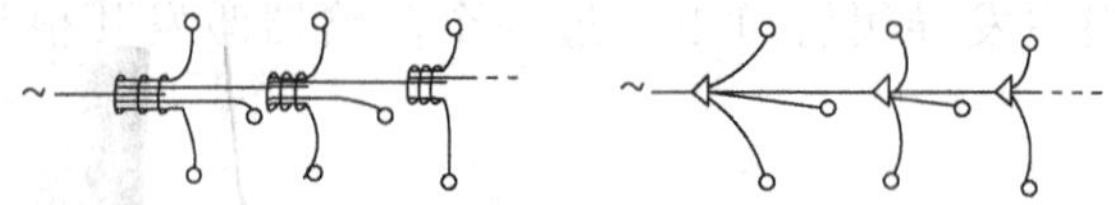
图 2-29　并串联网路

3 矿床开拓

3.1 开拓方法分类

为了开采地下矿床，从地表向地下掘进一系列井巷通达矿床，使地表与矿床之间形成行人、提升、运输、通风、排水、供水、供电、充填等系统，这一工作称为矿床开拓。为开拓矿床所掘进的井巷，称为开拓巷道。开拓巷道在空间上的布置体系，称为开拓系统。

按照开拓井巷所担负的任务，可分为主要开拓井巷和辅助开拓井巷两类。用于运输和提升矿石的井巷称为主要开拓井巷，例如作为主要提运矿石用的平硐、竖井、盲竖井、斜井、盲斜井以及斜坡道等；用于其他目的井巷，一般只起到辅助作用的称为辅助开拓井巷，如通风井、溜矿井、充填井、石门、井底车场及阶段运输平巷等。

矿床开拓方法都以主要开拓井巷来命名，例如，主要开拓巷道为斜井时，称为斜井开拓法。地下矿床开拓方法很多。一般把开拓方法分成两大类，即单一开拓法和联合开拓法。凡在一个开拓系统中只使用一种主要开拓井巷的开拓方法称为单开拓法；在一个拓系统中，同时采用两种或多种主要开拓井巷时称为联合开拓法。开拓方法的分类详见表 3-1。

表 3-1　开拓方法分类表

	开拓方法	主要开拓巷道类型	典型的开拓方法
单一开拓法	平硐开拓	平硐	1. 穿脉平硐开拓法 2. 沿脉平硐开拓法
	竖井开拓	竖井	1. 下盘竖井开拓法 2. 上盘竖井开拓法 3. 侧翼竖井开拓法 4. 穿过矿体的竖井开拓法
	斜井开拓	斜井	1. 脉内斜井开拓法 2. 下盘斜井开拓法
	斜坡道开拓法	斜坡道	1. 折返式斜坡道开拓法 2. 螺旋式斜坡道开拓法

续表

	开拓方法	主要开拓巷道类型	典型的开拓方法
联合开拓法	平硐与井筒联合开拓法	平硐与竖井或斜井	1. 平硐与竖井(盲竖井)联合开拓法 2. 平硐与斜井(盲斜井)联合开拓法
	竖井与盲井联合开拓法	竖井、盲竖井或盲斜井	1. 竖井与盲竖井联合开拓法 2. 竖井与盲斜井联合开拓法
	斜井与盲井联合开拓法	斜井、盲竖井或盲斜井	1. 斜井与盲竖井联合开拓法 2. 斜井与盲斜井联合开拓法

3.2 矿床开拓方法

3.2.1 平硐开拓法

主要开拓巷道采用平硐的开拓方法称为平硐开拓法。当矿体或其大部分赋存在地平面以上时，可以采用平硐开拓法。平硐有主平硐和阶段平硐之分，为整个矿井运矿的平硐称为主平硐；各阶段直接通地表的平硐称为阶段平硐或者副平硐。

主平硐可以垂直矿体走向布置(位于矿体下盘或上盘)或沿矿体走向布置，视可以选择的工业场地而定。一般只要条件允许，应优先考虑将主平硐布置在矿体下盘，以减少基建工程量和矿柱损失。

3.2.1.1 与矿体相交的平硐开拓方案

这种开拓方案又分为上盘平硐开拓和下盘平硐开拓两种形式。

当矿脉和山坡的倾斜方向相反时，则由下盘掘进平硐穿过矿脉开拓矿床，这种开拓方法叫作下盘平硐开拓法，如图 3-1 所示。矿体赋存于山坡内，主平硐 1 从下盘到达矿体，由于主平硐水平以上矿体高度过大，划分为若干个阶段开采。各阶段采下的矿石经矿石溜井 2 溜放到主平硐 1 装车外运；材料、设备和人员自地面经主平硐 1、辅助竖井 3 到达各阶段。为改善通风、行人、运出废石的条件，在 758 和 678 水平设辅助平硐通达地表。

当矿脉与山坡的倾斜方向相同时，则由上盘掘进平硐穿过矿脉开拓矿床，这种开拓法叫作题上盘平硐开拓法，如图 3-2 所示。图中各阶段平硐穿过矿脉后，再沿矿脉掘沿脉巷道。各阶段采下来的矿石经溜井 2 溜放至主平硐 3 水平，并由主平硐运出地表。人员、设备、材料等由辅助竖井 4 提升至各个阶段。

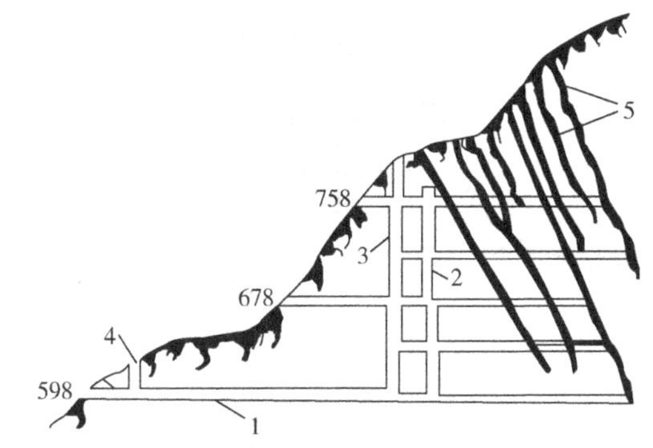

图 3-1 下盘平硐开拓法

1—主平硐；2—溜井；3—辅助竖井；4—入风井；5—矿脉

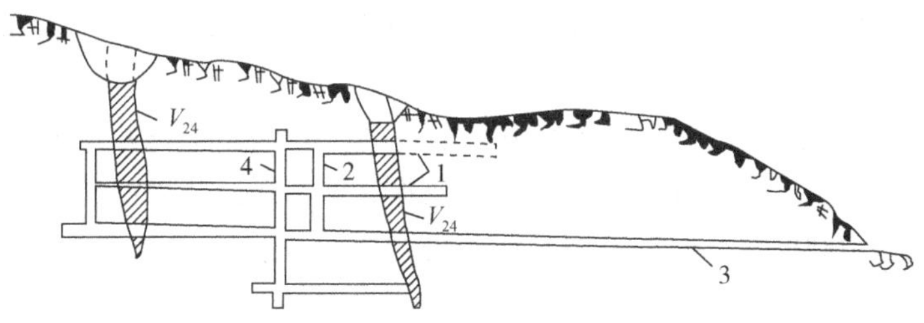

图 3-2 上盘平硐开拓法

1—阶段运输；2—溜井；3—主平硐；4—盲竖井

3.2.1.2 沿矿体走向的平硐开拓方案

当矿脉侧翼沿山坡露出，平硐可沿矿脉走向掘进，称为沿脉平硐开拓法。平硐一般设在脉内；但当矿脉厚度大且矿石不够稳固时，则平硐设于下盘岩石中。

图 3-3 所示为脉内沿脉平硐开拓法。Ⅰ 阶段采下的矿石经溜井 5 溜放至Ⅱ阶段，再由主溜井 3 或 4 溜放至主平硐 1 水平。Ⅱ 、Ⅲ、Ⅳ阶段采下的矿石经主溜井 3 或 4 溜放至主平硐水平，并由主平硐运出地表，形成完整的运输系统。人员、设备、材料等由辅助盲竖井 2 提升至各阶段。

这种开拓方法的优点是能在短期开始采矿；各阶段平硐设在脉内时，在基建开拓期间可顺便采出一部分矿石，以抵偿部分基建投资。平硐还可起补充勘探作用。它的缺点是平硐设在脉内时，必须从井田边界后退回采。

3.2.2 竖井开拓法

竖井开拓法是以竖井为主要开拓巷道的开拓方法。由于在一般情况下，竖井

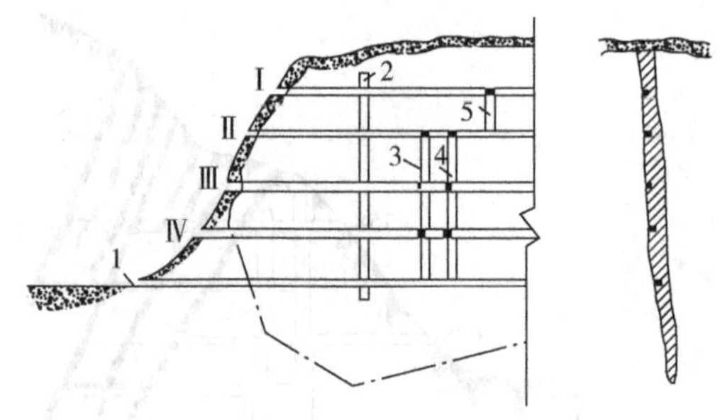

图 3-3　脉内平硐开拓法

Ⅰ～Ⅳ—上部阶段平硐

1—主平硐；2—辅助盲竖井；3，4—主溜井；5—溜井

的生产能力大，比较安全，且易于维护，故竖井开拓法在国内外金属矿山中应用甚为广泛。当矿体倾角大于 45°或者小于 15°，且埋藏较深时，常采用竖井开拓法。

竖井按提升容器分，有罐笼竖井、箕斗竖井和混合竖井。开采深度小于 300m，矿井日产量约为 700t 时，一般采用罐笼井提升；开采深度大于 300m、矿井日产量超过 1000t 时，大多采用箕斗井提升。

根据竖井与矿体相对位置的不同，竖井开拓法可以分为以下四种典型方案。

3.2.2.1　下盘竖井开拓法

将竖井布置在矿体下盘围岩岩石移动带以外，称为下盘竖井开拓方法。按阶段的标高分别掘进各阶段的井底车场、石门及主要运输平巷，以通达矿体建立开拓联系，如图 3-4 所示。

此方案的优点是井筒维护条件好，又不需要留保安矿柱；缺点是深部石门较长，尤其是矿体倾角变小时，石门长度随开采深度的增加而急剧增加。

3.2.2.2　上盘竖井开拓方法

竖井布置在矿体上盘岩石移动带范围之外(留有规定的安全距离)，掘进石门与井底车场使之与矿体连通，如图 3-5 所示。上盘竖井开拓法上部中段的石门较长，初期投资大，基建时间长。

鉴于上盘竖井方案本身所存在的缺点，一般不采用这种开拓方案。这种方案一般在下列特殊条件下采用：

①受地表地形限制，下盘或侧翼缺乏布置工业场地的条件，只有上盘的地形有利；

②根据矿区内部和外部的运输联系，选矿厂和尾矿库只宜布置在矿体上盘方

向，这时在上盘布置竖井，地面的运输费用最少；

③下盘岩层地质及水文地质条件复杂，不宜掘进竖井。

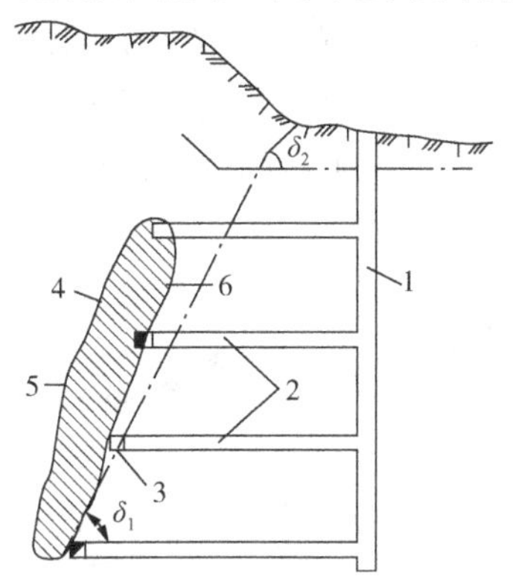

图 3-4　下盘竖井开拓法

1—竖井；2—石门；3—平巷；

4—矿体；5—上盘；6—下盘；

δ_1—下盘岩石移动角；δ_2—表土层移动角

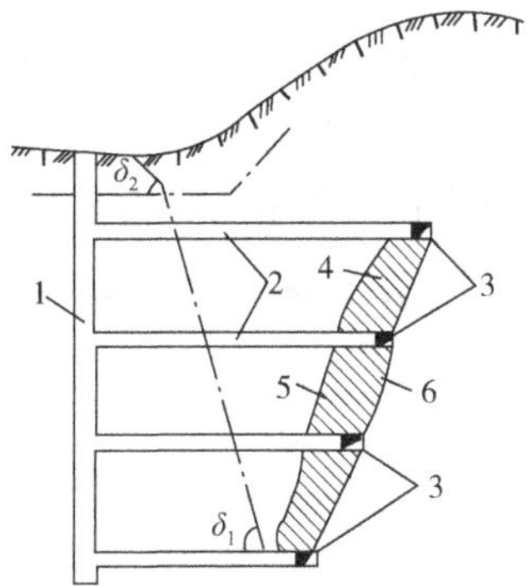

图 3-5　上盘竖井开拓方案

1—竖井；2—石门；3—沿脉平巷；

4—矿体；5—上盘；6—下盘；

δ_1—上盘岩石移动角；δ_2—表土层移动角

3.2.2.3　侧翼竖井开拓法

侧翼竖井开拓法是将竖井布置在矿体的走向一端，然后掘进井底车场和石门通达矿体，如图 3-6 所示。

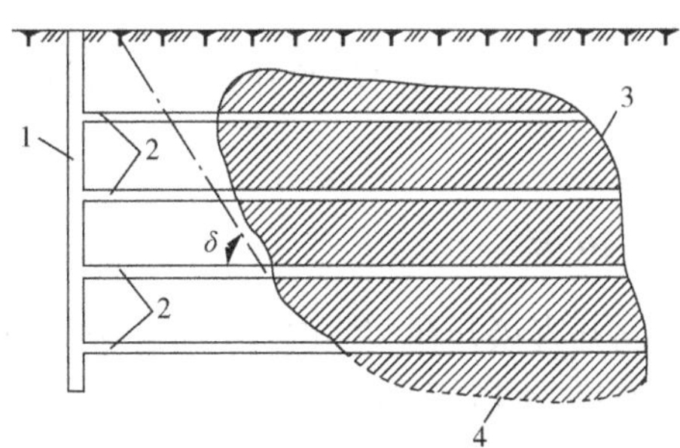

图 3-6　侧翼竖井开拓法

1—竖井；2—石门；3—矿体；4—矿体界线；δ—端部岩石移动角

这种方案的缺点是存在单向运输、运输功较大，回采工作线也只能是单向推进，掘进与回采强度受到限制等。因此，这种方案一般适用于下列条件：

①矿体倾角较缓，竖井布置在下盘或上盘时石门都很长；

②矿体走向长度不大，矿体偏角也小；

③只有矿体侧翼有合适的工业场地与布置井筒条件。

3.2.2.4 穿过矿体的竖井开拓法

对矿体倾角较小，厚度较薄，分布面积较广，埋藏深度又不大的矿床，从矿体内部开掘穿矿竖井，如图3-7所示。这样的开拓方案上下部阶段的石门总长度为最短，但必须留用于维护井筒的保安矿柱，引起矿石损失。故除了低价矿石外，这种方案在稀有金属和贵重金属矿床中应用较少。

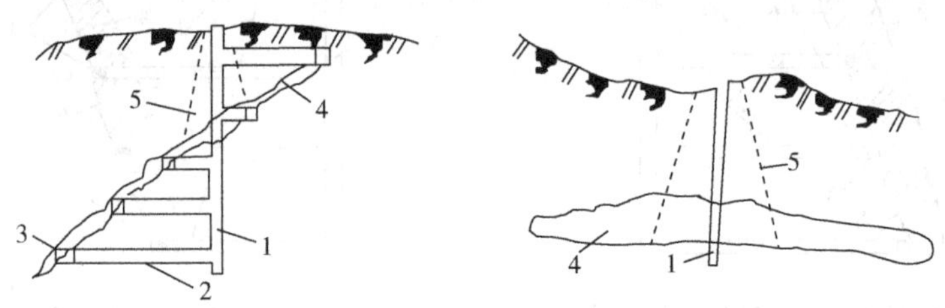

图3-7 穿过矿体的竖井开拓法

1—竖井；2—石门；3—平巷；4—矿体；5—移动界线

3.2.3 斜井开拓法

斜井开拓法以斜井为主要开拓巷道。这种开拓方法适用于开采矿体埋藏深度不大、表土不厚、矿体倾角为15°~45°的中小型矿山。这种方法的特点是施工简便、中段石门短、基建期短、见效快，但斜井生产能力低。因此更适用于中小型金属矿山，尤其是小型矿山。

按斜井与矿体的相对位置，有脉内斜井开拓、下盘斜井开拓、侧翼斜井开拓三种开拓方案。

3.2.3.1 脉内斜井开拓法

如图3-8所示，将斜井直接开在矿体内部，靠矿体下盘，并沿矿体的倾斜线布置。斜井与阶段运输平巷之间的连接，只通过井底车场，不开石门。

这种开拓方法的优点是：不开石门基建投资少，基建时间短，投产快，并能补充探矿，且副产部分矿石。它的缺点是：必须留斜井的保安矿柱，并当矿体底板倾角起伏较大时，斜井难于保持平直，影响斜井的提升能力和提升安全。

3.2.3.2 下盘斜井开拓法

如图3-9所示，将斜井布置在矿体下盘围岩内，通过各种不同型式的斜井井底车场和石门，与阶段运输平巷相连接，从而建立起矿体与地表之间的联系。这种开拓方案的优点是不需要留保安矿柱，井筒维护条件好，且不受矿体底板起伏

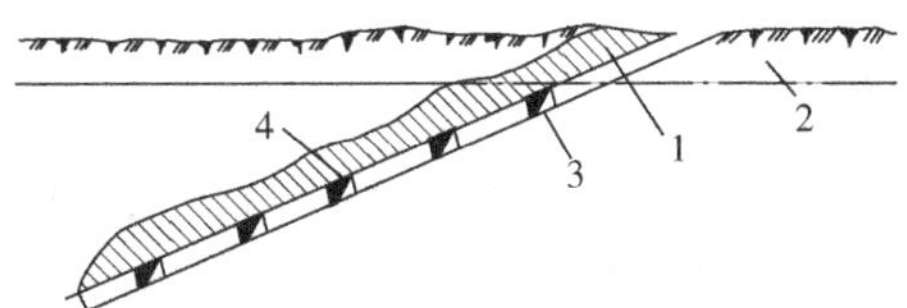

图 3-8 脉内斜井开拓法

1—脉内斜井；2—表土层；3—阶段平巷；4—矿体

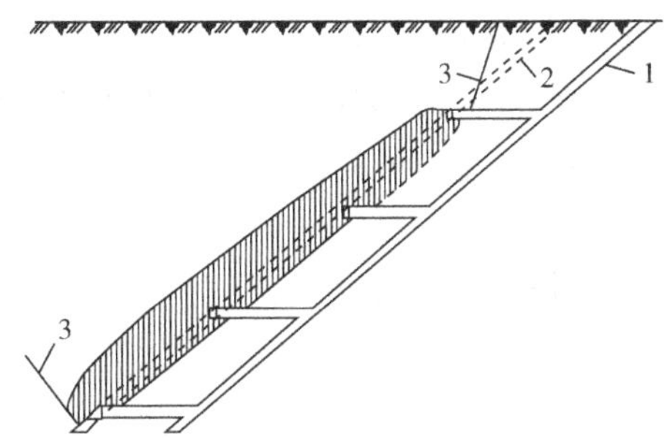

图 3-9 下盘斜井开拓法

1—主斜井；2—矿体侧翼辅助斜井；3—岩石移动界线

变化的影响，与脉内斜井开拓法比较只是多开了一些石门，但这些石门并不很长，故在金属矿山斜井开拓中，以这种方案应用最广。

3.2.3.3 侧翼斜井开拓法

如图 3-10 所示，将斜井布置在矿体侧翼端部岩石移动界线以外的侧翼斜井开拓法，这种开拓方法主要是用于矿体受地形或地质构造的限制，无法在矿体的其他部位布置斜井的情况；特别是矿体走向不大时，侧翼式开拓有可能减少运输费用和开拓费用。

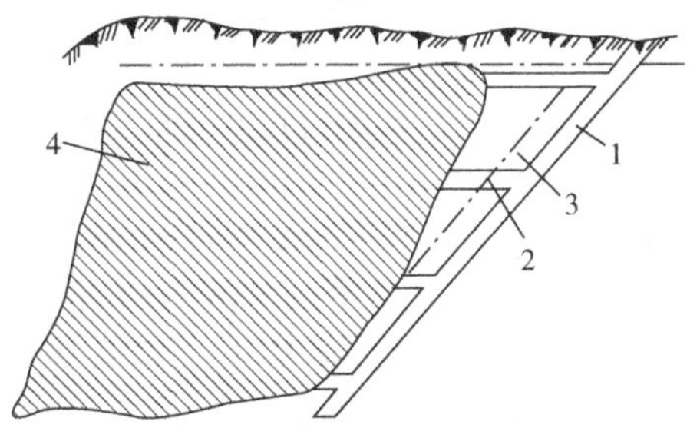

图 3-10 侧翼斜井开拓法

1—斜井；2—石门；3—侧翼岩石移动界线；4—矿体

3.2.4 斜坡道开拓法

斜坡道又称斜巷，是近20多年来随着无轨自行设备的广泛应用而出现的一种新的开拓方法。这种开拓方法是以斜坡道作为主要开拓巷道来建立地表与矿体之间的联系。斜坡道内不敷设轨道，矿石用无轨自行设备直接从采场运出，中间没有井底车场的倒运环节，因此它能简化矿石的采装运工序，提高矿床的开采强度。

斜坡道开拓法一般用来开拓矿体埋藏较浅、开采范围不大，矿山年产量较小、服务年限较短且围岩稳固的矿床条件。它可以作为独立的单一开拓方法，也可以和其他类型的主要开拓巷道配合使用。前一种斜坡道称主斜坡道，而后一种斜坡 道则作为辅助开拓巷道使用。

主斜坡道的线路型式分螺旋式与折返式。

3.2.4.1 螺旋式斜坡道开拓

图3-11为典型的螺旋式斜坡道开拓示意图。这种斜坡道的几何形状一般为规则或不规则的圆柱螺旋线或圆锥螺旋线。两者的区别是圆锥螺旋线的曲率半径和坡度，在整个线路内是变化的，最小曲率半径应符合行车设备的曲率半径；而螺旋线的坡度一般为10%~30%。

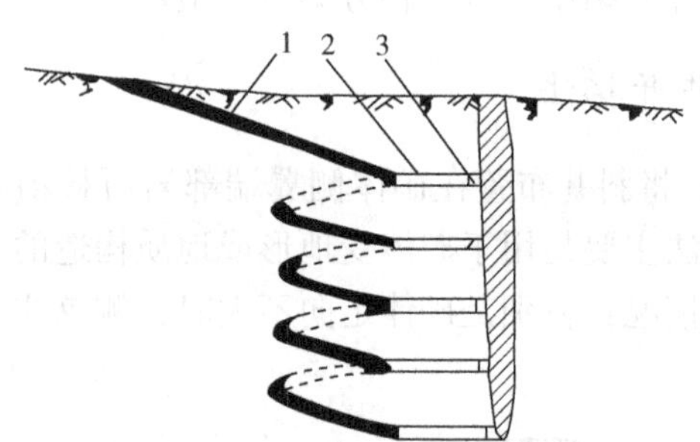

图3-11 螺旋式斜坡道开拓

1—主斜坡道；2—阶段石门；3—阶段运输巷

3.2.4.2 折返式斜坡道开拓

如图3-12所示，折返式斜坡道开在矿体下盘岩层移动界限以外，其线路由直线段和曲线段两部分组成，其中，直线段线路较长，变换高程，坡度一般不大于15%；折返段线路较短，变换方向，坡度减缓以至水平。在折返段处开掘阶段石门通达阶段运输平巷。

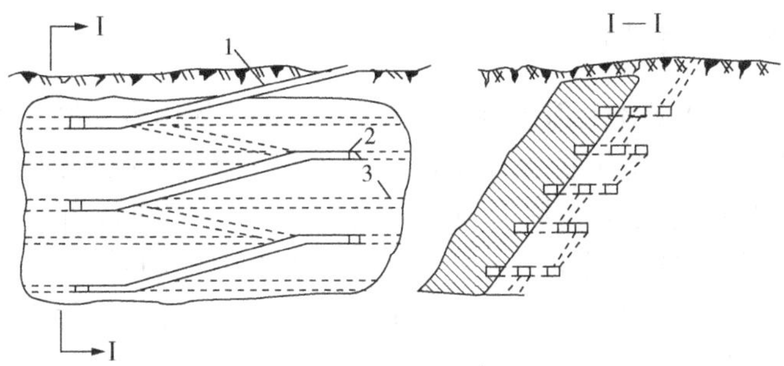

图 3-12 折返式斜坡道开拓

1—斜坡道；2—石门；3—阶段运输巷道

3.2.5 联合开拓法

金属矿床矿区地形、矿床赋存条件及埋藏深度等变化很大，往往用单一开拓方法不能解决整个井田的开拓问题。因此，需要联合其他类型的主要开拓巷道来共同开拓井田。

联合开拓法是指用两种或两种以上主要开拓巷道共同来开拓一个井田的方法。使用这类开拓方法通常是矿体上部用一种主要开拓巷道，而下部用另一种主要开拓巷道。

联合开拓法的方案很多，以下就常见的联合型式予以介绍。

3.2.5.1 平硐与井筒联合开拓法

这种开拓法是指矿体上部采用平硐开拓，平硐水平以下采取与井筒(盲竖井、盲斜井)联合的开拓方式，如图 3-13 所示。这时，从深部采出的矿石，需经盲井筒提升、平硐转运才能到达地表。

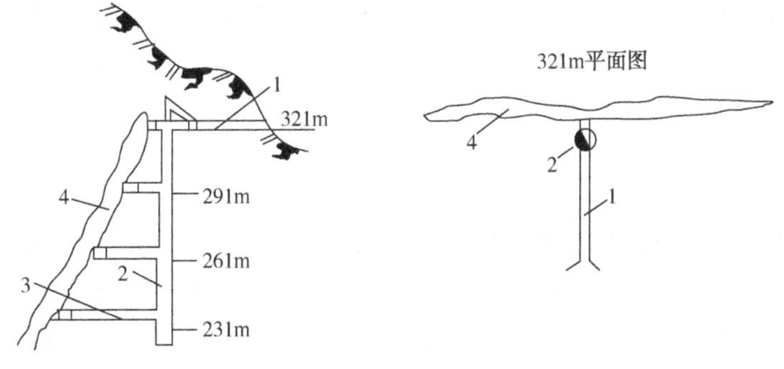

图 3-13 平硐与盲竖井联合开拓法

1—平硐；2—盲竖井；3—石门；4—矿体

3.2.5.2 斜井与盲井联合开拓法

这种开拓法是指矿体上部用斜井开拓，而深部矿体用盲井筒开拓。这种开拓法同样也分斜井与盲竖井联合开拓法和斜井与盲斜井联合开拓法两种方案。图 3-14(a)是斜井与盲竖井联合开拓方案，适用于矿床深部存在盲矿体时。图 3-14(b)是斜井与盲斜井联合开拓方案，适用于开采深度很大，用上部斜井无论从提升能力或巷道承压能力方面，均不适宜于继续延深的条件下，改用一条小断面的盲斜井代替主斜井往下开拓。

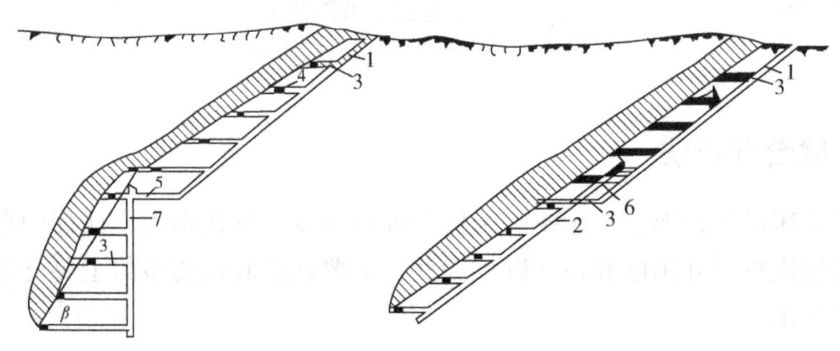

图 3-14 平硐与盲竖井联合开拓法

1—明斜井；2—盲斜井；3—石门；4—阶段运输平巷；
5—盲井提升机房；6—矿仓与计量装载硐室；7—盲竖井

3.2.5.3 竖井与盲并联合开拓法

开采深度很大的矿体，如果用一段竖井提升，则所需提升设备功率过大，且深部石门过长，可考虑采用竖井与盲井联合开拓，即上部用明竖井，下部用盲竖井或盲斜井，如图 3-15 所示。用这种联合开拓法，虽能减少深部石门长度和维持上部竖井原有的提升能力，但却带来提升工作复杂化、提升设备与成本增加。

3.2.5.4 斜坡道联合开拓法

在实践中斜坡道常与平硐、斜井、竖井联合开拓，作为辅助开拓巷道使用。辅助斜坡道也从地表掘进，或联通各阶段的阶段运输平巷，供无轨设备由地表进入地下各阶段或由一个阶段转向另一个阶段，但其作用主要是辅助联络、运送人员和材料，同时兼作通风。如图 3-16 为南非普列斯卡铜矿采用的竖井与斜坡道联合开拓方案示例。此处斜坡道作为无轨设备的出入通道。

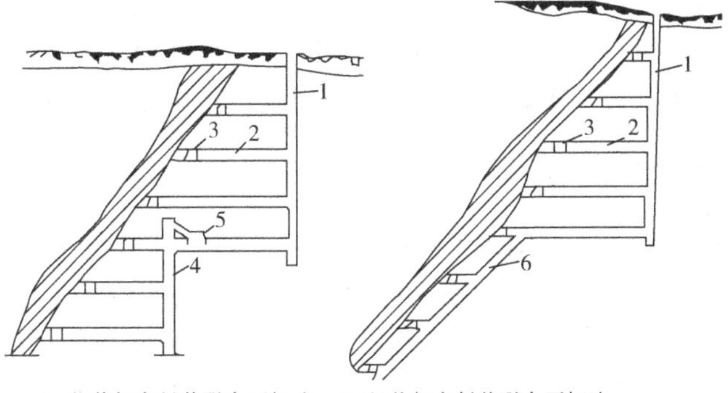

(a) 竖井与盲竖井联合开拓法；(b) 竖井与盲斜井联合开拓法

图 3-15　竖井与盲井联合开拓法

1—明竖井；2—石门；3—运输平巷；
4—盲竖井；5—提升机房；6—盲斜井

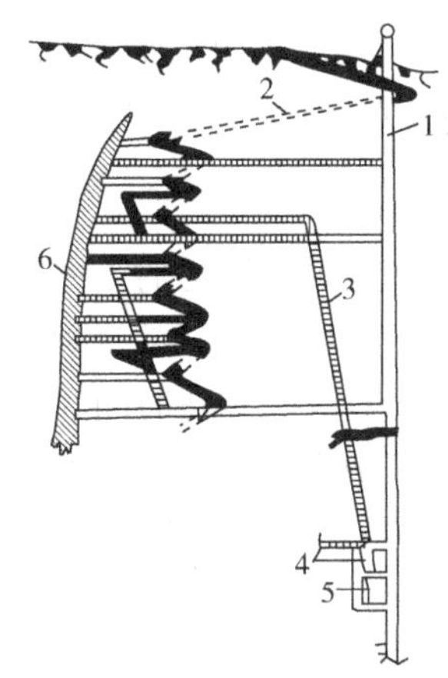

图 3-16　普列斯卡铜矿开拓系统示意图

1—主井；2—斜坡道；3—溜井；4—破碎硐室；5—矿仓；6—矿体

3.3　辅助开拓工程

辅助开拓巷道包括副井、通风井、溜井、破碎硐室、井底车场和阶段运输巷道等，它们与主要开拓巷道配合，构成完整的井田开拓系统。

3.3.1　副井和通风井

副井是主井的辅助井，它用作提运人员、材料、设备、工具、废石或部分矿石，并兼作安全出口和入风井。通风井主要用于通风，也作安全出口。若主井采用箕斗提升，因其井口受箕斗卸矿扬尘污染不能兼作入风井，这时应另设罐笼副井入风和通风井出风，以构成完整的通风系统。若矿井设罐笼主井入风时，须另设副井出风。若矿井设主平硐入风，则应另有辅助平硐或通风井出风。

3.3.1.1 副井的布置方式

开拓方案设计时，主、副井等的位置应统一考虑和确定。如地形和运输条件允许，副井应靠近主井布置（两井筒防火安全间距不小于30m），称为集中布置，如图3-17(a)所示；如条件不允许集中布置，应根据工业场地、运输线路和废石场的位置另外选择，两井筒远离，则称为分散布置，如图3-17(b)所示。

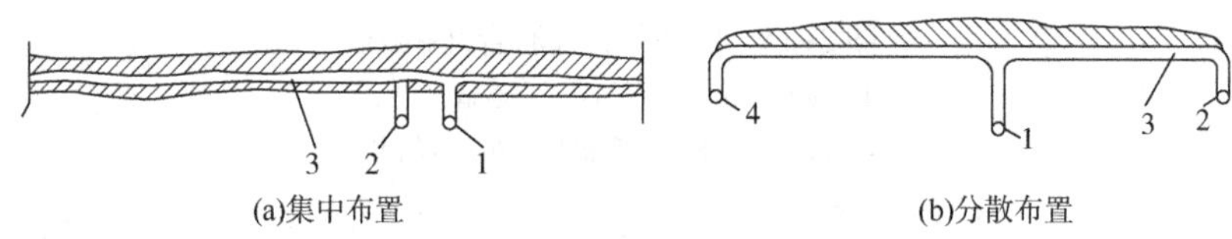

图3-17 主副井布置形式

1—主井；2—副井；3—沿脉平巷；4—风井

集中布置的优点：

①工业场地集中，可减少平整工业场地的土方石量；

②井底车场布置集中，生产管理方便，可减少基建工程量；

③井筒相距较近，开拓工程量少，基建时间较短；

④井筒集中布置，有利于集中排水；重车下坡，运输费用低；

⑤井筒延深时施工方便，可利用一条井筒先下掘到设计延深阶段，延深另一井筒时可采用反掘的施工方法。

集中布置的缺点：

①两井相距较近，发生火灾相互危及；

②主井为箕斗井时，卸矿时粉尘飞扬至副井，污染通风，需设隔尘措施。

分散布置的优缺点，恰与集中布置相反。集中布置的优点突出，只要地形和运输条件许可，应尽量采用这种布置。

3.3.1.2 通风井

按入风井、回风井的位置关系，通风井的布置方式有中央并列式、中央对角式和侧翼对角式三种。

(1)中央并列式　如图3-18所示，罐笼入风副井和箕斗出风主井均并列布置于井田中央，两井距离不小于30m。

中央并列式的优点是：地面构筑物布置集中；在岩石移动带的入、出风井可共留保安矿柱；入、出风井掘毕可很快连通，并开始回采；井筒延深方便。其缺点是：风路长，主扇负压大而不稳定；前进式回采时风流易短路，漏风大；安全出口少而集中，不利于地下人员的事故(火灾或塌落)撤离。

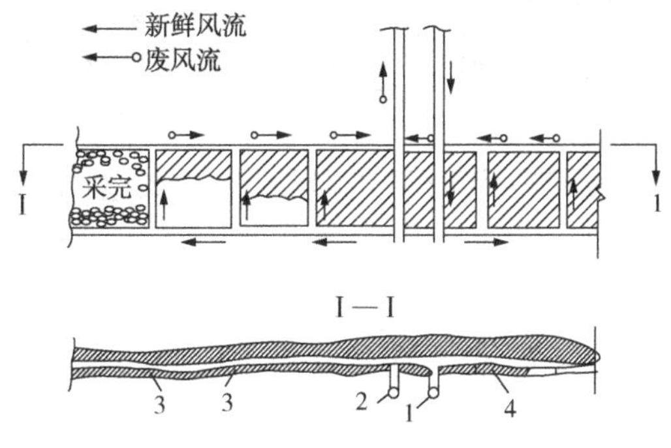

图 3-18 中央并列式

1—入风副井；2—箕斗主井；3—天井；4—矿体

(2) 中央对角式 如图 3-19 所示，罐笼入风主井布置于井田中央，出风副竖(斜)井布置于井田两翼的下盘或侧翼(图中虚线位置)。

中央对角式的优点是：负压小而稳定、通风简单、可靠、费用低；安全出口多而分散，有利于地下人员的事故撤退；若井田两翼各一个出风井，则一井出事故而另一井可维持通风。其缺点是：各井筒的连通及其掘进期长，投产慢；两出风井的掘进和维护费大。

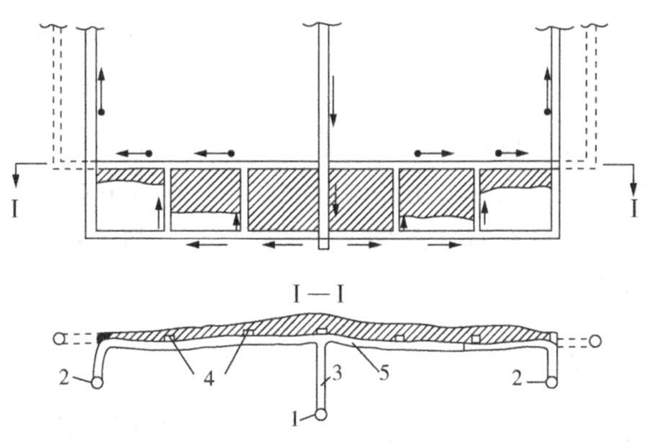

图 3-19 中央对角式

1—罐笼入风主井；2—出风副井；3—石门；4—天井；5—沿脉平巷

(3) 侧翼对角式 如图 3-20 所示，罐笼入风主井布置于井田的一翼，出风副井布置于另一翼。

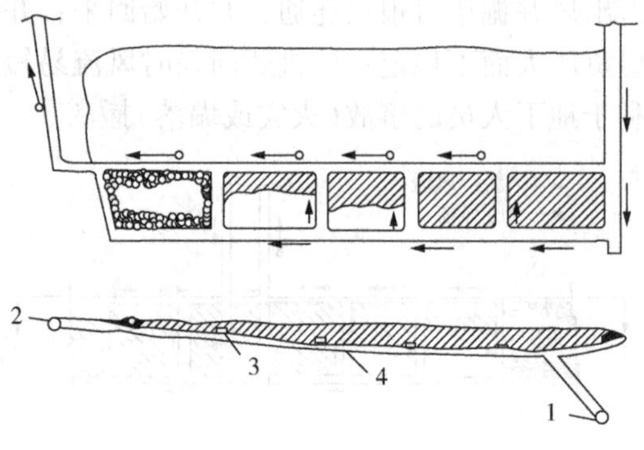

图 3-20　侧翼对角式

1—进风井；2—排风井；3—天井；4—沿脉运输巷道

3.3.2　阶段运输巷道

矿床开拓分为立面开拓和平面开拓两个部分。立面开拓主要是确定竖井、斜井、通风井、溜井和充填井的位置、数目、断面形状及大小，同时也包括与它们相连接的破碎系统和转运系统等。阶段平面开拓主要是确定阶段开拓巷道的布置，亦即主运输阶段和副阶段的布置。

主运输阶段主要包括井底车场、阶段运输巷道及硐室等。运输阶段巷道是以解决矿石运输为主，并满足探矿、通风和排水等要求。因此，阶段运输巷道布置是否合理，直接影响到地下工作人员的安全和工作条件、开拓工作量的大小、运输能力及矿块的生产能力等。因此，正确地选择和设计阶段运输巷道是十分重要的。

副阶段是在主运输阶段之间增设的中间阶段，一般不联通井筒。副阶段只掘部分运输巷道并用天井、溜井与主运输阶段贯通。本节主要讲述阶段运输巷道的五种布置形式：单一沿脉布置、下盘双巷加联络道布置、脉外平巷加穿脉布置、上下盘沿脉加穿脉布置、平底装车布置。

3.3.2.1　单一沿脉布置

这种布置按照运输巷道与矿体的相对位置关系，可分为脉内和脉外布置；按线路布置形式可分为单轨会让式和双轨渡线式。

脉内布置的优点是能起探矿作用和装矿方便，并能顺便采出矿石，减少掘进费用。但矿体沿走向变化较大时，巷道弯曲多，对运输不利。因此，脉内布置适用于规则的中厚矿体，且应产量不大，矿床勘探不足，矿石品位低，不需回收矿柱。如果矿石稳固性差，品位高，围岩稳固时，采用脉外布置有利于巷道维护，并能减少矿柱的损失。

单轨会让式，如图 3-21(a)所示，除会让站外运输巷道皆为单线，重车通过，空车避让，或相反。因此，通过能力小，多用于薄或中厚矿体中。

如果阶段生产能力较大，采用单轨会让式难以完成生产任务。在这种情况下应采用双轨渡线式布置，如图 3-21(b)所示。即在运输巷道中设双轨道，在适当位置用渡线连接起来。

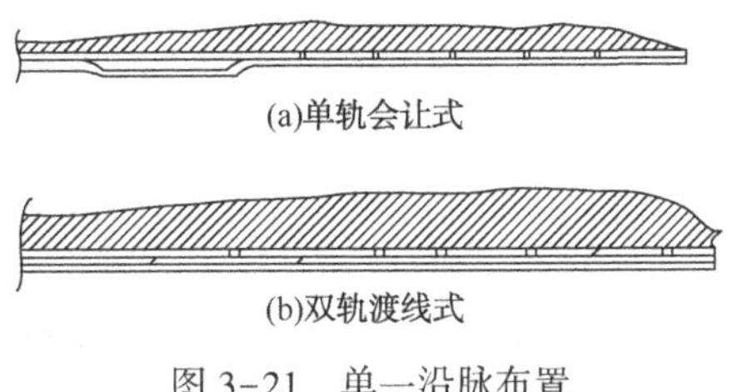

图 3-21　单一沿脉布置

3.3.2.2　下盘沿脉双巷加联络道布置

这种布置如图 3-22 所示，沿走向下盘布置两条平巷，一条为装车巷道，另一条为行车巷道，每隔一定距离用联络道连接起来(环形连接或折返式连接)。这种布置是从双轨渡线式演变来的，其优点是行车巷道平直利于行车，装车巷道掘在矿体中或矿体下盘围岩中，巷道方向随矿体走向而变化，有利于装车和探矿。装车线和行车线分别布置在两条巷道中，安全、方便，甚道断面小有利于维护。缺点是掘进工程量大。这种布置多用于中厚和厚矿体。

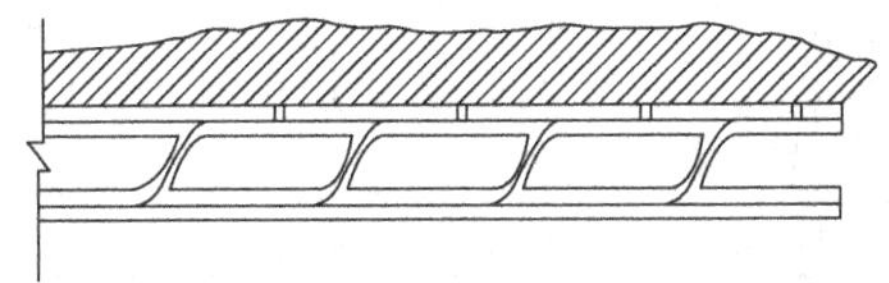

图 3-22　下盘沿脉双巷加联络道布置

3.3.2.3　脉外平巷加穿脉布置

这种布置如图 3-23 所示。一般多采用下盘脉外巷道和若干穿脉配合。从线路布置上讲，采用双线交叉式。即在沿脉巷道中铺设双轨，穿脉巷道中铺设单轨。沿脉巷道中双轨用渡线连接，沿脉和穿脉用单开道岔连接。

这种布置的优点是阶段运输能力大，穿脉巷道装车安全、方便、可靠，还可起探矿作用。缺点是掘进工程量大，但比环形布置工程量小。这种布置形式多用于厚矿体，阶段生产能力在 600~1500kt/a。

3.3.2.4 上下盘沿脉巷道加穿脉布置

这种布置如图 3-24 所示，也称为环形运输布置。从线路布置上讲设有重车线、空车线和环形线，环行线既是装车线，又是空、重车线的连接线。从卸车站驶出的空车，经空车线到达装矿点装后，由重车线驶回卸车站。环形运输的最大优点是生产能力很大。此外，穿脉装车安全方便，也可起探矿作用。缺点是掘进工程量很大。这种布置通过能力可达 1.5~3Mt/a，所以多用于规模大的厚和极厚矿体中，也可用于几组互相平行的矿体中。

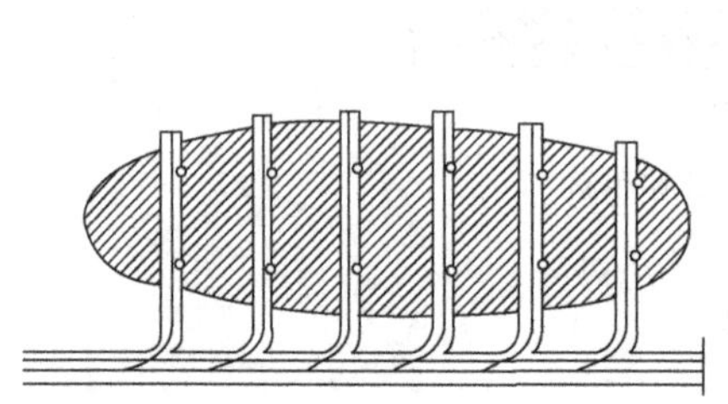

图 3-23 脉外平巷加穿脉布置

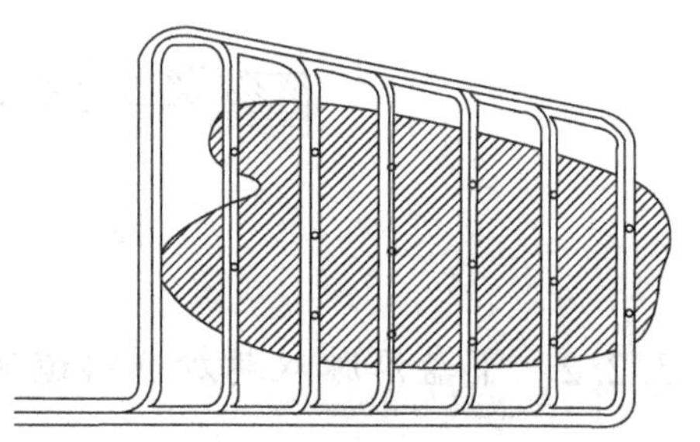

图 3-24 上下盘沿脉巷道加穿脉布置

3.3.2.5 平底装车布置

这种布置方式是由采用平底装车结构和无轨装运设备的出现而发展起来的。如图 3-25 所示，矿石装运是在脉内(外)设运输和装矿巷道，由装岩机自装矿巷道装取矿石，卸入运输巷道的矿车中，再由电机车拉走；或由铲(装)运机自装矿巷道铲(装)取矿石，经运矿巷道运至附近的溜井卸矿。这种布置生产能力大，适用于平底装车采场。

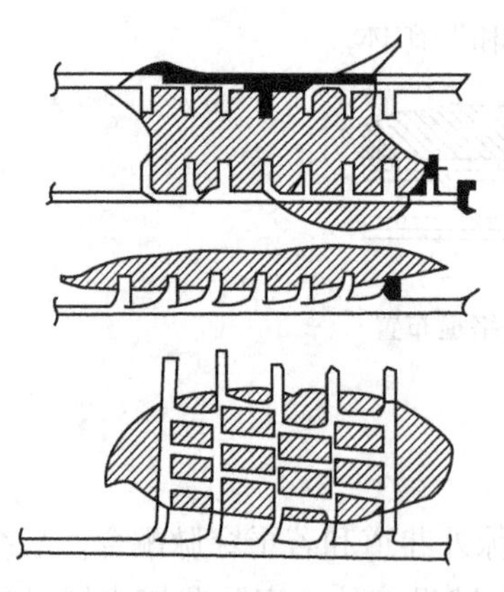

图 3-25 平底装车布置

3.3.3 井底车场

井底车场就是设置在井筒附近连接运输大巷的巷道和硐室的总称，井底车场结构示意图如图 3-26 所示。从图中可以看出，井底车场的行车道是调度空、重车辆的运行线路(统称调车线)，其中包括供矿车出入罐笼的马头门线路；储车线是储放空、重车辆的专用线路和停放材料车、人车等的辅助线路；井底车场的硐室有水泵房、管子道、水仓、变电所、机车库、调度室、充电室、候罐室、推车机硐室、翻车机硐室及医疗室等，此外还有水仓通道、井底清理斜巷和硐室通道等。

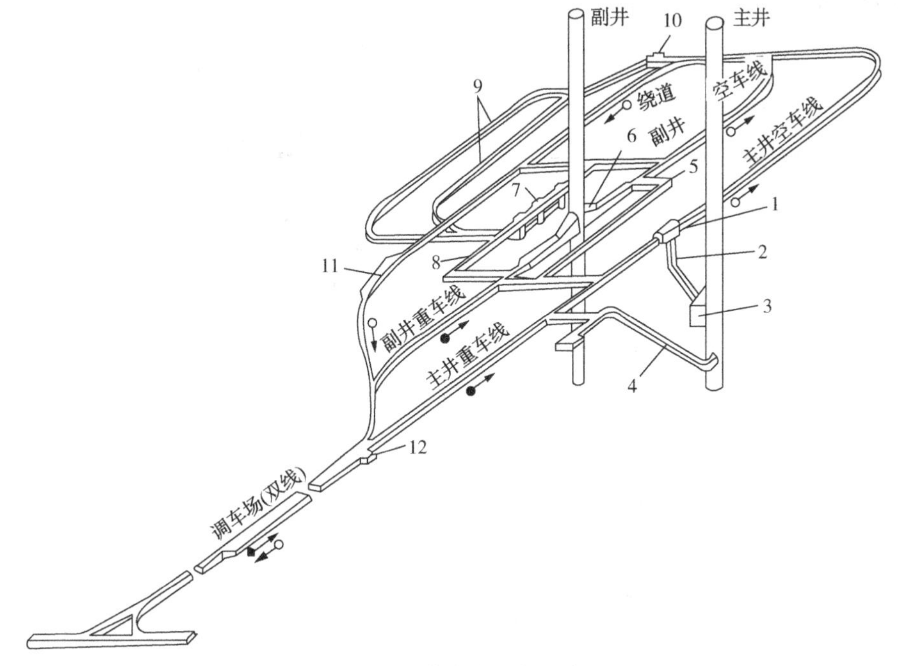

图 3-26　井底车场结构示意图

1—卸矿硐室；2—矿石溜井；3—箕斗装载硐室；4—回收粉矿小斜井；
5—候罐室；6—马头门；7—水泵房；8—变电整流站；9—水仓；
10—清淤绞车硐室；11—机车修理硐室；12—调度室

根据矿床开拓方法的不同，井底车场可分为竖井井底车场和斜井井底车场两大类。

3.3.3.1　竖井井底车场

竖井井底车场按矿车运行系统分为尽头式井底车场、折返式井底车场和环形井底车场三种。

尽头式井底车场如图 3-27(a)所示，用于罐笼提升。其特点是井筒单侧进、出车，空、重车的储车线和调车场均设在井筒一侧，需从罐笼拉出来空车后，再推进重车。这种车场的通过能力小，主要用于小型矿井或副井。

折返式井底车场如图 3-27(b)所示。其特点是井筒或卸车设备(如翻车机)的两侧均铺设线路。一侧进重车，另一侧出空车。空车经过另外铺设的平行线路或从原线路变头(改变矿车首尾方向)返回。

环形井底车场如图 3-27(c)所示。它与折返式相同，也是一侧进重车，另一侧出空车，但其特点是由井筒或卸载设备出来的空车经由储车线和绕道不变头(矿车首尾方向不变)返回。

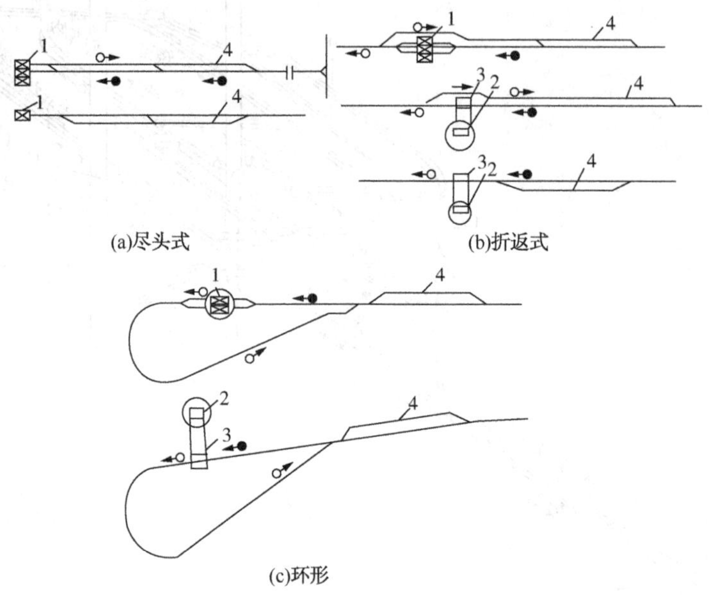

图 3-27　竖井井底车场形式示意图

1—罐笼；2—箕斗；3—翻车机；4—调车线路

3.3.3.2　斜井井底车场

斜井井底车场按矿车运行系统可分为折返式车场和环形车场两种形式。环形车场一般适于用箕斗或胶带提升的大、中型斜井中。金属矿山，特别是中、小型矿山的斜井多用串车提升，串车提升的车场均为折返式。

串车斜井折返式车场，可按井筒与车场的连接方式分为甩车道式车场、吊桥式车场和平车道式车场。

(1)旁甩式　如图 3-28(a)所示，由井筒一侧(或两侧)开掘甩车道，串车经甩车道由斜变平后进入车场。这种连接线路早期常见于各种金属和非金属矿山。它与下面两种类型相比的优点是能适应多阶段作业，总通过能力大，井筒与车场间的岩柱维护容易，井下通风管理方便；缺点是钢绳磨损大，矿车掉道多，提升效率低，巷道开掘量大。

(2)吊桥连接　如图 3-28(b)所示，斜井顶板方向出车，经吊桥变平后进入车场；这种连接线路是串车提升的一项重大革新，已在我国中、小金属矿山推广使用。它的优点是钢绳磨损小，矿车掉道少，提升效率高，巷道开掘量小；缺点是对多阶段作业的适应性差(多吊桥管理复杂)，井筒与车场间的岩柱维护困难(斜井倾角缓时岩柱稳定性很差)，对井下正常通风干扰大(吊桥升降影响上下阶段通风)。

(3)平车场连接　如图3-28(c)所示，这种连接线路相当于不能活动的末阶段吊桥，由斜井顶板正方向开出一段曲巷(其轴线与斜井轴线同在一直线上)，串车经此巷变平后折(直)入平面线路。这种方式虽然工程简单，使用方便，但不能多阶段作业，只局限于斜井不再延伸的最末一个阶段使用。

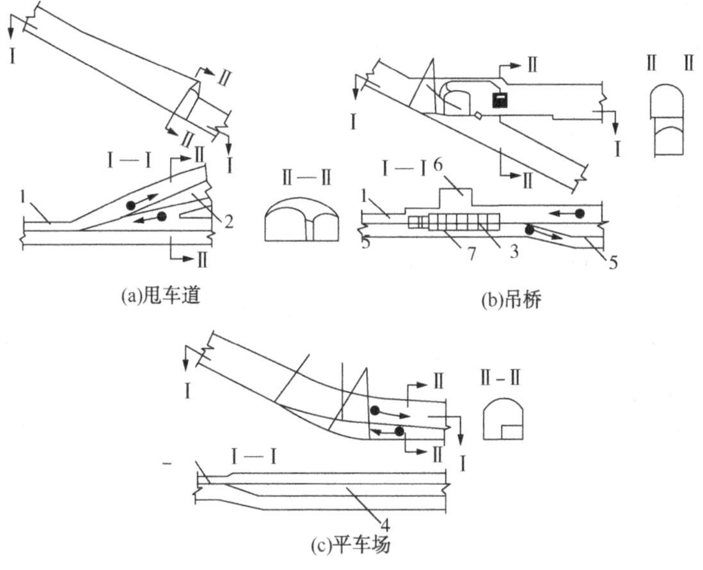

图3-28　串车斜井车场的连接线路

1—斜井；2—甩车道；3 —吊桥；4—平车道；
5—储车线；6—信号硐室；7—人行口

3.3.4　溜井

溜井是指利用自重从上往下溜放矿石的巷道。溜井按其服务范围分为阶段溜井（也称为主溜井）和采场溜井，前者为阶段溜矿服务，属开拓巷道；后者为采场溜矿服务，属采准巷道。溜井按外形特征与转运设施，有以下几种主要形式。

3.3.4.1　垂直式溜井

从上至下呈垂直的溜井，如图3-29(a)所示。各阶段的矿石由分支斜溜道放入溜井。这种溜井具有结构简单、不易堵塞、使用方便、开掘比较容易等优点，故国内金属矿山应用比较广泛。它的缺点是储矿高度受限制，放矿冲击力大，矿石容易粉碎，对井壁的冲击磨损较大。因此，使用这种溜井时，要求岩石坚硬、稳固、整体性好，矿石坚硬不易粉碎；同时溜井内应保留一定数量的矿石作为缓冲层。

3.3.4.2 倾斜式溜井

从上到下呈倾斜的溜井，如图 3-29(b)所示。这种溜井倾斜长度较大，可缓和矿石滚动速度，减小对溜井底部的冲击力。只要矿石坚硬不结块，也不易发生堵塞，皆可使用。溜井一般沿岩层倾斜布置可缩短运输巷道长度，减少巷道掘进工程量。但倾斜式溜井中的矿石对溜井底板、两帮和溜井储矿段顶板、两帮冲击磨损较严重。因此，其位置应选择在坚硬、稳固、整体性好的岩层或矿体内。为了有利于放矿，溜井倾角应大于 60°。

3.3.4.3 分段直溜井

当矿山多阶段同时生产，且溜井穿过的围岩不够稳固，为降低矿石在溜井中的落差，减轻矿石对井壁的冲击磨损与夯实溜井中的矿石，而将各阶段的溜井的上下口错开一定的距离。其布置形式分为瀑布式溜井和接力式溜井两种，如图 3-29(c)和(d)所示。

瀑布式溜井的特点是：阶段溜井与下阶段溜井用斜溜道相连，从上阶段溜井溜下的矿石经其下部斜溜道转放到下阶段溜井，矿石如此逐段转放下落，形若瀑布。接力式溜井的特点是上阶段溜井中的矿石经溜口闸门转放到下阶段溜井，用闸门控制各阶段矿石的溜放。因此当某一阶段溜井发生事故时不致影响其他阶段的生产；但每段溜井下部均要设溜口闸门，因此生产管理、维护检修较复杂。

3.3.4.4 阶梯式溜井

这种溜井的特点是上段溜井与下段溜并相互距离较大，故中间需要转运，如图 3-29(e)所示。这种溜井仅用于岩层条件较复杂的矿山。例如为避开不稳固岩层而将溜井开成阶梯式，或在缓倾斜矿体条件下，为缩短矿块底部出矿至溜井的运输距离时采用。

3.3.5 硐室

硐室是一种未直通地表出口的、横断面较大而长度较短的水平坑道。地下硐室的布置，决定于矿井生产能力、井筒提升类型、主要阶段运输巷道的运输方式以及生产上和安全上的要求。地下主要硐室，一般多布置于井底车场附近。各种硐室的具体位置，随井底车场布置形式的不同而变化。这些硐室除满足工艺要求

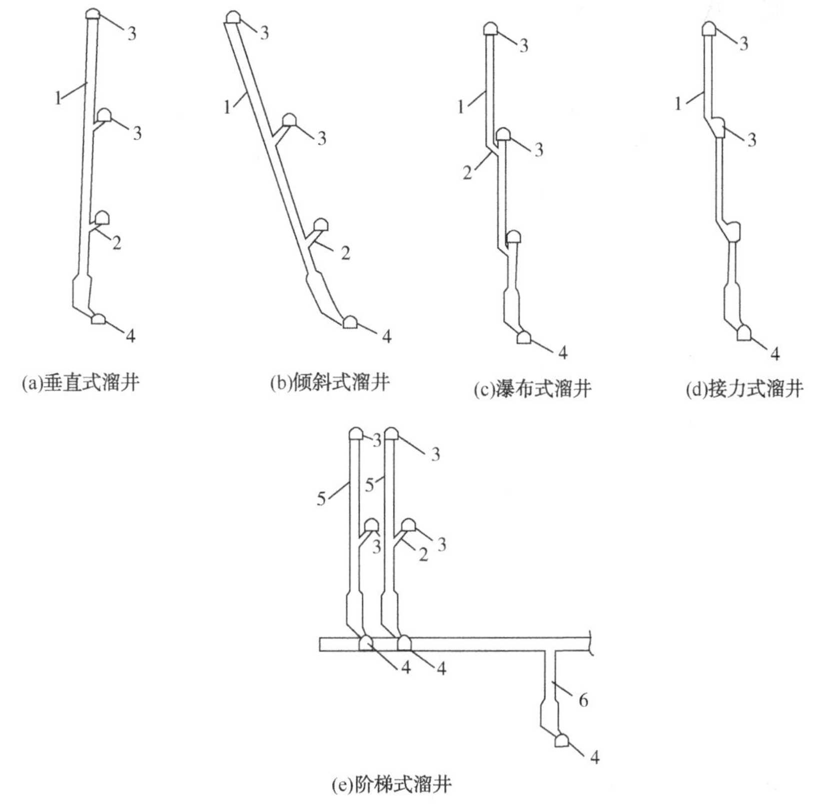

图 3-29　溜井形式图

1—主溜井；2—斜溜道；3—卸矿硐室；4—放矿闸门硐室；
5—上段溜井；6—下段转运溜井

外，应尽量布设在稳固的岩层中，务使生产上方便，技术上可行，经济上合理，并能保证工作安全。地下硐室按其用途不同，有地下破碎及装载硐室、水泵房和水仓、地下变电所、地下炸药库及其他服务性硐室等。本节主要介绍地下破碎及装载硐室。

如图 3-30 所示，从采场运来的矿石到卸矿硐室借助翻车机卸入上部(原)矿仓，启开指状闸门，矿石经此进入板式给矿机，再由它喂给固定筛。筛上大块矿石滚入颚式破碎机破碎后落入下部(粗碎)矿仓，筛下的合格矿石直接溜入下部矿仓。下部矿仓内矿石由闸门控制直接溜入计量硐室内的计量装置(或由电振给矿机供矿给胶带运输机，再由它喂到计量硐室的计量装置)，定量装入箕斗后再提升到地面。

地下破碎硐室所用的破碎机有颚式和旋回式两种。颚式破碎机宜用于年产量 500kt 以上的大、中型矿山破碎块状矿石；旋回式宜用于年产量 2000kt 以上的大型矿山破碎片状、条带状或块状矿石。

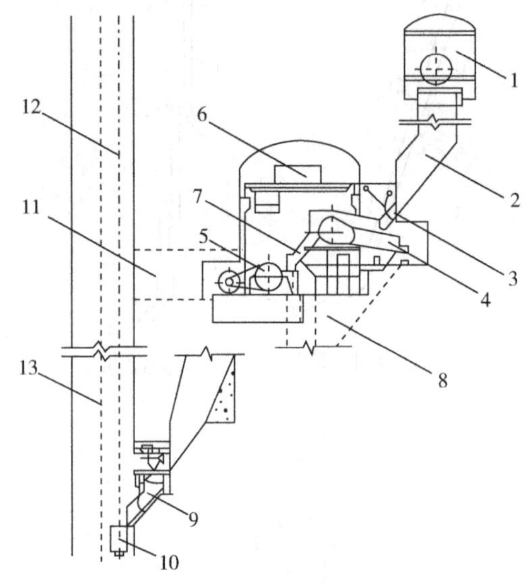

图 3-30 硐室破碎系统

1—卸矿硐室；2—原矿仓；3—指状闸门；4—板式给矿机；5—破碎机；6—吊车；7—固定筛；8—下部矿仓；9—计量装置；10—箕斗；11—大件道；12—箕斗中心线；13—井筒中心线

地下破碎站的布置形式一般有下列几种：

(1)分散旁侧式。如图 3-31(a)所示，每个开采阶段都独立设置破碎站，随着开采阶段的下降，破碎站也随之迁至下部阶段。其优点是第一期井筒及溜井工程量小，建设投产快。缺点是一个破碎站只能处理一个阶段的矿石，每下降一个阶段都要新掘破碎硐室，总的硐室工程量大，总投资较多。分散旁侧式只适用于开采极厚矿体或缓倾斜厚矿体，阶段储量特大和生产期限很长的矿山。

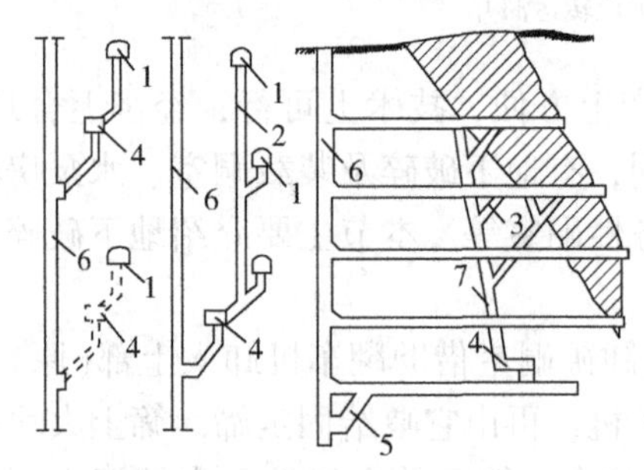

图 3-31 破碎硐室布置形式

1—卸矿硐室；2—主溜井；3—斜溜道(分支溜井)；4—破碎硐室；5—储矿仓；6—箕斗井

(2)集中旁侧式。如图 3-31(b)所示，几个阶段的矿石通过主溜井溜放到下部阶段箕斗井旁侧的破碎站集中破碎。其优点是破碎硐室工程量较小，总投资较少。缺点是矿石都集中到最下一个阶段，第一期井筒和溜井工程量较大，并增加了矿石的提升费用。集中旁侧式适用于多阶段同时出矿，国内矿山采用较多。

(3)矿体下盘集中式。如图3-31(c)所示，各阶段的矿石经矿体下盘分支溜井溜放到主溜井下的破碎硐室，破碎后的小块矿石经胶带输送机运至箕斗井旁侧的贮矿仓，然后再由箕斗提至地表；当采用平硐溜井开拓时，破碎后的矿石即由胶带输送机直接运至地表。其优点是省掉了各阶段的运输设备和设施；缺点是分支溜井较多，容易产生大块堵塞事故。矿体下盘集中式适用于矿体比较集中，走向长度不大，多阶段同时出矿的矿山。

4 采矿方法

4.1 采矿方法分类

通过前边章节的学习，我们知道在金属矿床地下开采中，首先把井田(矿田)划分为阶段(或盘区)，然后再把阶段(或盘区)划分为矿块(或采区)，矿块(或采区)是独立的回采单元。

采矿方法就是研究矿块的开采方法，它包括采准、切割和回采三项工作。其中根据回采工作的需要，设计采准和切割巷道的数量位置与结构，并加以实施，开掘与之相适应的切割空间，以便为回采工作创造良好的条件。若采准和切割工作在数量上和质量上不能满足回采工作的要求，则必然影响回采矿石的效果。因此，为了很好地回采矿石而在矿块中所进行的采准、切割与回采工作的总和，称为采矿方法。

由于金属矿床赋存条件复杂，矿石与围岩性质多变，开采技术不断完善和进步，在生产实践中应用了种类繁多的采矿方法。为了便于使用采矿方法，研究和寻求新的采矿方法，应对现有的采矿方法进行科学的分类。

采矿方法的分类有多种，本书采用的采矿方法分类，是按回采时的地压管理方法划分的。地压管理方法是以围岩的物理力学性质为依据，同时又与采矿方法的使用条件、结构和参数、回采工艺等密切相关，并且最终将影响到开采的安全、效率和经济效果等。依此可将采矿方法划分为三大类，如表 4-1 所示。

表 4-1　金属矿地下采矿方法分类表

采矿方法类别	地压管理方法	组　　别
空场采矿法	敞空状态	(1)全面采矿法 (2)房柱采矿法 (3)留矿采矿法 (4)分段采矿法 (5)阶段矿房采矿法

续表

采矿方法类别	地压管理方法	组　别
充填采矿法	充填料充填	(1)单层充填采矿法 (2)上向分层充填采矿法 (3)下向分层充填采矿法 (4)下向进路充填采矿法
崩落采矿法	崩落围岩	(1)单层崩落采矿法 (2)分层崩落采矿法 (3)有底柱分段崩落采矿法 (4)有底柱阶段崩落采矿法 (5)无底柱分段崩落采矿法

第一类，空场采矿法。此法将矿块划分为矿房和矿柱，先采矿房后采矿柱(分两步开采)。回采矿房时所形成的采空区，可利用矿柱和矿岩本身的强度进行维护。因此，矿石和围岩均稳固，是使用本类采矿法的理想条件。

第二类，充填采矿法。本类采矿方法，也是分为两个步骤进行回采。回采矿房时，随着回采工作面的推进，逐步用充填料充填采空区，防止围岩片落，即用充填采空区的方法管理地压。个别条件下，还用支架和充填料配合维护采空区，进行地压管理。因此，不论矿石和围岩稳固或不稳固，均可应用本类采矿方法。

第三类，崩落采矿法。本类采矿法为一个步骤回采，并且随回采工作面的推进，同时崩落围岩充满采空区，从而达到管理和控制地压的目的。围岩崩落以后，必然引起一定范围内的地表塌陷。因此，围岩能够崩落，地表允许塌陷，是应用本类采矿方法的基本条件。

上述三类采矿法中，还可以按方法结构特点、工作面的形式、落矿方式等进一步分组。

4.2　回采工艺

在采矿方法中，完成落矿、矿石运搬和地压管理三项主要作业的具体工艺，以及它们相互之间在时间与空间上的配合关系，称为回采方法。开采技术条件不同，回采方法也不相同。矿块的开采技术条件在采用何种回采工艺中起决定性作用，所以回采方法实质上成了采矿方法的核心内容，由它来反映采矿方法的基本特征。因此，在学习三大采矿方法之前，我们要先学习有关回采方法的相关内容。

4.2.1　落矿

回采工作中，将矿石从矿体分离下来并破碎成一定块度的过程，称为落矿。

对落矿的要求是：工作安全；在设计范围内崩矿完全而对其外部破坏最小；矿石破碎块度均匀，尽量减少需要二次破碎的大块；满足矿块生产能力的要求；落矿费用最低(应综合考虑其他过程的要求)。

大多数金属矿床矿石坚硬，通常采用凿岩爆破法落矿。凿岩爆破方法落矿，可分为浅孔落矿、中深孔落矿、深孔落矿和药室落矿四种。

4.2.1.1 浅孔落矿

浅孔落矿是最早出现的炮孔落矿方法，使用轻型凿岩机凿孔，孔径一般为30~46mm，孔深小于3~5m。目前我国地下矿山应用的采矿方法，浅孔落矿的比重约占一半。同巷道掘进比较，回采时浅孔落矿的最大特点，就是与采矿方法结构、回采工艺密切相关。回采工作面的自由面至少有两个，在一个自由面上凿孔，在另一个自由面方向崩矿。

(1) 炮孔布置　在开采缓倾斜薄矿体时(矿体厚度小于2.5~3m)，用单层回采，一般凿水平炮孔[图4-1(a)]；开采缓倾斜中厚矿体，则需分层回采，采用下向阶梯工作面或上向阶梯工作面[图4-1(b)、(c)]。

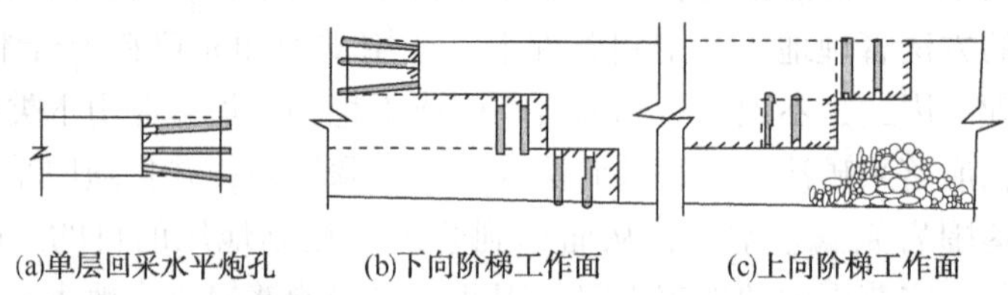

(a)单层回采水平炮孔　(b)下向阶梯工作面　(c)上向阶梯工作面

图4-1　浅孔落矿方式示意图

布置炮孔时，除应注意其方向与构造的关系外，还应考虑炮孔深度及矿岩稳固性的关系。一般情况下，矿岩稳固性差时以采用小直径浅孔落矿为宜。

(2) 凿岩设备　浅孔落矿根据炮孔方向和矿石的硬度，可采用不同的设备。水平或微倾斜炮孔，一般用手持式或气腿式凿岩机，如YT-25、7655等；上向垂直炮孔用伸缩式凿岩机，如YSP-45等。钎头直径一般为30~46mm，最小抵抗线为钎头直径的25~30倍。欧美等国广泛采用自行凿岩台车，在水平或近水平厚矿体中钻凿水平或微倾斜炮孔，不仅显著地提高了凿岩效率，同时也大大改善了凿岩工的劳动条件。

(3) 浅孔落矿评价　这种落矿方法适用于厚度在5~8m以下的不规则的矿体，可使矿体与围岩接触面处的矿石回采率达到最高，而贫化最小。此外，矿石破碎良好，大块产出率低。但是这种落矿材料和劳动消耗大，在顶板暴露面下作业，工作安全性差，粉尘高，每次爆破矿石量少。

4.2.1.2 中深孔落矿

中深孔是指孔深不大于15m，孔径一般为50~70mm的炮孔，凿岩时采用接杆钎子，故又称接杆炮孔。中深孔落矿，于1954年在我国华铜铜矿首先使用，以后迅速得到推广。这种落矿方法，引起了采矿方法结构的改革，提高了矿块的生产能力，并改善了劳动安全条件。

（1）炮孔布置　钻凿中深孔一般是在凿岩巷道或凿岩硐室中进行，炮孔布置方式有扇形和平行布置两类，如图4-2和图4-3所示。每类中又有垂直布置和水平布置两种，其中扇形孔，特别是垂直扇形孔应用较多。

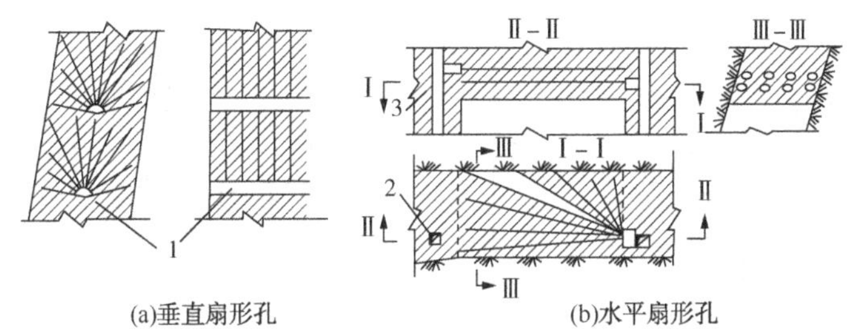

(a)垂直扇形孔　(b)水平扇形孔

图4-2　扇形中深孔

1—凿岩巷道；2—凿岩天井；3—凿岩硐室

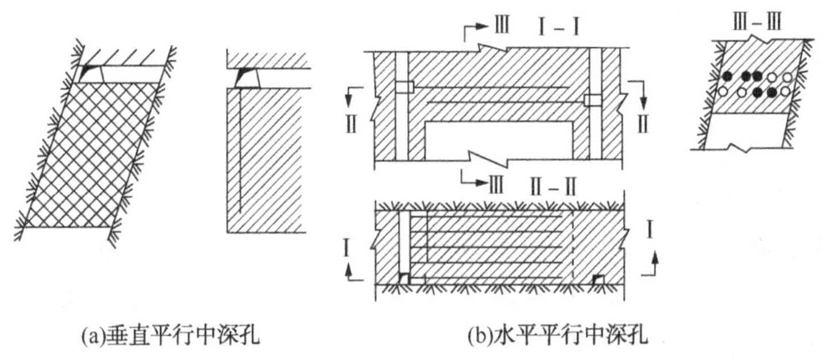

(a)垂直平行中深孔　(b)水平平行中深孔

图4-3　平行中深孔

在进行扇形炮孔爆破设计时，在爆破范围内以凿岩巷道中所确定的凿岩中心为起点，作放射状布置，先布置边角孔(图4-4中1、4、8、11孔)，再按选用的最大孔间距均匀地布置其余炮孔。

（2）凿岩设备　钻凿中深孔通常采用风动导轨式中型和重型凿岩机，主要的型号有YG-40、YG-80、YGZ-70、YGZ-70A、YGZ-70D和YGZ-90等。其中YG-40、YGZ-70、YGZ-70A和YGZ-70D等可安装在钻架或柱架上凿岩，而YG-80、YGZ-90则可安装在凿岩台车上作业。

我国已经生产了多种用于落矿的凿岩台车，图 4-5 所示的 CTC10-2 型凿岩台车只是其中的一种。这种台车可配备两台重型凿岩机，分别通过推进器和支撑臂支撑在前轮的两侧，两个后轮为驱动轮。这种台车可用于钻凿 15m 以内的上向平行炮孔，台班效率约为 80~100m。

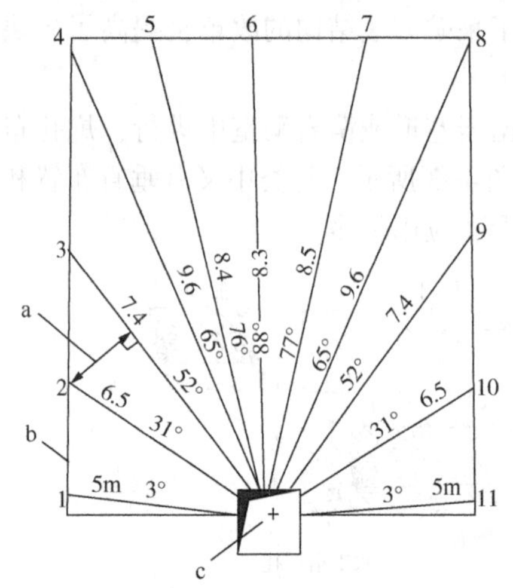

图 4-4　炮孔布置方法

a—最大孔间距；b—爆破范围；

c—放射中心

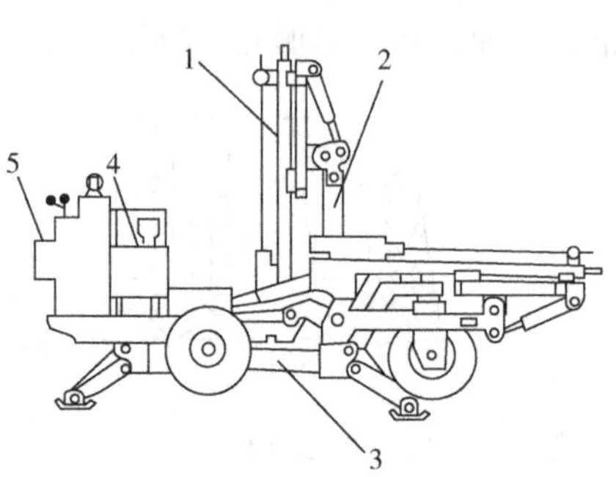

图 4-5　CTC10-2 凿岩型台车结构示意图

1—推进器；2—支臂；3—底盘；

4—液压系统；5—风水系统

中深孔及孔深大于 15m 的深孔，爆破时装药量大，如仍采用人工装药，不仅费工费时，且装药密度小，爆破效果不良。因此非煤矿山广泛使用装药器，在粉装药的情况下，装药密度可从人工装药的 0.5~0.6g/cm^3 提高到 0.9~1.0g/cm^3，有效地提高了爆破效果。

(3) 中深孔落矿评价　中深孔落矿是我国非煤矿山应用非常广泛的一种方法，一般用于厚度 5~8m 以上的矿体。与浅孔落矿相比，中深孔的落矿能力大，可使回采时的凿岩、装药爆破和出矿在时间与空间上互不干扰，为一些采矿方法的多工序平行作业创造了条件，因而在采用分段巷道和天井凿岩硐室内凿岩的采矿方法中获得了非常广泛的应用，而且凿岩作业的安全性也较浅孔落矿有所改善。但中深孔落矿由于炮孔多为扇形布置，炸药在爆破范围内分布不均匀而易产出大块。根据国内外的研究和试验，如在最小抵抗线 w 和孔间距 a 的乘积不变的条件下，将最小抵抗线减小到普通爆破法的一半左右，则可显著地降低大块产出率。此外，中深孔落矿，矿体边界处的矿石损失和贫化也不易控制。

4.2.1.3　深孔落矿

深孔孔深大于 15m，其直径一般大于 90mm。深孔落矿主要用于阶段矿房法、有底柱阶段崩落法和阶段强制崩落法等采矿方法，以及矿柱回采与采空区处理等。

(1) 炮孔布置　深孔落矿时按炮孔方向，常用的为垂直布置、水平布置、倾斜布置，按炮孔布置方式每种又分为平行孔、扇形孔和束状孔三种，如图 4-6 所示。

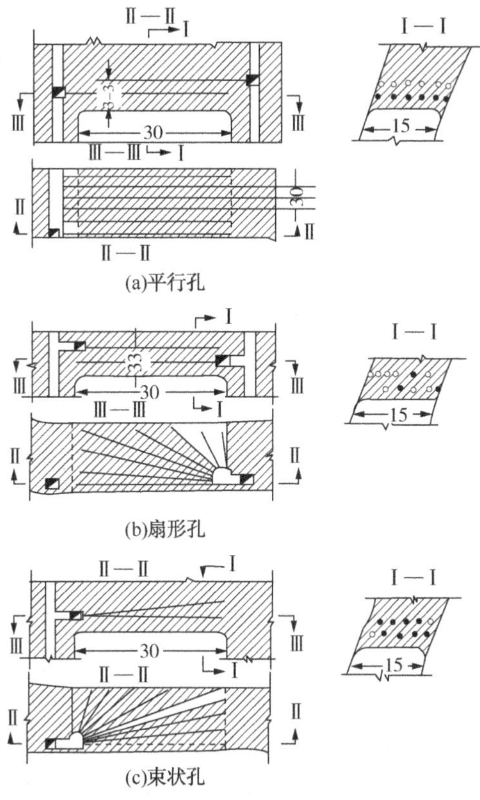

图 4-6　水平深孔布置图(单位：m)

平行布置深孔能充分利用炮孔长度，孔内炸药分布均匀，爆破效果较好，但需掘进专用的凿岩巷道，钻机要经常移动以更换孔位，故辅助作业时间长。扇形布置深孔时，凿岩巷道工程量较小，但在爆破范围相同的条件下，炮孔总长度要增加 50%~60%。由于潜孔钻机凿岩效率高，增加的凿岩费用仍比增加凿岩巷道长度的费用低，所以扇形布置应用较多。束状炮孔凿岩是在凿岩硐室内进行，一个凿岩硐室内可钻凿数排排面倾角不同的炮孔。

(2) 凿岩设备　深孔落矿由于炮孔深度大，如果采用普通凿岩机，凿岩速度将随着孔深的增加急剧降低，因此多采用潜孔凿岩机凿岩。这种设备在我国深孔落矿的矿山已经广泛采用。

国内普遍采用风动潜孔式钻机，但其工作风压有低风压(压缩空气压力为0.5~0.7MPa)和高风压(压缩空气压力为1.0~2.4MPa)两种。常用的低压潜孔钻机有AZJ-100A(YQ-100A)和YZJ-100B(YQ-100B)两种，前者宜用于钻凿水平和下向炮孔，后者则可钻凿任意方向的炮孔。高风压潜孔钻机的突出优点是凿岩速度可比低风压潜孔钻机成倍提高，因此是大直径深孔(孔径150~165mm)落矿的重要设备，国内采用的型号有DQ-150J和KQG-165型。前者为风动履带行走机构，工作风压1.05MPa，钻孔深度达100m；后者的机体结构为钻机型，钻架为箱形结构，凿岩机工作风压1.5MPa，钻孔深度可达120m。

(3) 深孔落矿评价　采用潜孔钻机的深孔落矿方法与浅孔和中深孔相比，不仅炮孔数目少，孔径大，可节省凿岩和装药时间，提高落矿效率，而且也大大简化了采矿方法结构。深孔凿岩多在凿岩硐室中进行，与在天井中凿岩相比，改善了劳动条件，所以深孔落矿是落矿方法的一大发展。但深孔落矿的大块率高，矿体下盘处的矿石损失大，上盘处的矿石贫化高。此外，钻凿深孔易发生孔位偏斜，例如15m深的炮孔，钻凿过程中如偏斜一度，则孔底偏差可达250mm，将会严重影响爆破效果。

4.2.2　矿石运搬

将回采崩落的矿石，从工作面运到运输水平的过程，称为矿石运搬。这项作业在回采过程中占有重要地位，所用的劳动和材料费用为回采总费用的30%~50%。一般来说，矿石运搬的劳动生产率，决定着回采强度的大小以及回采作业的集中程度。因此，对这项工作过程的基本要求，就是提高生产率和降低生产费用。

矿石运搬方法分为重力运搬、机械运搬、爆力运搬和水力运搬等。前两种方法应用较多，爆力运搬应用范围有限，而水力运搬应用极少。机械运搬方法又分为电耙运搬、振动给矿机和输送机运搬、自行设备运搬。矿石运搬方法和采矿方法密切相关，在采矿方法选择的同时确定。

4.2.2.1　重力运搬

回采崩落的矿石在重力作用下，沿采场溜至矿块底部放矿巷道，直接装入运输水平的矿车中。这种从落矿地点到运输巷道全程利用自重溜放矿石的运搬方法，称为重力运搬。

在开采急倾斜和极薄矿脉时，广泛应用重力运搬矿石。一般用浅孔落矿，崩落矿石大块较少，不设二次破碎巷道。少量不合格大块，在采场或漏斗闸门中进行破碎。崩落矿石沿采场自重溜向矿块底部，经放矿漏斗和闸门装入矿车，如

图 4-7所示。漏斗放矿时，常由于大块、矿石粘结、粉矿多等原因造成堵漏或放矿不畅，一般可以在漏斗下部安装振动放矿机，如图 4-8 所示。振动放矿机是一种靠产生振动使松散矿石流动的设备，其主要作用是改善放矿时矿石的流动性，因此，只是一种辅助运搬设备。开采薄及极薄矿体时，在漏斗内安装这种设备以取代漏斗闸门，可使矿石由完全借自重放矿而变为自重与振动联合作用下的放矿，从而大大改善了漏斗的放矿效果。

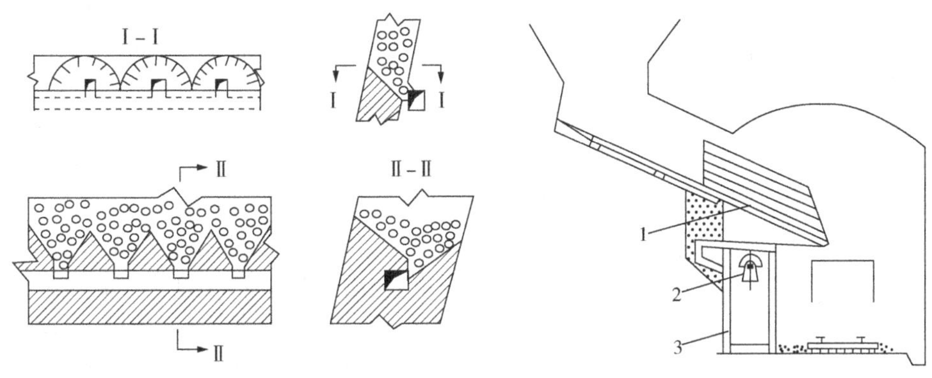

图 4-7　普通放矿漏斗放矿

图 4-8　振动放矿机放矿示意图
1—振动台；2—振动器；3—机架

4.2.2.2　爆力运搬

爆力运搬是利用深孔爆破时产生的动能，使崩下的矿石沿采场底板移运，抛到受矿巷道中。当矿体倾角小于 50°～55°时，用一般的爆破方法，崩落的矿石部分残留在底板岩石上，不能借重力放出。矿体倾角小于 25°～30°时，可以采用机械方法运搬矿石。倾角在 30°～55°之间，矿石不能重力运搬，而用机械运搬又有困难。在这种条件下，先用爆力将矿石抛掷一段距离后，再靠惯性力和自重沿底板滑移一段距离。

爆力运搬与底板漏斗重力运搬方法比较，可节省采准工作量，提高劳动生产率和降低成本；和房柱采矿法机械运搬方案比较，显著地减少或不机械运搬，无需工人进入采空区作业，因而可保证工作安会。但爆力运搬也存在一些缺点，如矿石损失率大、单位炸药消耗量大、凿岩天井维修量大以及通风条件不好等。

4.2.2.3　机械运搬

(1) 电耙运搬　将采场内崩落的矿石利用电耙进行运搬的方法，称为电耙运搬。这种运搬方法已有百年的历史，至今仍然是我国金属矿山应用最为广泛的运搬方式之一。

电耙由耙斗、牵引钢丝绳和绞车组成。电耙耙斗的形式有箱形和篦式两种，分别用于耙运软碎和坚硬块状矿石，其结构形式如图 4-9 和图 4-10 所示。

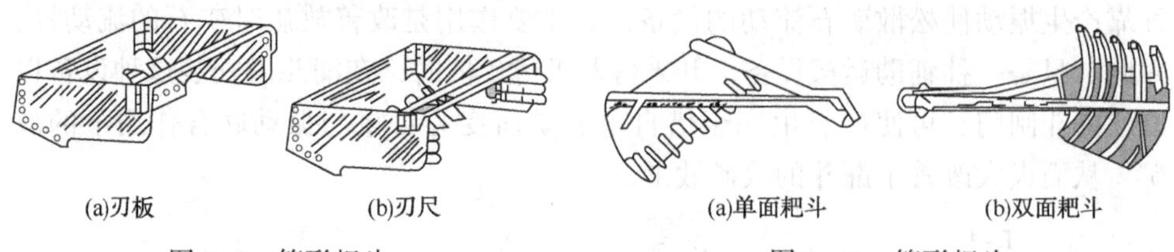

(a)刃板　(b)刃尺

图 4-9　箱形耙斗

(a)单面耙斗　(b)双面耙斗

图 4-10　篦形耙斗

牵引耙斗的绞车有双滚筒和三滚筒两种。双滚筒电耙绞车只能直线耙运矿石，耙运宽度较小。在耙运宽度较大的采场中可使用三滚筒电耙绞车，如图 4-11 所示。电耙运搬矿石，耙运效率将随耙运距离增大而急剧降低。

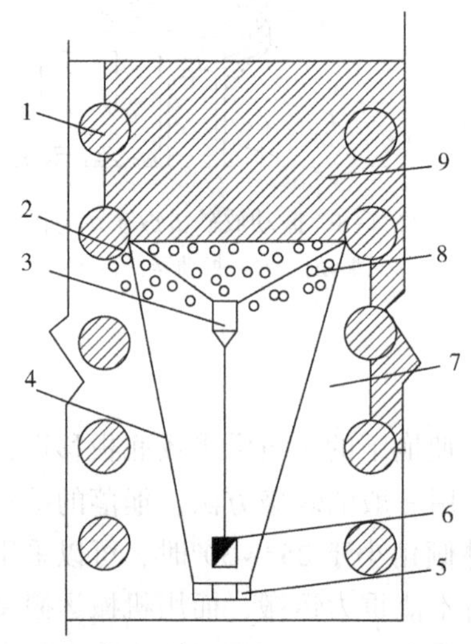

图 4-11　三滚筒电耙绞车耙矿示意图

1—矿柱；2—滑轮；3—耙斗；4—钢丝绳；5—电耙绞车；6—放矿溜井；7—已采矿房；8—采下矿石；9—待采矿石

(2) 自行设备运搬　自行设备是世界各国应用都相当广泛的一种运搬机械，其中包括有轨自行设备和无轨自行设备，既可用于掘进，也可用于采场运搬。目前，地下矿山采场应用的自行设备主要是无轨自行设备，包括装运机、铲运机、电铲与自卸卡车等。其中，国内应用较广泛的是装运机和铲运机两种设备。

装运机是自身带有铲斗、储矿仓和轮胎行走的具备装、运、卸多功能的矿山装载设备，主要用于采场出矿，也可用于巷道掘进装岩。按运矿方式不同，装运机分为车厢式及铲斗式两大类。车厢式装运机用铲斗铲取矿岩装入车厢，车相装满后自行运到溜井卸载。斗式装运机用铲斗铲取矿岩，兼作运搬容器，自行运到溜井卸载。车厢式装运机简称装运机，铲斗式装运机简称铲运机。

① 装运机。20 世纪 60 年代，我国从瑞典引进装运机，随后国内厂家研制生产了装运机。同装岩机相比，装运机装运能力强，行走速度快，机动灵活，效率高，我国地下矿山曾经在 20 世纪 70~80 年代广为应用，主要用在冶金、化工等矿山的无底柱分段崩落法、充填采矿法采场运搬及掘进出渣等。到了后期，随着矿山机械设备的发展，我国引进和研制生产了铲运机，同装运机相

比，铲运机优点很多，新建的矿山和曾经使用装运机的矿山大部分改用铲运机。但是，装运机还有一定的优点，故在小型矿山及部分充填法采场有一定的优势，仍有应用。

目前的装运机都采用轮胎行走，按其驱动能源分为气动装运机和柴油装运机两种。柴油装运机生产能力大大高于气动装运机，但存在废气污染等问题。

我国金属矿使用最多的是 ZYQ-14 型风动装运机(图 4-12)及 TN-12 型柴油装运机。ZYQ-14 型风动装运机整机由装载机构、车厢及卸载机构、行走及转向和操纵装置组成。

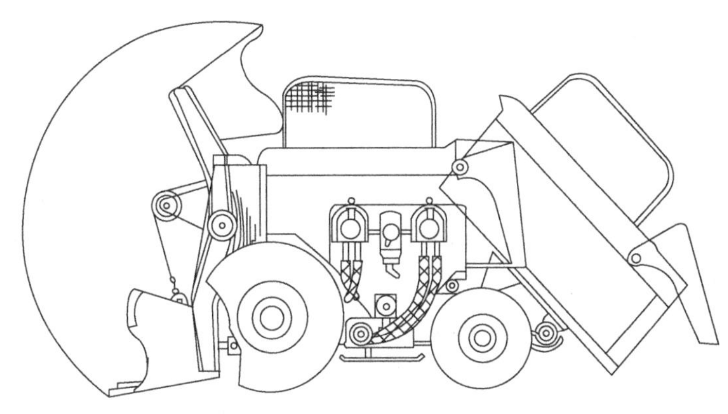

图 4-12　ZYQ-14 型装运机

用压气或电作装运机的动力，必须装置长的橡胶风管或电缆，既妨碍装运机工作，又影响安全。为了增加装运机的机动性和简化动力供应，可改用柴油作动力。TN-12 型柴油装运机的装载机构和行走转向机构与 ZYQ-14 型相似，不同之处是：行走减速箱用六个齿轮三级减速，没有离合器，在第二级齿轮轴上装有制动器，可用脚踏板制动；转向用油缸控制。

② 铲运机。地下铲运机，即集装-运-卸为一体的运搬设备。它与露天矿使用的“铲运机”是截然不同的两种设备。最初使用的铲运机几乎都是柴油机驱动的内燃铲运机，这种铲运机虽有许多突出的优点，但也存在废气、烟雾、热辐射等严重污染问题。电动铲运机不存在尾气排放污染问题，无烟雾和气味，其产生的热量不到同级内燃铲运机的 30%；电动铲运机无额外通风要求；电动机比柴油机的维修量小，其维修费用比内燃铲运机低 50%左右，而设备完好率高 20%左右。电动铲运机的缺点是，拖曳电缆限制其机动性能、活动范围和运行速度。电动铲运机虽有其局限性，但因其明显优越性，因而得到迅速推广。地下铲运机的基本结构如图 4-13 所示。

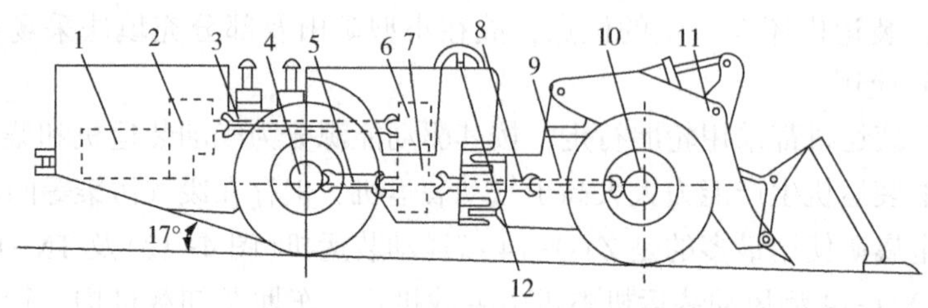

图 4-13 地下铲运机的基本结构

1—电动机；2—传动箱；3—传动箱传动轴；4—后桥；5—后桥驱动轴；6—变矩器；7—变速箱；8—中间传动轴；9—前桥驱动轴；10—前桥；11—工作机构；12—转向机构

4.2.3 地压管理

在矿床地下开采中，采场地压管理是主要生产工艺之一。它的目的是防止开采工作空间的围岩失控，发生大的移动和威胁人员工作安全。正确选择回采期间采场地压管理方法有非常重要的意义。采场地压管理工作是影响矿山安全工作、矿石成本、矿石损失贫化和矿山生产能力的主要因素。

从时间上可将矿山地压管理分为两个阶段：矿块回采阶段和大范围采空区形成后的阶段。前一阶段地压管理亦称为采场地压管理。这两个阶段的地压管理是有区别的，但又是密切联系的。

采场地压管理的基本方法，按支护作用的原理可分为人工支护、依靠矿柱和矿岩自身稳固性维护采场的自然支撑法、崩落围岩卸压和充填材料充填采空区等。当前矿床地下开采的采矿方法分类中，很多都是以采场地压管理方法为基础。

4.3 空场采矿法

空场采矿法是将矿块划分为矿房和矿柱，分两步回采，先采矿房后采矿柱；回采矿房时形成的采空区在矿柱和围岩支撑下以敞空的形式存在；矿房采完后可立即回采矿柱，也可允许空场存在一定时间后再回采矿柱并处理采空区，这就是本类采矿法的基本特点。由于矿房回采过程中允许空场存在，因此使用这类采矿方法的基本条件是矿石和围岩都稳固。空场采矿法矿块划分如图 4-14 所示。

空场采矿法是具有上述特点的多种采矿方法的总称，其中国内金属矿山应用较普遍的空场采矿法有留矿采矿法、全面采矿法、房柱采矿法、分段矿房法和阶段矿房法等。

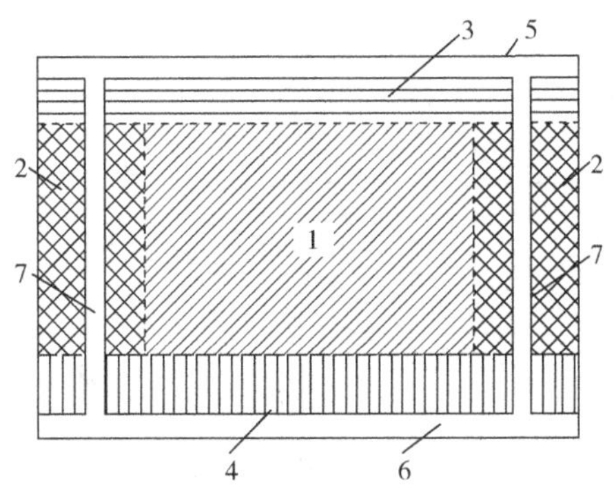

图 4-14　矿块划分为矿房和矿柱

1—矿房；2—间柱；3—顶柱；4—底柱；5—阶段回风巷；6—阶段运输巷；7—天井

4.3.1　留矿采矿法

留矿采矿法的基本特点是工人直接在矿房暴露面下的留矿堆上作业，自下而上分层回采，每次采下的矿石靠自重放出约 1/3 的矿量，其余暂留在矿房中作为继续上采的工作台，并对围岩起到辅助支撑的作用；矿房全部回采完毕后，再将存留在矿房中的矿石全部放出。

留矿采矿法是一种简单、经济、容易的采矿方法，在我国的黑色金属、有色金属、稀有金属及非金属矿山中得到了广泛的应用。留矿法适用于开采矿石和围岩稳固、矿石无自燃性、无结块性的急倾斜矿床，在薄和中厚以下的脉状矿床中使用很广泛。

4.3.1.1　结构与参数

普通留矿法的矿块结构如图 4-15 所示，矿块四周有顶柱、底柱和矿房间柱。矿块高度在开采中厚以下矿体时为 30~60m，矿床勘探程度高、矿石和围岩稳固、矿体倾角大时取大值。矿块走向长度也应根据矿石和围岩的稳固性，控制在 40~60m 之间，以使采场顶板和上盘围岩的暴露面积不超过允许的范围。矿块内矿柱的尺寸与矿体厚度有关：开采薄及极薄矿脉时，顶柱厚 2~3m，底柱高 4~6m，间柱宽 2~6m；开采中厚矿体时，顶、底柱高分别为 4~6m 和 8~10m，间柱宽 8~12m。

4.3.1.2　采准与切割

普通留矿法的采准工作比较简单，如图 4-15 所示，首先在矿块底部边界处掘进脉内阶段运输巷 5，然后在矿块两侧的间柱内根据矿体厚度，自阶段运输巷

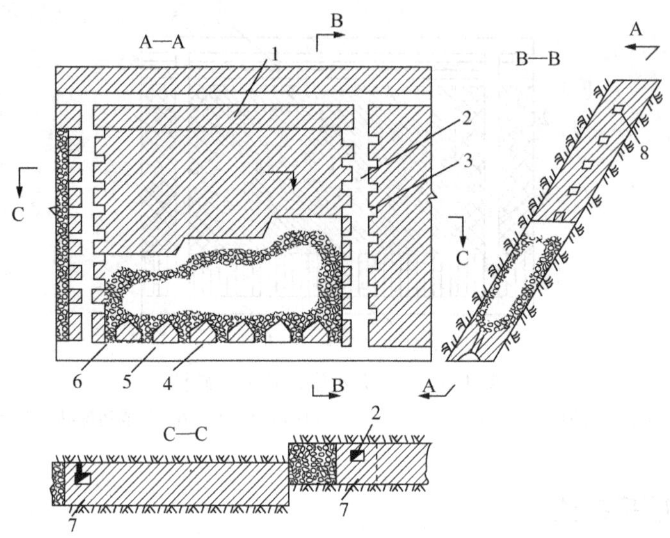

图 4-15 普通留矿法

1—顶柱；2—天井；3—联络道；4—采下的矿石；5—阶段运输巷；6—放矿漏斗；7—间柱；8—阶段回风巷

开始沿矿体下盘或在矿体内掘行人通风天井 2，使其与阶段回风巷连通，并沿天井高度每隔 5~6m 掘联络道 3 通向矿房；沿阶段运输巷每隔 5~7m 向上掘漏斗颈至底柱的上部边界，再自底柱上部边界贯穿矿房全长掘一条拉底巷道(图中拉底巷道已不存在)，与两侧的天井及漏斗颈连通。

普通留矿法的切割工作包括拉底和辟漏。拉底工作主要是将拉底平巷扩宽至上、下盘边界，形成拉底空间，为落矿创造自由面，并为矿石的碎胀提供补偿空间。将漏斗颈的上部扩大成喇叭口，称为辟漏。拉底空间的高度一般为 2~2.5m，宽度为矿体厚度，开采薄和极薄矿脉时不应小于 1.2m，以保证漏斗顺利放矿。

由于普通留矿法采用浅孔落矿，大块不多，故一般不设二次破碎巷道，少量大块可直接在采场内破碎。

4.3.1.3 回采工作

留矿采矿法的回采工作包括凿岩、爆破、通风、局部放矿、撬顶、平场、二次破碎和最终放矿等工序。回采工作自下而上分层进行，分层高度一般 2~3m。开采极薄矿脉时，为便于回采作业，采场的最小宽度不宜小于 0.9~1.0m。

(1) 凿岩爆破　回采时用浅孔落矿，炮孔有上向和水平两种布置方式。矿石稳固时采用上向炮孔，凿岩可沿工作面全长一次打眼，也可分成长为 10~15m 的梯段，分段凿岩。矿石稳固度不高时采用水平炮孔，可将工作面分成长为2~4m的梯段进行凿岩。炮孔排列方式根据矿体厚度和矿岩分离的难易程度，有单排孔、双排孔、三排孔等形式。崩矿一般采用铵油或硝铵炸药，用导火线引燃火雷管起爆。电雷管使用不普遍，一般使用非电导爆管起爆。

(2) 通风　普通留矿法的通风条件良好，如图4-15所示，新鲜风流由矿块近井底车场一侧的天井经联络道进入矿房，清洗工作面后，污风由矿块另一侧的天井经阶段回风巷排出。矿块下部如果设有电耙巷道，应使其有单独的通风系统，以防矿石耙运过程中产生的大量粉尘进入采场和运输平巷。

(3) 局部放矿、平场、撬顶和二次破碎　普通留矿法崩落的矿石一般采用重力运搬，每次放矿量约为崩落矿量的1/3左右，以保持采场有1.8~2m的工作空间高度。局部放矿应与平场作业配合进行，以减少平场作业量和防止在留矿堆里形成空洞。

平场就是将局部放矿后凹凸不平的留矿堆表面整平，以便在其上继续作业。平场主要是人工作业，只有采场宽度较大时才采用电耙平场。如能严格控制各漏斗的放矿量和尽量加大梯段工作面的长度则可减轻平场工作量。如果矿体倾角较小，放矿时滞留在下盘一侧的矿石将较多，若在下盘的留矿堆里埋设药包进行抛掷爆破，将矿石抛掷到上盘一侧，也可减轻平场工作量。

撬顶就是将采场顶板和两帮已松动而未落下的矿石或岩石撬落，以确保后续作业的安全，这项作业应与平场同时进行。

爆破和撬顶产生的大块，应在平场时进行二次破碎。二次破碎通常采用锤子或炸药进行破碎。

(4) 最终放矿　上述凿岩、爆破、通风、局部放矿、撬顶、平场、二次破碎构成一个回采工作循环。矿房采完后应及时组织最终放矿作业。所谓最终放矿是指将暂留于矿房中的矿石全部放出，又称为大量放矿。

4.3.2 房柱采矿法

房柱采矿法主要用于开采矿石和围岩都稳固的水平和缓倾斜矿体。根据矿体倾角的大小，将井田划分成矿块或盘区，在矿块或盘区内交替布置矿房和矿柱，回采矿房时，留规则的连续或间断矿柱支撑顶板，这是房柱采矿法的基本特征，并因此而得名。房柱采矿法的矿房顶板不够稳固时可辅以锚杆，配合矿柱加强对顶板的支护效果。房柱采矿法既可用于薄矿体，也可用来开采厚矿体和极厚矿体，目前使用最多的是浅孔落矿房柱法，如图4-16所示。房柱采矿法在围岩的稳固性和矿体的厚度方面，比全面采矿法的应用范围更广，所以在国内外金属矿、非金属矿都有应用。

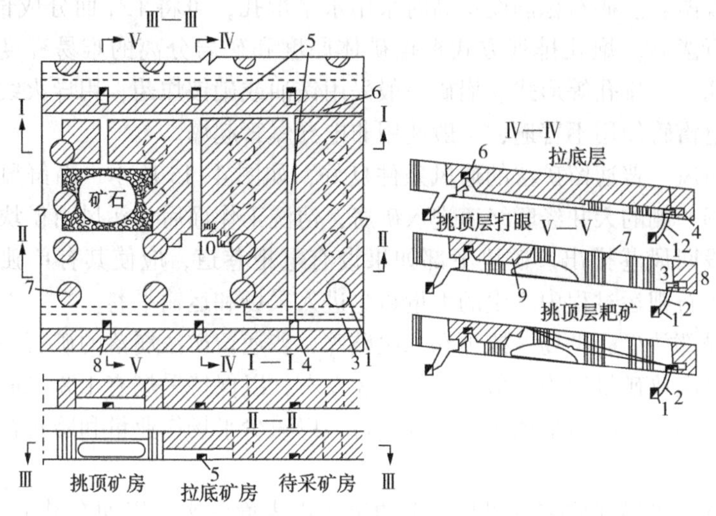

图 4-16　房柱采矿法

1—运输巷道；2—放矿溜井；3—切割平巷；4—电耙硐室；5—上山；
6—联络平巷；7—矿柱；8—电耙绞车；9—凿岩机；10—炮孔

4.3.2.1　结构与参数

如图 4-16 所示为典型的浅孔落矿的房柱采矿法。矿房的长轴多沿矿体的倾斜方向布置，以便采用电耙运搬矿石，其长度一般为 40～60m。根据矿体厚度和顶板围岩的稳固性，矿房宽度变化在 8～20m 之间。矿房矿柱通常为圆形或方形，前者的直径为 3～7m，后者为(3m×3m)～(4m×4m)，间距为 5～8m。矿块(或盘区)的宽度，根据顶板围岩的稳固性和矿块生产能力从 80～150m 至 400～600m 不等。

4.3.2.2　采准与切割

房柱采矿法的阶段运输平巷可以布置在矿体内，也可布置在底板岩层中，两种布置方式各有利弊。由于脉外布置的优点突出，所以被国内的非煤矿山广为采用。

如图 4-16 所示，采准工作是沿脉外运输平巷 1 分别向每个矿房的中央掘矿石溜井 2，在矿房下部的矿柱内开凿电耙绞车硐室 4，再沿矿房底板的中心线处掘通风、行人、运料上山 5 使其与贯通各矿房的通风联络平巷 6 连通，既可用于回风，又可作为矿房回采时的自由面；在矿房下部的边界处开凿切割平巷 3，由此拉开回采工作面，然后沿矿房倾斜向上推进。切割平巷也是连通矿房下部的联络道。

4.3.2.3 回采工作

房柱采矿法的回采工作因矿体厚度和矿石硬度的不同而有所不同。

(1) 落矿　矿体厚度小于 2.5～3m 时，可采用浅孔落矿的方法一次全厚回采；炮孔可根据矿体的厚度和硬度采用单排眼、双排眼或三排眼布置。工作面可为直线形，也可沿其长度划分 2～3 个梯段。

矿体厚度大于 2.5～3m 时，如仍采用浅孔落矿则需分层开采，分层高度为 2m 左右。若矿石比上盘岩石稳固或同等稳固，可采用先拉底，再挑顶采第二层、第三层，直至顶板的上向阶梯工作面回采，如图 4-1(c)所示；当矿体上盘岩石比矿石稳固时，有的矿山采用如图 4-1(b)所示的下向阶梯工作面回采。

矿体厚度大于 8～10m 时，采用深孔落矿，方法是先在矿体的顶部布置切顶工作面切，然后回采下部矿石，如图 4-17 所示。切顶工作面的采高根据落矿方法和出矿设备而定，一般为 2.5～5m。切顶后再在矿房的一侧开凿切割立槽，形成正台阶工作面，然后采用安装在立柱上的导轨式凿岩机、凿岩台车或潜孔式凿岩机凿下向平行深孔，回采下部台阶的矿石。

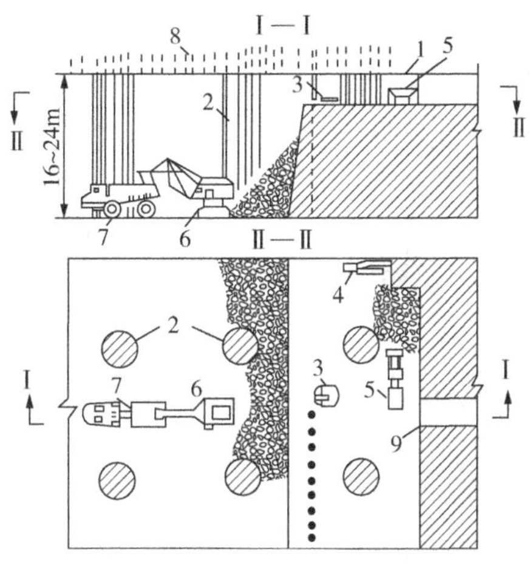

图 4-17　厚矿体无轨自行设备开采方案

1—切顶工作面；2—矿柱；3—履带式凿岩台车；4—轮胎式凿岩台车；5—2.7m^3 前端式装载机；6—短臂电铲；7—卡车；8—护顶锚杆；9—顶板切割巷道

(2) 矿石运搬　国内采用房柱法开采的非煤矿山多采用电耙运搬矿石。在开采水平或微倾斜矿体时，也有采用有轨设备运搬，方法是将轨道铺至采场，采用装矿机配合矿车运搬矿石，并随工作面推进不断接长轨道。这种出矿设备工作可靠，省去了矿块底柱，但灵活性较差，而且轨道的铺拆作业也比较繁重。开采厚或极厚矿体时，采场内还可采用无轨自行设备运搬矿石。

4.3.3 阶段矿房法

阶段矿房法用于开采急倾斜厚及极厚矿体。相对于分段矿房法而言，阶段矿房法的基本特点是沿阶段全高划分矿房，只在阶段下部设底部结构出矿。根据炮孔的不同布置方式，阶段矿房法通常分为水平深孔落矿和垂直深孔落矿两种方案。而垂直深孔落矿方案中按凿岩设备的不同，又可分为分段凿岩和阶段凿岩的阶段矿房法两种，目前前者应用较多。本节主要讨论分段凿岩的阶段矿房法。

分段凿岩阶段矿房法和分段矿房法一样，都是沿矿块倾斜方向划分为若干分段并将工作面垂直布置。二者的主要区别是分段凿岩阶段矿房法的上下分段之间不留矿柱，即分段不设底部结构，而是分段凿岩阶段出矿。

4.3.3.1 结构与参数

这种采矿方法的矿块有沿矿体走向布置和垂直矿体走向布置两种方案。一般矿体厚度小于15m时矿块沿走向布置，大于15m时垂直走向布置。

图4-18表示的是沿走向布置矿块的分段凿岩阶段矿房法的典型方案。

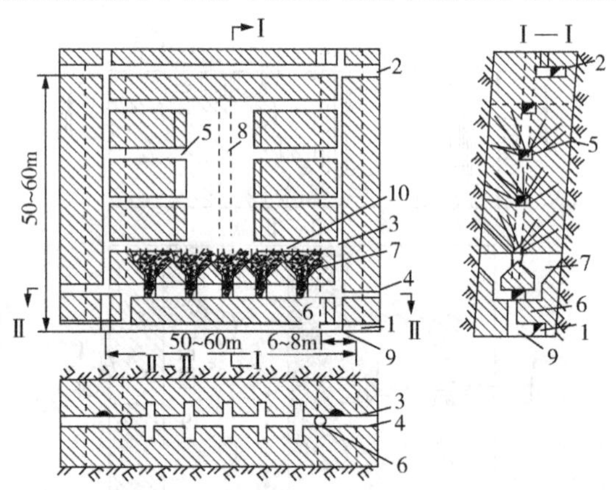

图4-18　沿走向布置的分段凿岩阶段矿房法

1—阶段运输巷；2—阶段回风巷；3—天井；4—电耙巷道；5—分段凿岩巷道；
6—矿石溜井；7—漏斗；8—切割天井；9—联络道；10—拉底巷道

由于这种采矿方法的采空区是随回采的进行逐步扩大的，所以阶段高度可加大到50~70m。分段高度与凿岩能力有关，中深孔时为8~10m，深孔时为10~15m。矿房长度一般40~60m。矿房宽度，沿走向布置矿块时即矿体水平厚度，垂直走向布置矿块时一般为15~20m。矿房间柱，矿块沿走向布置时宽为8~10m，垂直走向布置时取10~14m。顶柱厚6~8m。上述参数的取值，除矿房长度应考虑电耙有效运距外，都与矿石和围岩的稳固性有关，稳固性好时矿房尺寸取大值，矿柱尺寸取小值。此外，矿块底柱内一般布置有电耙巷道，所以高度为7~13m。

4.3.3.2 采准工作

如图4-18所示，阶段运输巷1布置于矿体厚度中央或近下盘处的矿体中。自阶段运输巷1经联络道9在矿房两侧的间柱中掘通风行人天井3，并与阶段回风巷2连通。根据确定的分段高度，从天井掘分段凿岩巷5、拉底巷道10和矿块下部的电耙巷道4。急倾斜矿体的分段凿岩巷道可位于矿体厚度中央，倾斜矿体则应布置在矿体下盘接触面处，这样可使垂直深孔的长度相差不大，以利提高凿岩效率。在电耙巷道内沿走向每隔5~7m向上掘漏斗颈直至拉底水平，并自阶段运输巷向上掘进矿石溜井6和从拉底巷道掘切割天井8直至矿房顶部。

4.3.3.3 切割工作

矿块的切割工作包括拉底、辟漏和开切割立槽。拉底可直接利用矿房最下面的一条分段凿岩平巷，也可在拉底水平掘拉底巷道，然后从切割天井开始用浅孔向拉底巷道两侧扩帮，形成拉底空间。辟漏可由拉底空间向下或从漏斗颈向上开凿。拉底与辟漏既可在矿房回采开始前一次完成，也可超前回采工作面1~2排漏斗随采随掘。

切割立槽的高度应贯穿矿房的全高，宽则与回采工作面的宽度相同。其位置可布置在矿房一侧，也可位于矿房走向的中央。后一种布置可在切割槽两侧同时拉开工作面，有利于提高矿块生产能力，并可利用两工作面的相向爆破改善爆破效果，必要时还可加大间柱宽度。当矿体厚度变化较大时，切割立槽的位置宜选在矿体最厚处，以有利于矿房内的落矿效果。

开凿切割立槽有多种方法，常见的有以下三种。

① 浅孔拉槽法，具体方法是把宽为2.5~3m的切割槽作为一个小矿房，用留矿法自下而上逐层上采，经切割天井同上阶段联系，解决行人、上下设备及通风问题，矿石从下部漏斗放入电耙巷道。此法易保证切割槽质量，但效率低，劳动强度大。

② 垂直中深孔拉槽法(图4-19)。在每个分段水平，于切割天井下侧先开切割巷道3，由切割巷道围绕切割天井开环形进路4，并扩帮到整个槽宽；再从切宽的环形进路上向上打平行中深孔5，对着切割天井进行多排同次爆破，形成立槽。

③ 水平深孔拉槽法(图4-20)。拉槽前先将槽底切开，形成出矿条件；然后以切割天井作凿岩天井，架工作台从下向上逐层打水平扇形深孔，分次爆破，爆下的矿石放出后便形成切割槽；此法拉出的槽宽较大(5~8m)，爆破夹制性小，能保证拉槽质量，且效率较高。

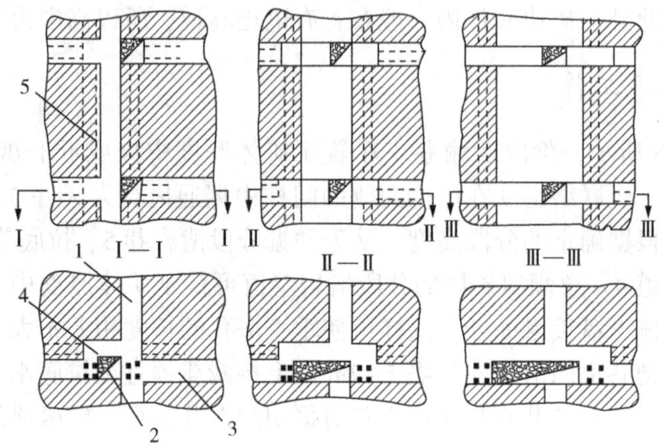

图 4-19 垂直中深孔拉槽法

1—分段巷道；2—切割天井；3—切割巷道；4—环形进路；5—中深孔

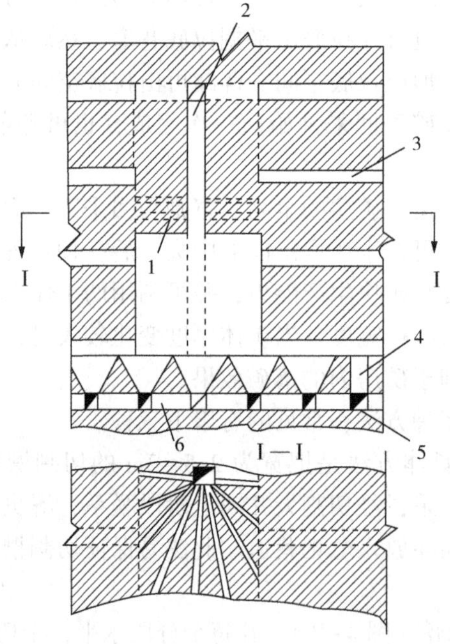

图 4-20 水平深孔拉槽法

1—中深孔；2—切割天井；3—分段凿岩巷道；4—漏斗颈；5—斗穿；6—电耙道

4.3.3.4 回采工作

矿房回采凿岩是在分段凿岩巷道中用导轨式凿岩机凿上向扇形中深孔。一般各分段同时集中凿岩，一次打完全部炮孔，用秒差、微差或导爆管分段爆破，一次崩落 3~5 排炮孔。爆破时上下分段工作面可保持直线，也可上分段工作面超前一排炮孔，以保证上分段作业的安全。崩落的矿石借重力溜放到受矿漏斗后，由电耙耙运至矿石溜井向阶段运输巷装车外运。

矿房回采过程中，电耙巷道必须独立通风，以防电耙巷道中二次破碎和耙矿时产生的粉尘进入凿岩巷道。矿房通风，根据切割立槽的位置有两种通风系统。如图 4-21 所示，新鲜风流可从矿房一侧的天井进入电耙巷道和分段凿岩巷道，污风从矿房另一侧的天井排入阶段回风巷。当切割立槽位于矿房走向中央时，可自切割立槽掘回风联络道连通阶段回风巷，此时新鲜风流可从矿房两侧的天井分别进入电耙巷道和分段凿岩巷道，污风经回风联络道排入阶段回风巷。

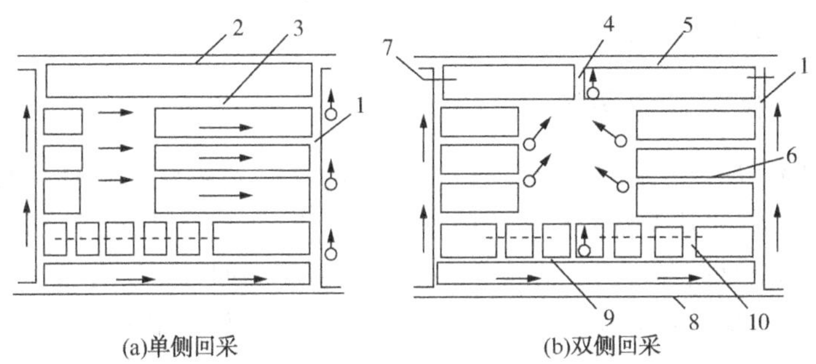

图 4-21　分段凿岩阶段空场通风系统示意图

1—天井；2、5—回风巷道；3—检查巷道；4—回风小井；6—分段凿岩巷道；7—风门；8—阶段运输巷道；9—电耙巷道；10—漏斗颈

开采厚或极厚的急倾斜矿体时，还可以采用矿块垂直矿体走向布置的分段凿岩阶段矿房法，如图 4-22 所示。矿块的采准、切割与矿块沿矿体走向布置的方案相似，主要的区别是切割槽沿上盘接触面倾斜布置，爆破时向上盘方向崩落矿石。

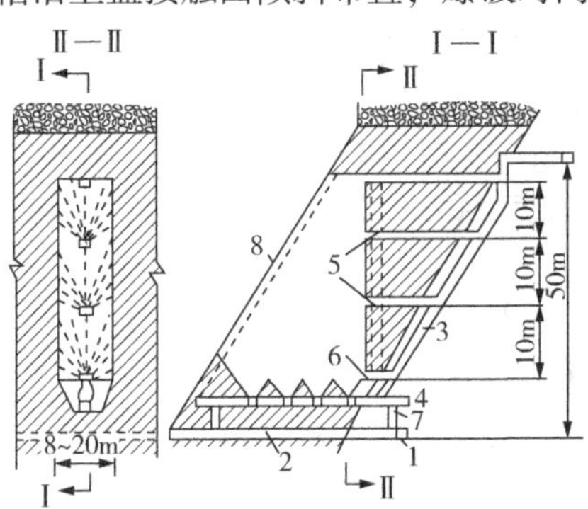

图 4-22　矿块垂直矿体走向布置的分段凿岩阶段矿房法

1—阶段运输巷；2—穿脉运输巷；3—通风行人天井；4—电耙巷道；5—分段凿岩巷道；6—拉底巷道；7—矿石溜井；8—切割天井

4.4 崩落采矿法

崩落采矿法是一种国内外广泛应用的、高效率的、能够适应各种矿山地质条件的采矿方法。崩落采矿法控制采场地压和处理采空区的方法是随着回采工作的进行，有计划有步骤地崩落矿体顶板或下放上部的覆盖岩石。落矿工作通常采用凿岩爆破方法，此外还可以直接用机械挖掘或利用矿石自身的崩落性能进行落矿。崩落采矿法的矿块回采不再分为矿房与矿柱，故属于单步骤回采的采矿方法。由于采空区围岩的崩落将会引起地表塌陷、沉降，所以地表允许陷落成为使用这类方法的基本前提之一。

4.4.1 单层长壁式崩落法

单层长壁式崩落法用于开采顶板不稳固的缓倾斜层状薄矿体，典型方案如图 4-23所示。它的基本特征是将阶段划分为矿块，沿阶段倾斜全长布置工作面，沿走向按矿体全厚向前推进，在支护的岩石顶板下的回采空间作业；随工作面推进，有计划地撤除支护并崩落顶板岩石，以处理空区和控制地压。

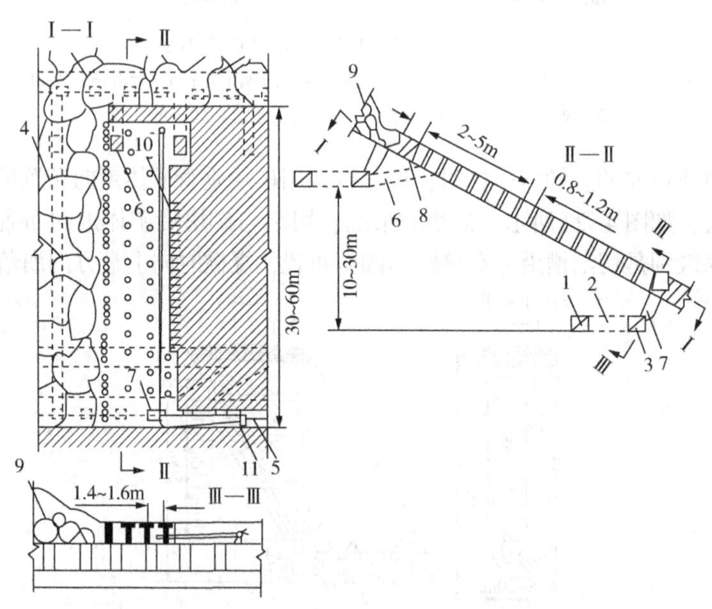

图 4-23　长壁单层崩落法

1—运输平巷；2—联络巷道；3—装车平巷；4—切割上山；5—切割平巷；6—安全道；7—溜井；8—顶柱；9—崩落区；10—炮孔；11—电耙绞车

4.4.1.1 结构参数

长壁单层崩落法的矿块结构参数包括矿块走向长度和倾斜长度。对于用阶段划分的井田，矿块沿倾向长度(矿块斜长)为30~60m，对于盘区划分的井田，矿块斜长为150~180m或更长。矿块斜长取值时应考虑顶板安全、电耙运距及行人、运料、牵引风水绳方便等。矿块沿走向长度一般为50~100m，最大可达200~300m。其值通常根据大断层等地质构造带的自然界限和阶段内同时回采矿块数来确定。顶(底)柱宽度为2~5m。

4.4.1.2 采准工作

长壁式崩落法的采准工作如图4-23所示，从脉外运输巷1每隔5~6m掘进一个矿石溜井7通达矿体，并从阶段回风巷每隔一定距离掘进一条安全通道6与采场相通。矿石溜井除了用于贮存矿石外，工作面前方暂时不用的溜井还作为行人、进风通道。安全通道用于行人、运料和通风，其间距应保证采场上都始终有一个安全出口。

4.4.1.3 切割工作

切割工作包括掘进切割上山和切割平巷。切割上山一般位于矿块一侧或矿块中央，联通下部矿石溜井与上部安全道，一个矿块一个，宽2~2.4m，高为矿层厚度。切割平巷作为崩矿的自由面，并兼作通风、行人通道，安放电耙绞车或刮板输送机。切割平巷位于采场下部，与矿石溜井相通。

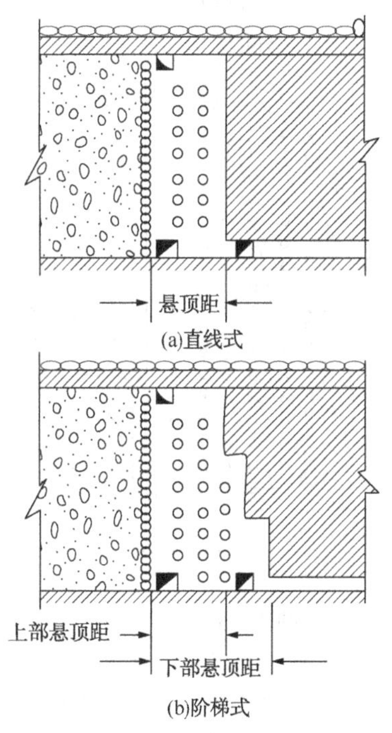

图4-24 回采工作面形式

4.4.1.4 回采工作

长壁式崩落法的回采工作主要有落矿、矿石运搬和采场顶板管理。

回采工作从位于矿块一侧的切割上山开始，以直线或阶梯工作面沿走向单层逐次向矿块另一侧推进。一般采用浅孔落矿，电耙运搬矿石，木支柱或木棚支护顶板。

直线式工作面如图4-24(a)所示，上下悬顶距离相等，有利于顶板管理。但在工作面只有一条运矿线，当采用凿岩爆破崩矿时，回采的各种工作不能平行作业，故采场生产能力较低。如果用风镐落矿和输送机运矿(如黏土矿)，采用直线式工作面最为合适。

阶梯式工作面如图4-24(b)所示，一般布置三个梯段，梯段超前距离为一次推进距，约1.5m。阶梯式工作面的优点是落矿、出矿和支护分别在不同阶段上平行作业，可缩短回采工作的循环时间，提高矿块的生产能力。缺点是下部悬顶距大，并且根据实际经验，采场最大压力常常在工作面长度的三分之一处出现，从而加大了管理顶板的困难。

落矿一般采用浅孔爆破，用轻型气腿式凿岩机凿孔，根据矿层厚度、矿石硬度以及工作循环的要求，选用“一字形”、“之字形”、“梅花形”炮孔排列。炮孔深度为1.2~1.8m，稍大于工作面的一次推进距离。

矿石运搬一般采用电耙运搬。电耙绞车的功率为14~28kW，耙斗容积采用0.2~0.3m^3，分两段耙矿；电耙绞车安设在切割巷道或硐室中，随回采工作面的推进，逐渐移动电耙绞车。

采场顶板管理是一个十分重要的问题，它不仅关系安全生产，而且也在很大程度上影响劳动生产率、支柱消耗和回采成本等。一般采用木支护，视压力大小和顶板稳固性不同，采用带帽点柱、一梁二柱或一梁三柱棚子支护，通常，排距与工作面一次推进距一致。

当工作面推进到一定距离后，为减少顶板的暴露面积和顶压，除了保留维护回采工作空间中的支柱外，撤除其余空区中的全部(或部分)支柱，以崩落顶板岩石处理空区，这一工作称为放顶。每次放顶时沿走向所放落的宽度或距离称为放顶距，此距常为2~4排的木柱跨度。每次放顶后在放顶区一侧所保留的能正常回采的顶板最小宽度或距离称为控顶距，此距多为2~3排的木柱跨度。每次放顶前，长壁工作面顶板沿走向暴露的宽度，称为悬顶距。悬顶距等于放顶距与控顶距之和。这三距(如图4-25)是顶板管理的重要参数，应根据顶板岩石稳固性、支柱类型和工作组织等条件合理确定，以利于支护和放顶。

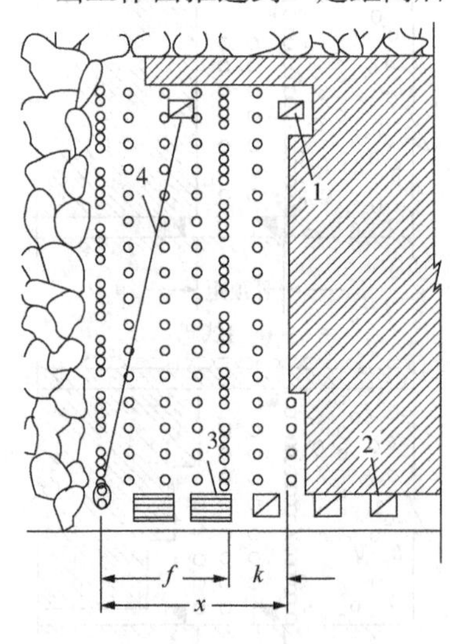

图4-25　放顶作业

1—安全道；2—溜井；
3—已封闭的溜井；4—回柱绞车钢绳
f、k、x—放顶距、控顶距、悬顶距

放顶时，首先加密放顶距和控顶距交界线上的一排支柱，形成单排(地压大时为双排)的大部分不带柱帽的密集支柱(也称为切顶支柱)，以切断顶板和隔离崩落区。然后用安于

上阶段的回柱绞车，沿放顶区对角线方向自下而上、自远而近地逐步撤除并回收支柱。一般情况下，随着回柱的进行，顶板便自然冒落；若预计顶板岩石不能自然冒落，则适当辅以凿岩爆破诱导崩落。

采场通风，采用脉外单线双巷采准时，清风由阶段运输巷道经人行天井、切割平巷进入工作面，清洗工作面后的污风经安全道排至上阶段巷道。

4.4.2 无底柱分段崩落法

无底柱分段崩落法主要用于开采急倾斜厚矿体。这种采矿方法的特点是将阶段矿体划为分段，自上而下回采分段，在分段巷道内崩矿和出矿，在崩落的岩石覆盖下出矿，以崩落围岩处理空区并控制地压。

无底柱分段崩落法如图 4-26 所示，先掘进设备井、溜井、人行天井、分段联络道和回采巷道等，然后在矿块分段前端形成切槽。用自回采巷道钻凿的上向扇形深孔崩矿，崩下矿石在崩落岩石覆盖下用无轨设备从回采巷道端部装运至溜井，紧随矿石下降的覆盖岩石便充填空区。采准凿岩和出矿分别在不同分段进行，互不干扰。

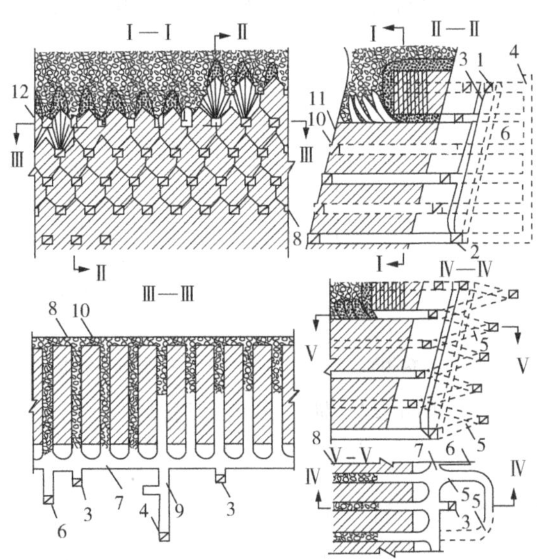

图 4-26 无底柱分段崩落

1、2—上、下阶段脉外运输平巷；3—溜井；4—设备井；5—斜坡道；6—通风行人天井；7—分段运输平巷；8—回采巷道；9—设备井联络道；10—分段切割平巷；11—切割天井；12—上向扇形深孔

4.4.2.1 采准工作

采准工作包括掘进设备井、斜坡道、矿石溜井、通风行人天井、分段运输平巷、回采巷道等。

设备井一般布置在岩石崩落界限以外的下盘围岩中。在矿体倾角大、下盘围岩不稳固以及为了便于与主要开拓巷道联络时，也可将设备井布置在上盘围岩中。

斜坡道作为各分段之间以及分段与阶段运输巷道之间的联络道，用于无轨自行设备运行，运送材料、设备和人员，并兼作进风道。斜坡道形式一般采用折返式，沿矿体走向或垂直矿体走向折返，每分段一折返或者几个分段甚至阶段一折返。

溜井的布置，无底柱分段崩落法的矿块界限不明显，出于管理上的需要，按溜井服务的范围划分矿块。一个溜井所负担的范围作为一个矿块。矿块的长度等于溜井间距，与所采用的无轨出矿设备的类型有关。溜井一般应布置在下盘脉外，当矿体厚度大，受出矿设备运距限制时，溜井也可以布置在矿体中。溜井数目，一般每个矿块一个。溜井与分段联络道不宜直接相通，而应通过分枝溜井与之间接相连，以免上下分段同时卸矿时互相干扰，如图 4-27 所示。

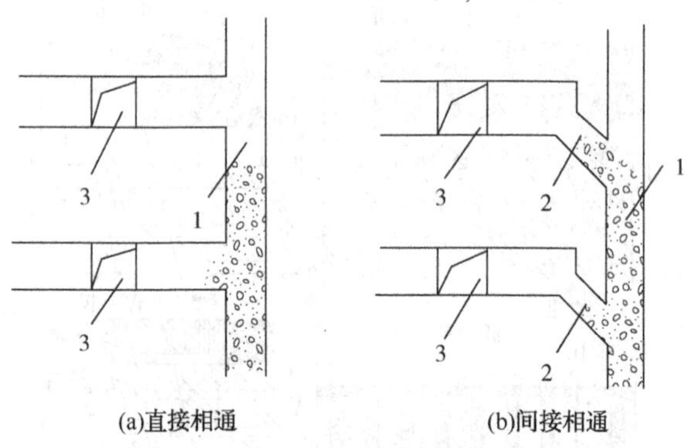

图 4-27 溜井与卸矿巷道的关系

1—溜井；2—分支溜井；3—分段联络巷道

通风行人天井每个矿块布置一个，一般应位于矿体下盘脉外。

分段运输平巷作为回采巷道与矿石溜井、斜坡道(或设备井)和回风天井之间的联络巷道，兼有出矿、通风和行人等用途。分段运输平巷布置与回采巷道布置方式有关，即取决于矿体厚度。如图 4-28 所示，当矿体厚度不大(小于 15~20m)，回采巷道沿矿体走向布置时，分段运输平巷垂直矿体走向布置[图 4-28(a)]，当矿体厚度大(大于 15~20m)，回采巷道垂直矿体走向布置时，分段运输平巷沿矿体走向布置，且一般位于下盘脉外[图 4-28(b)]。但若矿体厚度太大，布置一条分段运输平巷运距过大，超过装运设备允许的运距时，可以布置两条以上分段运输平巷，如图 4-28(c)所示。此时，将有一条以上分段运输平巷位于矿体内。

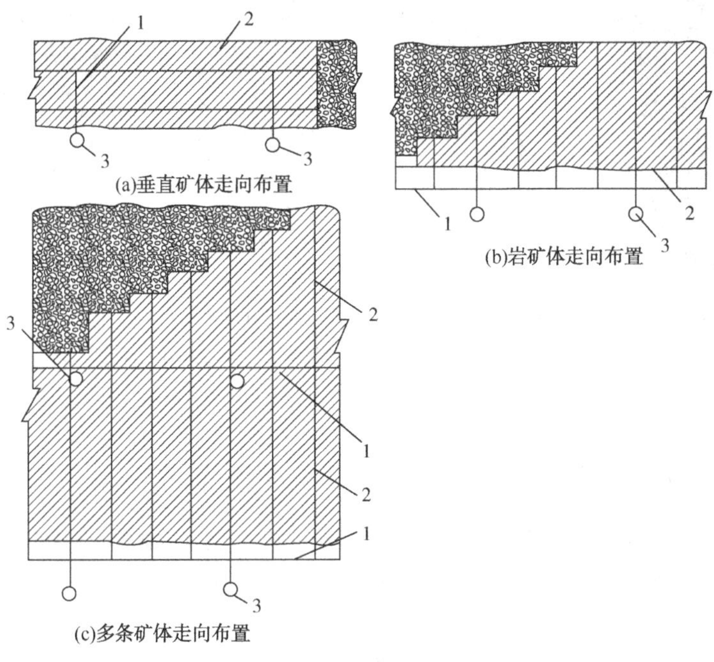

图 4-28　分段运输平巷布置

1—分段运输平巷；2—回采巷道；3—矿石溜井

回采巷道通常也叫“进路”。其布置方式视矿体厚度而定。一般情况下，当矿体厚度小于 15~20m 时，沿矿体走向布置回采巷道(图 4-29)；当矿体厚度大于 15~20m 时，垂直矿体走向布置回采巷道(图 4-27)。

在同一分段内，回采巷道彼此平行布置。回采巷道间距对采准工作量、矿石损失贫化以及自身的稳定性都有影响。从有利于减少矿石损失贫化出发，回采巷道间距应略小于分段高度，一般为 8~10m。

上下分段之间，回采巷道应交错呈“菱形”布置，以便尽可能多地回收上分段回采巷道之间残留的脊部矿石，如图 4-29(b)所示。若按图 4-29(a)所示的矩形正对布置，纯矿石放出体的高度很小，回采率大大降低。

回采巷道的断面形状，从有利于矿石流动从而减少矿石损失贫化考虑，以矩形断面为最佳(图 4-30)。但矩形断面对回采巷道维护不利，因此，矿石稳固性差时，需要采用锚杆支护。回采巷道的断面大小主要决定于回采设备尺寸和矿石稳固性，一般宽 3~4m，高为 2.5~3m。此外，为了使装运设备重载下坡和便于排水，回采巷道应取 3%的坡度。

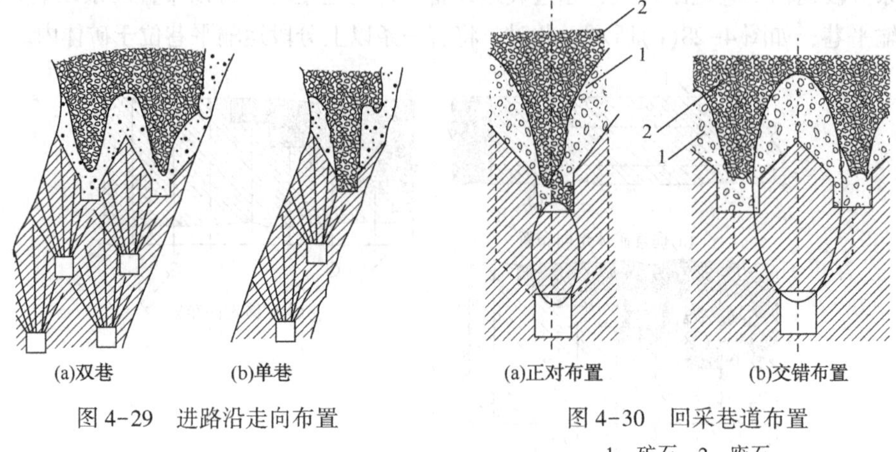

图 4-29　进路沿走向布置

图 4-30　回采巷道布置
1—矿石；2—废石

4.4.2.2　切割工作

无底柱分段崩落法采用垂直(中)深孔落矿，回采前要在回采巷道末端开掘切割立槽，作为最初崩矿的自由面和补偿空间。切割槽开掘方法主要有以下两种。

(1) 切割平巷与切割天井联合拉槽法　如图 4-31 所示，此法是在回采巷道末端沿矿体边界掘进一条切割平巷贯通各回采巷道，并在适当位置掘进一条切制天井。在切割平巷中钻凿与切割天井平行的上向中深孔，以切割天井为自由面，逐排爆破这些炮孔便形成了切割立槽。这种拉槽方法比较简单，切割立槽质量容易保证，在实践中应用广泛，但要求矿体边界比较规整。

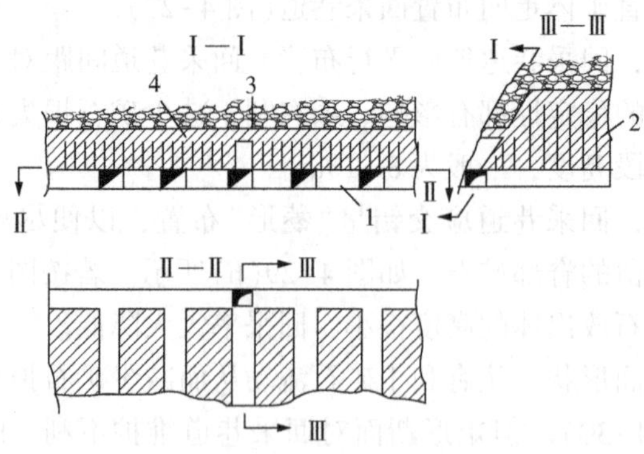

图 4-31　切割平巷和切割天井联合拉槽法
1—切割平巷；2—回采炮孔；3—切割天井；4—切割炮孔

(2) 切割天井和扇形炮孔拉槽法　当矿体边界不规整时，可采用切割天井拉槽法。如图 4-32 所示，这种拉槽法无需掘进切割平巷，但要在每条回采巷道末端都掘进一条切割天井。在回采巷道中钻凿上向扇形中深孔，以切割天井为自由面，爆破后便形成了切割立槽。切割天井拉槽法对矿体规整程度没有特别要求，因而适应性强，但每一条回采巷道都要掘进切割天井，工程量大，故在实践中不如切割平巷与切割天井联合拉槽法应用广泛。

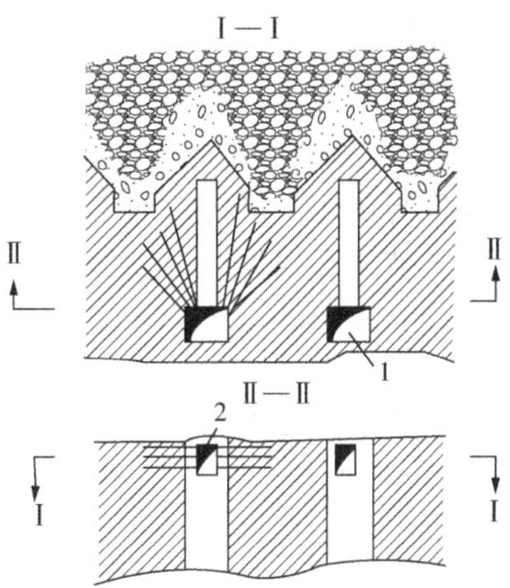

图 4-32　切割天井和扇形炮孔拉槽法
1—回采巷道；2—切割天井

4.4.2.3　回采工作

无底柱分段崩落法的回采工作主要由落矿、出矿和通风等工作组成。

(1) 落矿　在回采巷道中凿上向扇形炮，一般在分段全部炮孔钻凿完毕后开始进行崩矿，以免出矿和凿岩相互干扰。每次爆破 1~2 排炮孔。

a. 凿岩设备。大、中型矿山近年使用安有 YGZ-90 型凿岩机的 CTC/400-2 型双机台车，其台班效率可达 90~100m，有效凿深可达 20m；中、小型矿山常用 YGZ-90 型导轨式凿岩机及带 FJY-24 型圆盘台架的 YG-80 型凿岩机凿岩。

b. 崩矿参数。

① 炮孔扇面倾角：是指扇形炮孔排面与水平面的夹角，有前倾 70°~85°和垂直两种。扇面前倾有利于阻止顶部废石提前混入，装药比较方便，回采巷道尽头的放矿口不易崩坏。炮孔扇面垂直布置时，炮孔方向易掌握，烟孔质量易保证，但垂直装药条件差。当矿石稳固时、围岩块度较大时，大多采用垂直扇面布置。

② 边孔角：扇形炮孔边孔角是扇形炮孔排面最下边的炮孔与水平面的夹角，如图 4-33 所示。一般来说，边孔角过大或过小都不好。根据我国使用的凿岩设备，边孔角一般取 45°~55°。

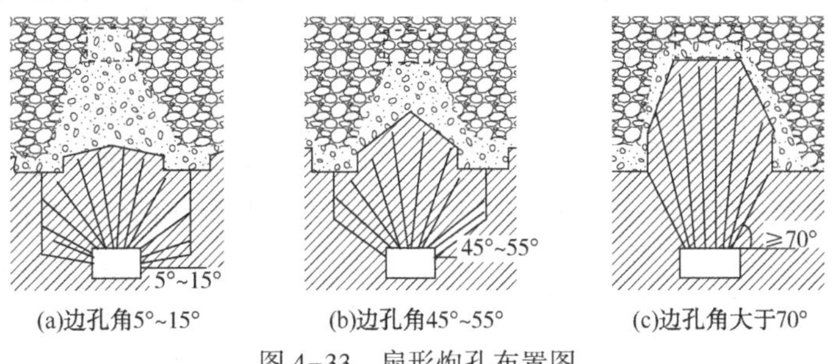

图 4-33　扇形炮孔布置图

③ 崩矿步距：指一次爆破崩落矿石层厚度，一般每次爆破1~2排炮孔。根据椭球体放矿理论，崩矿步距对矿石损失贫化的影响不是孤立的，而与分段高度和回采巷道间距有关，只有当三个参数的配合达到最佳时，才能最大限度地减少矿石损失与贫化。最优的崩矿步距要通过生产实践和试验来确定，过大过小都不好，都会使矿石损失或贫化加大，如图4-34所示。

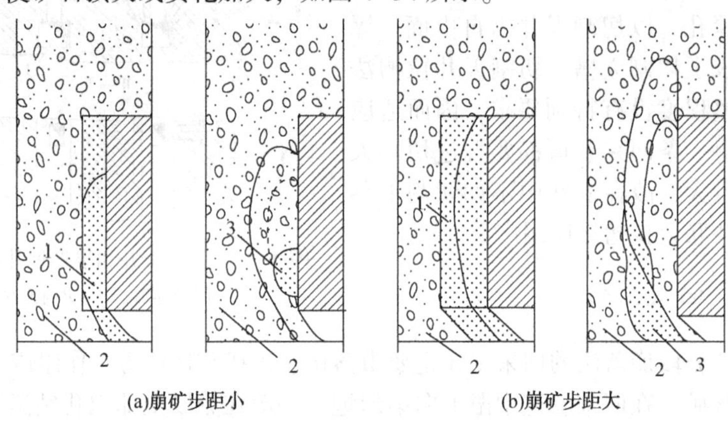

图4-34 崩矿步距与损失贫化关系

1—崩落矿石；2—崩落岩石；3—损失矿石

（2）出矿 出矿就是用出矿设备把回采进路端部的矿石运搬到溜井。无底柱分段崩落法普遍采用铲运机和装运机山矿。装运机在回采巷道端部将采下的矿石装入自卸车箱中，经回采巷道、分段运输平巷到溜井卸矿。装运机出矿的效率低，已经成为无底柱分段崩落法回采工作中的薄弱环节。铲运机与装运机比，它不带风绳，运距不受限制，行速快，斗容大，生产能力远大于装运机。铲运机的主要问题是废气净化不完全，须以大量风流冲淡。

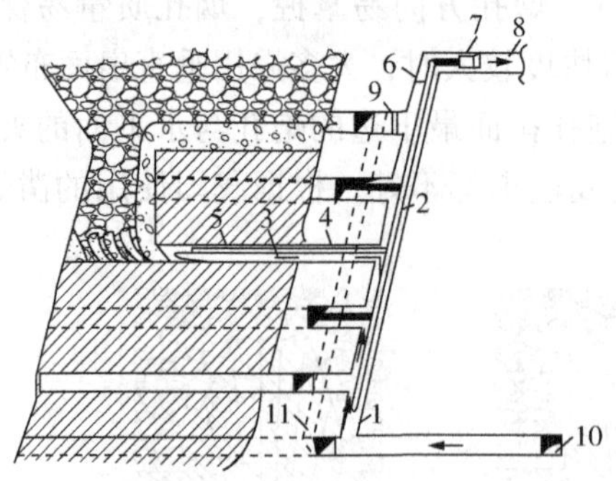

图4-35 回采工作面局部通风

1—通风天井；2—主风筒；3—分支风筒；4—分段联络巷道；5—回采巷道；6—隔风板；7—局部扇风机；8—回风巷道；9—密闭墙；10—运输巷道；11—溜井

（3）通风 无底柱分段崩落法采场为独头巷道，不能形成贯穿风流全压通风，只能采用局部扇风机通风。如图4-35所示，局部扇风机安装在上部回风水平，新鲜风流由本阶段的脉外运输平巷经通风天井进入分段运输联络道和回采巷道。污风由铺设在回采巷道及回风天井的风筒引至上部水平回风巷道，并利用安装在上水平回风巷道内的两台局部扇风机并联抽风。

4.5 充填采矿法

随着工作面的推进用充填料充填空区进行地压管理的采矿方法称充填采矿法。充填体起到支撑围岩、减少或延缓采后空区及地表的变形与位移。因此，它也有利于深部及水下、建筑物下的矿床开采。充填法中的矿柱可以用充填体代替，所以用充填法开采矿床的损失、贫化率可以是最低的。国内外在开采贵重、稀有、有色金属及放射性矿床中广泛应用充填采矿法。

充填采矿法按矿块结构和回采工作面推进方向可分为单层充填采矿法、上向分层充填采矿法、下向分层充填采矿法、分段充填采矿法、阶段充填采矿法及分采充填采矿法。根据所采用的充填料和输送方法不同，充填采矿法又可分为干式充填采矿法、水砂充填采矿法、尾砂充填采矿法、胶结充填采矿法。

4.5.1 单层充填采矿法

这种采矿方法用于缓倾斜薄矿体中，用矿块倾斜全长的壁式回采面沿走向方向、依次按矿体全厚回采，随着工作面的推进，有计划地用水力或胶结充填采空区，以控制顶板崩落。由于采用壁式工作面回采，也称为壁式充填法。

我国湖南湘潭锰矿，就是采用这种采矿法回采的典型例子，如图 4-36 所示。该矿床为缓倾斜为主的似层状薄矿体。走向长 2500m，倾斜延深 200~600m，倾

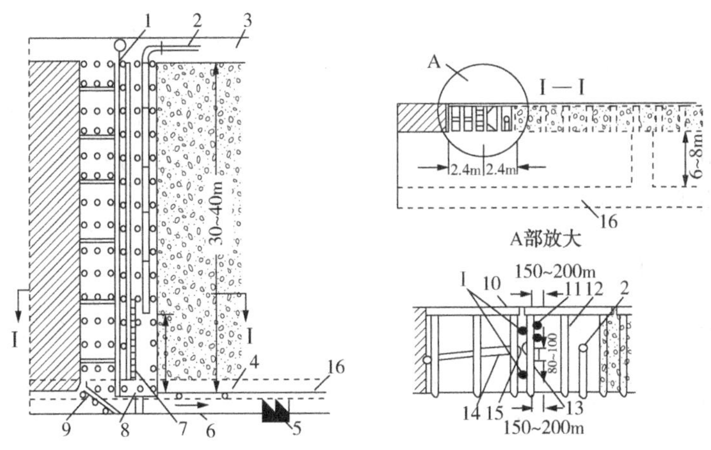

图 4-36　单层充填采矿法

1—钢绳；2—充填管；3—上阶段脉内巷道；4—半截门子；5—矿石溜井；6—切割平巷；7—帮门子；8—堵头门子；9—半截门子；10—木梁；11—木条；12—立柱；13—砂门子；14—横梁；15—半圆木；16—脉外巷道

角 30°~70°，厚度 0.8~3m；矿石稳固，有少量央石层；顶板为黑色贞岩，厚 3~70m，不透水，含黄铁矿，易氧化自燃，且不稳固；其上部为富含水的砂页岩，厚 70~200m，不允许崩落；底板为砂岩，坚硬稳固。

如图 4-36 所示，结构参数为：矿块斜长 30~40m，沿走向长 60~80m。控顶距 2.4m，充填距 2.4m，悬顶距 4.8m，矿块间不留矿柱，一个步骤回采。

4.5.1.1 采准和切割

由于底板起伏较大，顶板岩石有自燃性，阶段运输巷道掘在底板岩石中，距底板 8~10m。在矿体内布置切割平巷，作为崩矿的自由面，同时可用于行人、通风和排水等。上山多布置在矿块边界处，沿走向每隔 15~20m 掘矿石溜井，联通切割平巷与脉外运输巷道。不放矿时，矿石溜井可作为通风和行人的通道。

4.5.1.2 回采

长壁工作面沿走向一次推进 2.4m，沿倾斜每次的崩矿量根据顶板允许的暴露面积决定，一般为 2m 左右。用浅孔凿岩，孔深 1m 左右。崩下的矿石，用 2JP-13 型电耙运搬；先将矿石运至切割平巷，再倒运至矿石溜井。台班效率 25~30t。

由于顶板易冒落，要求边出矿边架木棚，其上铺背板和竹帘。当工作面沿走向推进 4.8m 时，应充填 2.4m。充填前应做好准备工作，包括清理场地，架设充填管道，打砂门子和挂砂帘子等。砂门子分帮门子、堵头门子和半截门子等，其主要作用是滤水和拦截充填料，使充填料堆积在预定的充填地点。

水力充填是逆倾斜由下而上间断进行，即由下向上分段拆除支柱和进行充填。每一分段的长度和拆除支柱的数量根据顶板稳固情况而定。也可以不分段一次完成充填，但支柱回收率很低。采用胶结充填时，一般用采矿巷道回采矿石，其矿壁起模板的作用。

4.5.1.3 评价

当开采水平或缓倾斜薄矿体时，在顶板岩层不允许崩落的复杂条件下，单层充填法是唯一可用的采矿方法。这种采矿法矿石回采率较高、贫化率较低，但采矿工效较低，坑木消耗量大。

4.5.2 上向水平分层充填采矿法

上向水平分层充填采矿法用于开采倾斜和急倾斜矿体，它的基本特征是将矿块划分为矿房和矿柱，分两步骤回采。矿房划分成水平分层，自下而上逐层回采，同时向上逐层充填，故称为上向水平分层充填采矿法。

矿房回采到最上面分层时，进行接顶充填。矿柱是待若干个矿房或全阶段采完后再进行回采。回采矿房时的充填方法，可以采用干式充填、水力充填或胶结充填。不同的充填方法矿块的结构和充填工艺不同，而干式充填目前已很少应用。

4.5.2.1 水力充填方案

(1) 矿块结构和参数　矿体厚度不超过10~15m时，矿房的长轴沿走向布置；超过10~15m时，矿房垂直走向布置。矿房沿走向布置的长度，一般为30~60m，有时达100m或更大。垂直走向布置矿房的长度，一般控制在50m以内；此时，矿房宽度为8~10m。

阶段高度一般为30~60m。如果矿体倾角大，倾角和厚度变化较小，矿体形态规整，则可采用较大的阶段高度。间柱的宽度取决于矿石和围岩的稳固性以及间柱的回采方法。

(2) 采准和切割　在薄和中厚矿体中，掘进脉内运输巷道；在厚矿体中，掘进脉外沿脉巷道和穿脉巷道，或上、下盘沿脉巷道加穿脉巷道(图4-37)。

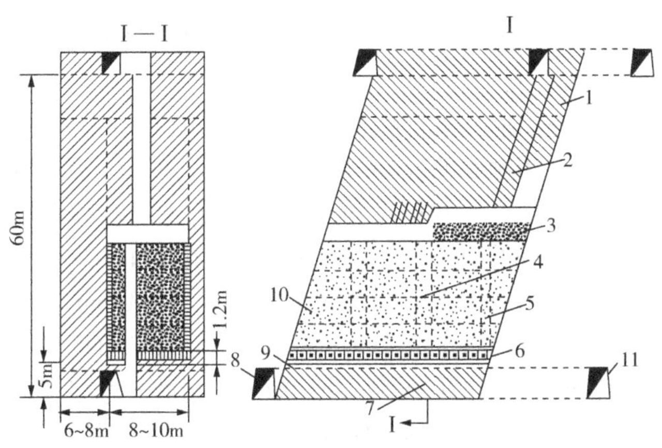

图4-37　上向水平分层水力充填采矿法

1—顶柱；2—充填天井；3—矿石堆；4—人行滤水井；5—放矿溜井；6—主副钢筋；7—人行滤水井通道；8—上盘运输巷道；9—穿脉巷道；10—充填体；11—下盘运输巷道

在每个矿房中至少布置两个溜矿井、一个顺路人行天井(兼作滤水井)和一个充填天井。溜矿井用混凝土浇灌，壁厚300mm，圆形内径为1.5m。人行滤水井用预制钢筋混凝土构件砌筑，或浇灌混凝土(预留泄水小孔)。充填天井内设充填管路和人行梯子等，是矿房的安全出口。

在底柱上部掘进拉底巷道，并以此为自由面扩大至矿房边界，形成拉底空间，再向上挑顶 2.5~3m，并将崩下的矿石经溜矿井放出。形成 4.5~5m 高的拉底空间后，即可浇灌钢筋混凝土底板。底板 0.8~1.2m，配置双层钢筋，间距 700mm，其结构如图 4-38 所示。

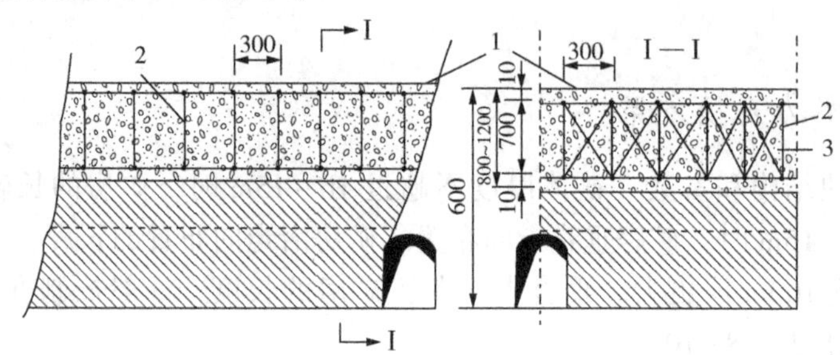

图 4-38　钢筋混凝土底板结构图(单位：mm)

1—主钢筋(ϕ12mm)；2，3—副钢筋(ϕ8mm)

(3) 回采工作　用浅孔落矿，回采分层高为 2~3m。当矿石和围岩很稳固时，可以增加分层高度(达 4.5~5m)，用上向孔和水平孔两次崩矿，或者打上向中深孔一次崩矿，形成的采空区可高达 7~8m。

崩落的矿石，一般用电耙出矿，也可使用装运机或铲运机装运矿石。矿石出完后，清理底板上的矿粉，然后进行充填。

(4) 采场充填　充填前要进行浇灌溜矿井、砌筑(或浇灌)人行滤水井和浇灌混凝土隔墙等工作。先用预制的混凝土砖砌筑隔墙的外层，然后浇灌 0.5m 厚的混凝土，形成隔墙的内层，其总厚度为 0.8m。混凝土隔墙的作用，主要是为第二步骤回采间柱创造良好的回采条件，以保证作业安全和减少矿石损失与贫化。

充填正式开始时，先放清水冲洗疏通充填管路 10~15min，再由远而近地向滤水井方向放砂，以利于充填水从滤水井渗泄排出。充填料堆放面低于人行滤水井和溜井口 50~100mm，避免充填料从井口溢流和跑砂。充填水一般是渗透排出采场，也可用虹吸或溢流排出采场。溢流排水只宜在充填水中含砂泥量极少、不污染巷道时采用。

充填结束后，充填水渗透出采场后，先平整充填场地，然后铺以 0.15~0.3m 厚的混凝土地板。

4.5.2.2　胶结充填方案

由于水力充填回采工艺较为复杂，回采矿柱的安全问题和充填体的压缩沉降问题等，均未得到很好解决，因而不能根本防止岩石移动。为了简化回采工艺，防止井下污染和减少清理工作量，较好地保护地表及上覆岩层，国内外金属矿山推广应用胶结充填采矿法(图 4-39)。

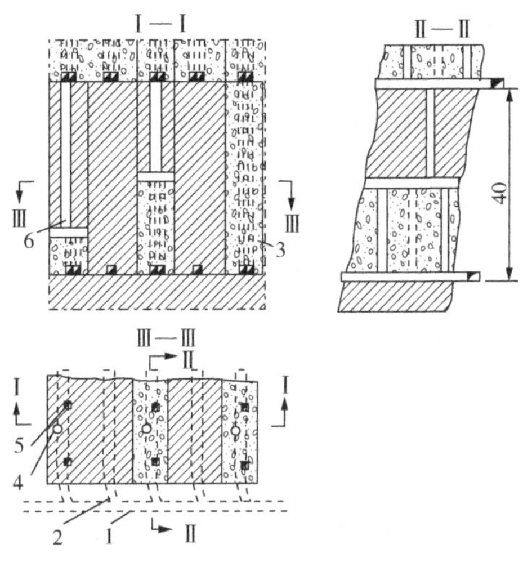

图 4-39　胶结充填采矿法

1—运输巷道；2—穿脉巷道；3—胶结充填体；4—溜矿井；5—行人天井；6—充填天井

从图 4-39 可以看出，胶结充填方案的矿块采准、切割和回采等与水力充填方案基本相同，区别仅在于顺路行人天井不需要按滤水条件构筑，溜矿井和行人天井在充填时只需立模板就可形成，因为胶结充填不必构筑隔墙、铺设分层底板和砌筑人工底柱。

由于胶结充填成本很高，第一步回采应取较小尺寸，但所形成的人工矿柱必须保证第二步回采的安全；第二步可以采用水力充填回采，故可选取较大的尺寸。

矿房全部回采结束后，进行接顶充填。接顶充填质量影响对围岩的支护作用，也影响顶底柱回采的安全与可靠程度。接顶充填一般有以下两种方法。

一种是人工接顶法，即把最后一个充填空间分为若干个 1~2m 宽的分条，然后逐个分条浇注。浇注之前，先立好模板(约 1m 高)，之后随着充填体的加高而逐渐加高模板。当充填到距顶板只剩下 0.5m 左右时，再用石块或混凝土砖抹砂浆砌筑接顶，使残余的空间完全填满。

另一种是砂浆加压接顶法，即用液压泵将砂浆沿管道压入接顶空间，使接顶空间填满。接顶前要严格地做好接顶空间的密封工作(堵塞顶板和帮上的裂缝等)。这种方法只要压力够用，就能达到较好的接顶效果。

4.5.3　下向水平分层充填采矿法

下向分层充填采矿法用于开采矿石很不稳固或矿石和围岩均很不稳固、矿石品位很高或价值很高的有色金属或稀有金属矿体。这种采矿方法的实质是：从上往下分层回采和逐层充填，每一分层的回采工作是在上一分层人工假顶的保护下进行。回采分层为水平或与水平成4°~10°(胶结充填)或10°~15°(水力充填)倾斜。倾斜分层主要是为了充填接顶，同时也有利于矿石运搬，但凿岩与支护作业不如水平分层方便。

下向分层充填法按充填材料可划分为水力充填和胶结充填两种方案，但不能用干式充填。两种方案均用矿块式一个步骤回采。本节主要介绍水力充填方案。

4.5.3.1 矿块结构和参数

矿块结构如图4-40所示，阶段高度为30~50m，矿块长度为30~50m，宽度等于矿体的水平厚度，不留顶柱、底柱和间柱。

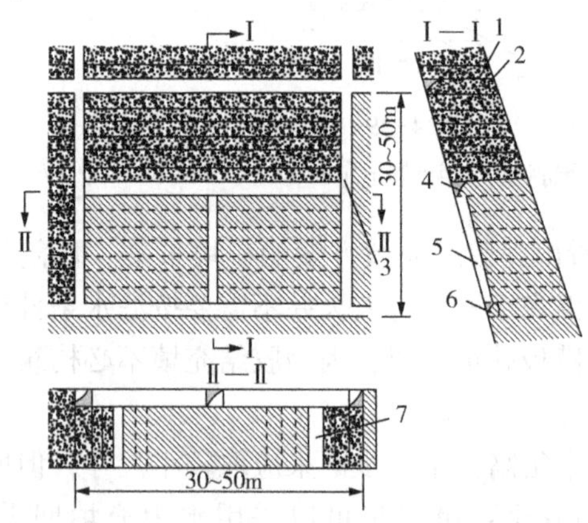

图4-40　下向分层水力充填采矿法

1—人工假顶；2—尾砂充填体；3—矿块天井；4—分层切割平巷；5—溜矿井；6—运输巷道；7—分层采矿巷道

4.5.3.2 采准和切割

运输巷道布置在下盘接触线处或下盘岩石中。天井布置在矿块两侧的下盘接触带，矿块中间布置一个溜矿井。随回采分层的下降，行人天井逐渐为建筑在充填料中的混凝土天井所代替，而溜矿井从上往下逐层消失。回采每一分层前，先沿下盘接触带掘进切割巷道。当矿体形状不规则或厚度较大时，切割巷道也可布置在矿体的中间。

4.5.3.3 回采工作

回采方式分为巷道回采和分区壁式回采两种。当矿体厚度小于6m时，采矿巷道垂直或斜交切割巷道，且采取间隔回采。分区壁式回采是将每一分层按回采顺序划分为区段，以壁式工作面沿区段全长推进。回采工作面以溜井为中心按扇形布置，每一分区的面积控制在 100m^2 以内(图 4-41)。如果上下分层矿体长度和厚度相同，用壁式工作面回采较为合理；反之，则用巷道回采。

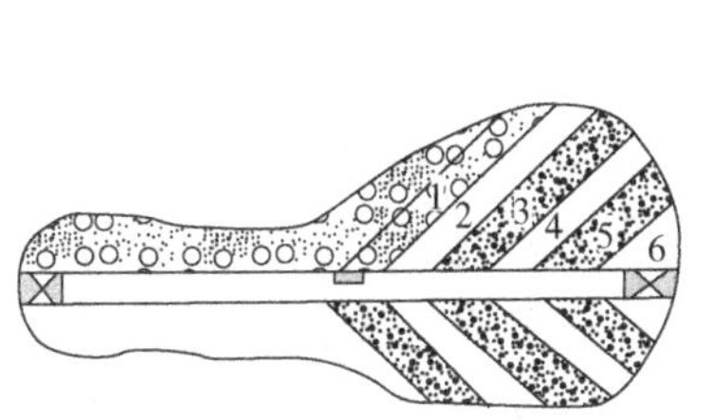

(a)巷道回采(1、2、3、4、5、6为回采顺序)

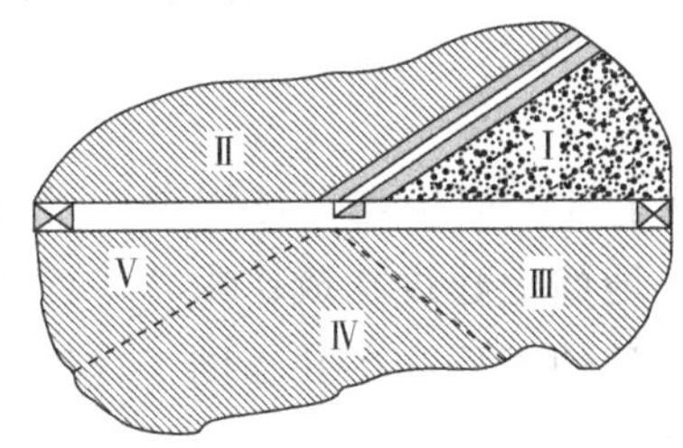

(b)扇形壁式工作面回采(Ⅰ、Ⅱ、Ⅲ、Ⅳ、Ⅴ为分区回采顺序)

图 4-41　下向分层充填采矿法回采方式

回采分层高度一般为 2~(2.5~3)m，回采巷道的宽度为 2~(2.4~3)m。用浅孔落矿，孔深 1.6~2m。我国多用电耙出矿，国外也有用装运机或输送机的。

4.5.3.4　充填工作

充填前要做好下列工作：清理底板，铺设钢筋混凝土底板，钉隔离层及构筑脱水砂门等。准备工作结束，且混凝土底板铺好 24h 后，即可进行充填作业。充填工作面的布置如图 4-42 所示。充填时充填管道的出口距充填点不宜大于 5m，如被充填的巷道很长或分区范围很大，应分段充填。如出砂方向与泄水方向相反，应由远而近充填。

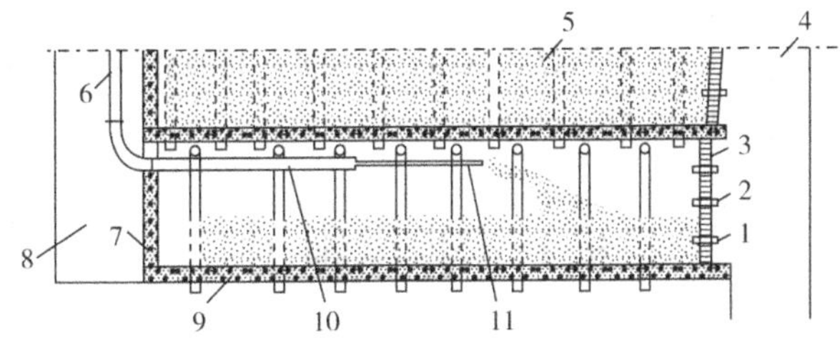

图 4-42　充填工作面布置示意图

1—木塞；2—竹筒；3—脱水砂门；4—矿块天井；5—尾砂充填体；6—充填管；7—混凝土墙，8—人行材料天井；9—钢筋混凝土底板；10—软胶管；11—楠竹

整个分层巷道或分区充填结束后，再在切割巷道底板上铺设钢筋混凝土底板和构筑脱水砂门，然后充填。切割巷道充填完毕，再做好闭层工作，即可进行下一分层的切割、回采工作。

5 井巷施工

在地下开采矿山建设过程中，矿山建设实际上包括地面建设和地下建设两部分。地面上建设构成矿山总平面图。地下建设主要包括矿井生产准备工程、矿井延伸工程和矿井辅助工程等。为地下矿石开采而开掘的井筒井底车场及硐室、主要石门运输大巷采区巷道及回风巷道、支护工程等，统称为井巷工程。井巷工程内容主要包括井巷工程设计与施工。本章主要介绍井巷施工。

井巷施工是按照井巷设计要求和施工条件及《金属非金属矿山安全规程》的要求，采用不同施工技术、施工方法和支护材料，把岩石从地下岩体中开凿出来，形成设计要求的断面形状，然后在形成的断面形状内进行支护防止围岩脱落，为矿石开采创造条件。按照井巷工程周围岩石的强度整体性、含水量及其贮存的地质环境以及施工队伍和设备等情况的不同，可以分别采用普通施工法、特殊施工法和机械施工法。

井巷施工不同于地面建设，具有施工环境特殊、施工对象多变、施工方法多样、施工场地狭窄等特点，井巷工程支护结构和建井工程量的确定，必须考虑矿山服务年限，以免造成浪费。

井巷工程是以力学、管理学基本理论为基础，与其他多个学科相联系，是一门综合性、技术性和实践性很强的学问。

5.1 平巷施工

平巷在矿山井巷工程中所占比重最大，占70%~80%。矿山平巷有平硐、石门、井底车场、阶段运输平巷、回风平巷、电耙道、人行通道等。我国矿井中使用的巷道断面形状有矩形、梯形、多边形、拱形、马蹄形、椭圆形以及圆形等，经常使用的是梯形和拱形两种。上述各种断面形状按其构成的轮廓线可归纳为折线形和曲线形两类。

金属矿山大都采用凿岩爆破法进行巷道掘进。施工的主要工序有凿岩、爆破、装岩和支护，辅助工序有撬浮石、通风、铺轨、接长管线等。

5.1.1 凿岩工作

5.1.1.1 凿岩机具

凿岩机具主要是指风动凿岩机和凿岩台车。

(1) 风动凿岩机　风动凿岩机是以压缩空气为动力的凿岩机具，按其支架方式可分为手持式、气腿式、向上式(伸缩式)和导轨式几种；按冲击频率风动凿岩机可分为低频、中频和高频的三种。国产气腿式凿岩机一般都是中、低频凿岩机。

气腿式凿岩机便于组织多台凿岩机凿岩，易于实现凿岩与装岩的平行作业，机动性强，辅助时间短，利于组织快速施工等优点，所以现场广为使用(如图5-1为YT-23型凿岩机、图5-2为YSP-45型凿岩机等)。

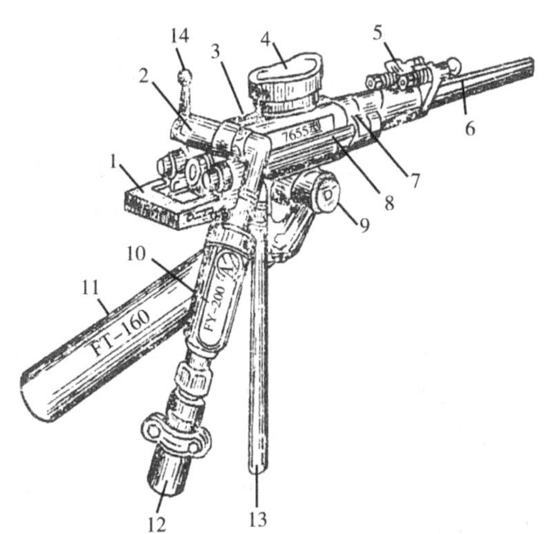

图5-1　YT-23型气腿式凿岩机

1—手柄；2—柄体；3—缸体；4—消音罩；5—钎卡；6—钎子；7—机头；8—长螺杆；9—气腿连接；10—注油器；11—气腿；12—进气管；13—进水管；14—操纵阀

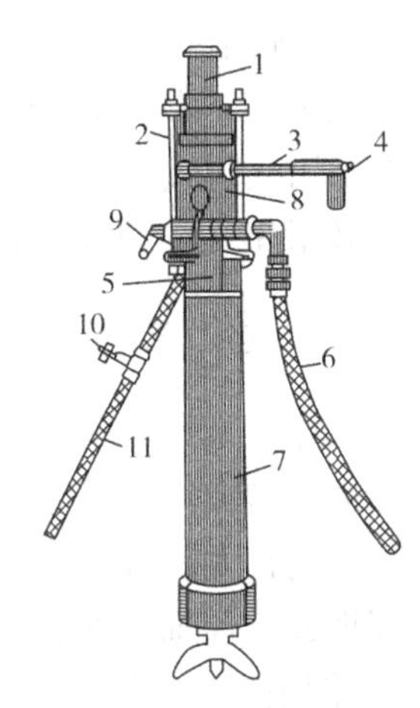

图5-2　YSP-45型凿岩机

1—机头；2—长螺杆；3—手把；4—放气按钮；5—柄体；6—风管；7—气腿；8—缸体；9—操纵阀手柄；10—水阀；11—水管

(2) 凿岩台车　凿岩台车是采矿工程采用钻爆法施工的一种液压凿岩设备。它能移动并支持多台凿岩机同时进行钻孔作业。主要由凿岩机、钻臂(凿岩机的承托、定位和推进机构)、钢结构的车架行走机构以及其他必要的附属设备和根据工程需要添加的设备所组成。可以配用高效率凿岩机，能够保证钻孔质量提高凿岩效率，减轻劳动强度，实现凿岩工作机械化，适合钻凿较深的炮孔，故已在金属矿山推广使用；但它不如气腿凿岩机灵活方便，辅助作业时间也较长。

5.1.1.2 对凿岩工作的主要要求

凿岩质量的好坏直接影响着爆破效果和巷道施工质量；钻孔效率的高低直接关系到掘进速度的快慢。所以，必须严格按照爆破图表所要求的孔位、方向、深度和角度进行，并组织好凿岩机的分区、分工作业，以保证钻孔质量和提高钻孔速度。

5.1.2 爆破工作

5.1.2.1 炮孔直径

炮孔直径的大小对钻眼效率、全断面炮眼数目、单位炸药消耗量、爆破岩石块度、岩壁平整度等均有影响，因此，应根据巷道断面大小、块度要求、炸药性能和凿岩机性能等综合考虑。炮孔直径小，装药困难；炮孔径大，将使药卷与炮孔内空隙过大，影响爆破效果。

在采用气腿式凿岩机的情况下，现场多根据药卷直径来确定。目前国内平巷掘进多采用32mm、35mm两种药卷直径，而钎头直径一般为38~42mm。

5.1.2.2 炮孔深度

炮孔深度是指孔底到工作面的平均垂直距离。一般来说，加深炮孔可以使每个循环进尺增加，相对地减少了辅助作业时间，爆破材料的单位消耗量也可相应降低；但炮孔太深时，凿岩速度就会明显降低，而且爆破后岩石块度不均匀，装岩时间拖长，反而使掘进速度降低。采用气腿式凿岩机时，炮孔深度为1.8~2.0m；采用凿岩台车时，一般为2.2~3.0m较为合适。

5.1.2.3 炸药消耗量

由于岩层多变，单位炸药消耗量目前尚不能用理论公式精确计算，一般按《矿山井巷工程预算定额》和实际经验选取。巷道断面确定后，可根据岩石普氏系数找出单位炸药消耗量 q，则一茬炮的总药量 Q(kg)可按下式计算：

$$Q = qSL\eta \tag{5-1}$$

式中 q——单位炸药消耗量，kg/m^3；

S——巷道掘进断面积，m^2；

L——炮孔平均深度，m；

η——炮孔利用率。

上面的 q 和 Q 值是平均值，至于各个不同炮孔的具体装药量，则应根据各炮孔所起的作用及条件不同而加以分配。如图 5-3 所示，掏槽孔最重要，而且爆破条件最差，应分配较多的炸药；崩落眼次之，周边眼药量分配最小。周边眼中，底眼分配药量最多，帮眼次之，顶眼最少。采用光面爆破时，周边眼数目相应增加，但每孔药量适当减少。

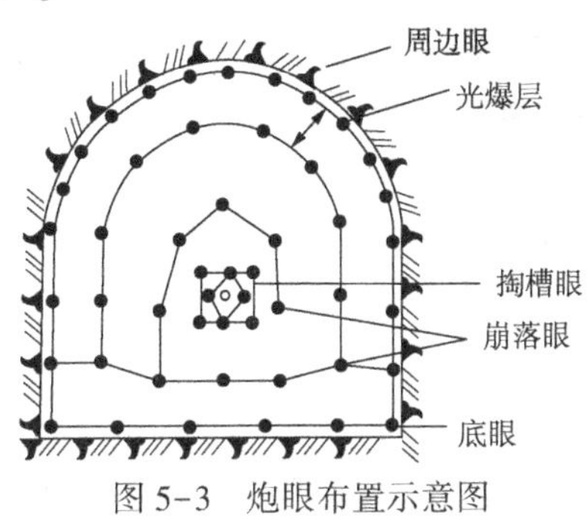

图 5-3　炮眼布置示意图

5.1.2.4　炮眼数目

平巷掘进爆破要根据断面形状大小、岩层性质和结构及工程对爆破效果的要求进行设计，并通过爆破实践不断总结完善。炮孔数目是根据具体的爆破设计经验确定的。合理的炮眼数目应当保证有较高的爆破效率(炮眼利用率不小于 85%~90%)，爆下的岩块和爆破后的巷道轮廓均能符合施工和设计要求。如图 5-4为某矿平巷掘进工作面炮眼排列示意图。

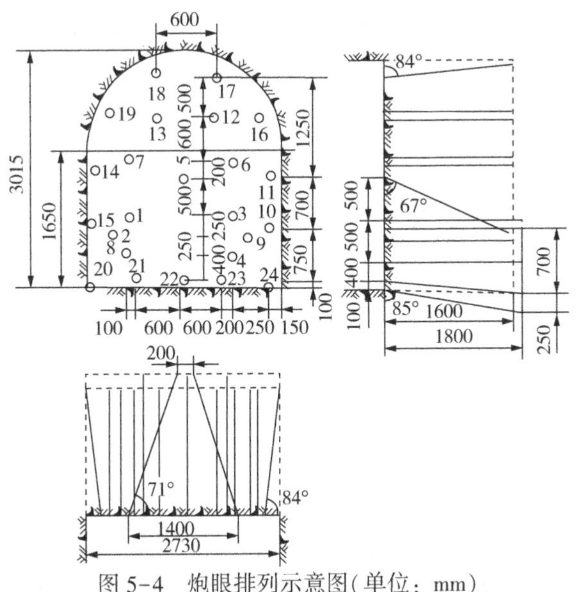

图 5-4　炮眼排列示意图(单位：mm)

5.1.3 岩石装载工作

工作面爆破并经通风将炮烟排出后，即进行装运岩石的工作。平巷掘进中的装岩和转载运输工作，是掘进循环中最繁重又耗工费时的工序。一般情况下，装岩工序时间占掘进循环总时间的35%~50%。可见实现装岩转载机械化，减少调车等辅助时间，以提高装岩机的实际生产能力，缩短装岩工序时间，是减轻掘进工人的劳动强度和提高掘进速度的重要措施。

目前，国内外矿山研制了适用于各种类型和规格巷道的多种装岩转载调车设备和工具，使装岩与转运作业，达到了较高的机械化水平。但是装岩工序仍是掘进中的薄弱环节，装载机械的生产能力和机械化水平，都有待进一步提高。

5.1.3.1 装载设备

(1) 装岩机　装岩机是一种在水平或缓倾斜坑道中装载矿石或岩石的机械。优点是装岩效率高、结构简单、可靠性好、操作方便、适用范围广等，按其工作机构的形式来分，有铲斗式，蟹爪式、立爪式、耙斗式等。

① 铲斗后卸式装岩机。铲斗后卸式装岩机是我国当前应用最为广泛的一种装岩机，如图5-5所示。这种装岩机按装载方式分为铲斗直接装岩和铲斗装岩皮带转运两种类型；按动力分为电动和压气两大类。

这类装岩机使用灵活，行走方便，尤其是它的结构紧凑，体积小，有利于与其他通用运输机械配套使用。它的不足之处是卸载为抛掷方式，扬起粉尘较多，生产能力较低，且必须在轨道上行驶，装载宽度受限制。铲斗后卸式装岩机在我国使用最早，目前使用仍然较多，已积累了丰富的使用经验。

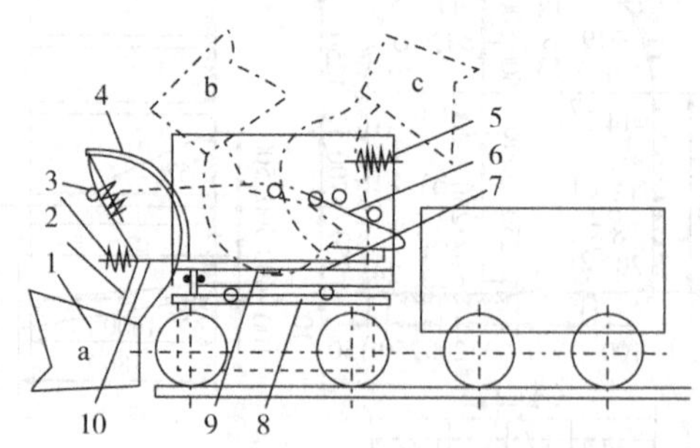

图5-5　Z-20B型装岩机构造示意图

1—铲斗；2—斗柄；3—弹簧；4、10—稳绳；5—缓冲弹簧；6—提升链条；7—导轨；8—回转底盘；9—回轨台

② 铲斗侧卸式装岩机。铲斗侧卸式装岩机与铲斗后卸式装岩机有相似之处，不同点主要是铲斗卸载在设备的前方。根据卸载方式不同，又分为正装正卸和正

装侧卸两种，后者在掘进中用得较普遍(铲运机除外)，便简称侧卸式装载机(图5-6)。

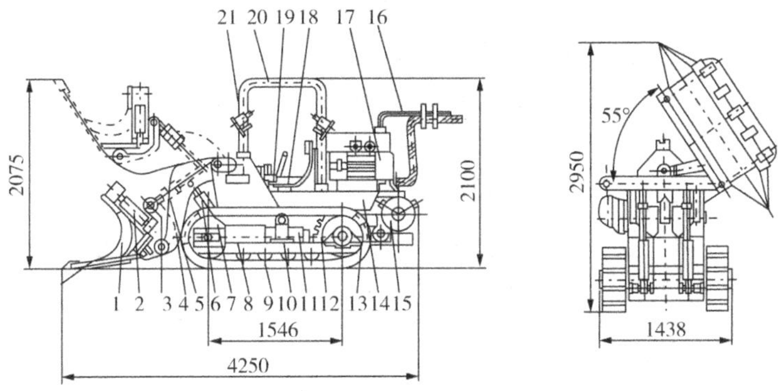

图 5-6 ZLC-60 型铲斗侧卸式装岩机(单位：mm)

1—4 铲斗；2—侧卸油缸；3—停斗座；4—福臂；5—连杆；6—举升油缸；7—导轮；8—履带架；9—支重架；10—托轮；11—张紧装置；12—驱动轮；13—履带；14—机器机架；15—行走部电动机；16—电缆；17—端泵电动机；18—司机座；19—操纵台；20—司机棚；21—照明灯

侧卸式装载机是以其卸载方向而取名的，其特点是铲斗正面铲取，在设备前方侧转卸载。铲斗仅一侧有挡板，或两侧均无挡板。这类装载机与铲斗后卸式相比，具有卸载准确、卸载高度适中、移动灵活和装岩的铲取力大、生产率高以及在相同铲斗容积的条件下要求的巷道断面小等优点，特别是向成列矿车或带式运输机装岩时，其优越性更为显著。因此，它作为新型高效率的装载设备，在大断面巷道掘进和一些回采工作面中推广使用。

③ 蟹爪式装岩机。蟹爪式装岩机(图 5-7)一般为电力驱动，液压控制，履带行走，但近几年来有发展为全液压式传动的趋势。主要结构和转载动作特点是在履带车架上装一个可升降的倾斜平台，安设皮带、刮板或链板运输机，前端的倾解装岩台(受料台)上装一对曲轴带动两个耙爪(蟹爪)。装岩时整个装岩机低速前进，使装岩机插入岩堆，在两个耙爪的连续交错扒动下，将岩石扒入转载的运输机上，由它转运到后部，岩石由其自重卸入运输设备。为适应巷道底板高度的变化，装岩台可在一定范图内升降。运输机尾部可在一定范图内升降和左右摆动，以适应运输设备的高度和位置的变化，是一种较好的装载设备。它能连续装载，可以配合大容积的运输设备，减少调车时间，具有较高的生产率，因此，对这类装岩机的研制受到广泛的重视。

④ 立爪式装载机。蟹爪式装载机装岩时，其受料台必须插入岩堆，难以避免岩堆塌落，甚至将蟹爪压死不能工作。此外，必须将机器推出，再次前进插入岩堆，方能继续装岩。此外，为清理巷道全宽范围内的岩渣，必须多次移动机身

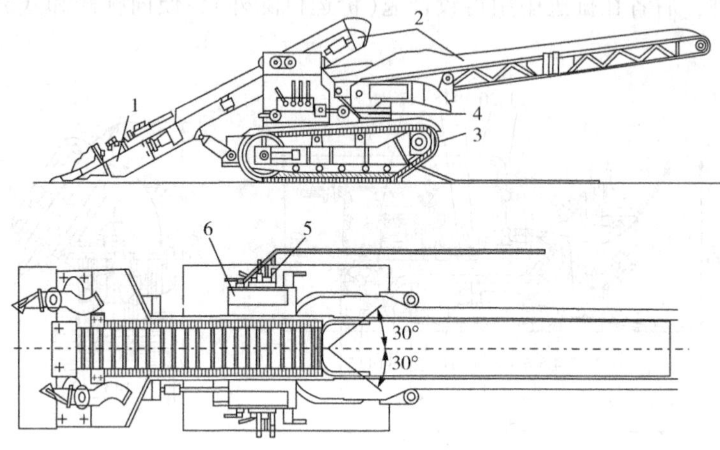

图 5-7 ZS-60 型蟹爪式装岩机

1—扒装机构(机头)；2—运输机(刮板运输机及皮带运输机)；3—行走机构；4—回转台；5—液压系统；6—电器系统

的位置，因而增加了操作的复杂性和操作时间，特别是当个别底炮未爆、蟹爪式装岩机推进有困难时，人工耙岩的辅助劳动仍不能避免。

立爪式装载机由机体、刮板运输机及立爪耙装机构三部分组成(图 5-8)。它是靠立爪耙装和刮板运输机转载两个环节配合来完成岩渣装载作业的，并可将岩渣直接装入运输设备。装载工作主要是由立爪的上下、左右、前后的动作来完成的。耙装机构主要由两组臂爪构成。一对带有铸锰齿的立爪铰接在两个小臂上，两小臂铰接在两大臂上，大臂铰接在机体上。全机由液压系统控制，操纵七个手柄便可完成全部装载动作。两组臂爪由六个油缸控制，它们既能联合动作，又可

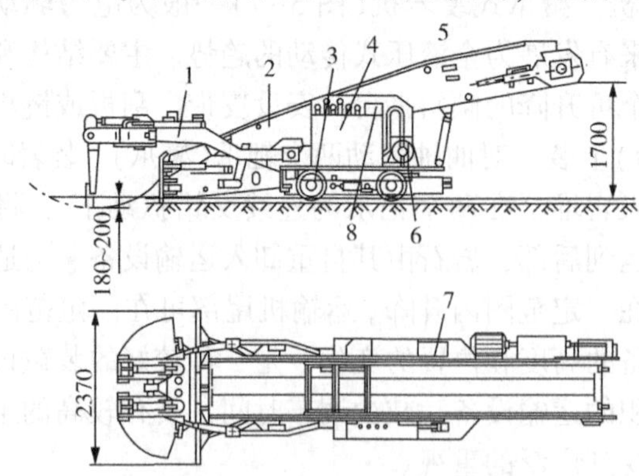

图 5-8 LZ-60 型立爪式装岩机

1—装载机构；2—转载机构；3—行走机构；4—操纵装置；5—回转装置；6—动力装置；7—电气系统；8—电气按钮

分开动作，从而实现了立爪的可靠、灵活的耙岩运动。机体与大臂之间的油缸，可令小壁与立爪完成左右的摆动动作；小臂与立爪之间的油缸能使立爪完成前后的摆动动作。单臂工作时，可以挖掘和清理巷道一侧的水沟。

立爪式装载机的主要优点是耙渣机构简单可靠，动作机动灵活，对巷道断面和岩石块度的适应性强，能挖水沟和清理底板，生产率较高。但爪齿容易磨损，操作比较复杂。

⑤ 耙斗装岩机。耙斗装岩机是一种结构简单的装岩设备，它不仅适用于水平巷道装岩，也可用于倾斜巷道和弯道装岩(图 5-9)。

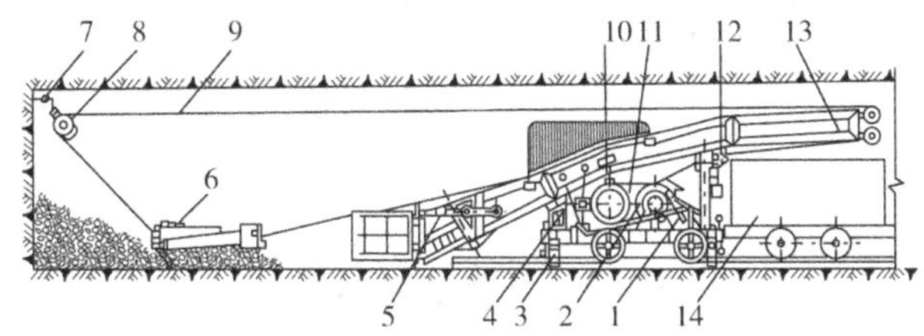

图 5-9　耙斗装岩机总装示意图

1—连杆；2—主、副滚筒；3—卡轨器；4—操作手把；5—调整螺钉；6—耙斗；7—固定楔；8—尾轮；9—耙斗钢丝绳；10—电动机；11—减速器；12—架绳轮；13—卸料槽；14—矿车

实践证明，耙斗装岩机与铲斗后卸式装岩机比较，具有结构简单、维修量小、操作容易、安全可靠、烟尘量小、铺轨简单、能够倒渣、适用面广以及装岩生产率高等优越性。

由于耙斗装岩机具有上述优点，特别是它的结构简单，且多是装配式的，许多矿山机修部门可以利用一些定型的单体设备，如绞车、耙斗等，自行生产。因此，在我国目前的条件下，它是迅速提高斜井和平巷掘进装岩机械化水平的一种设备。

(2) 装运机　装运机是能完成装、运、卸全部工作的一机多能的联合设备，它被誉为矿山三大新技术之一。装运机按其装运方式分为两类：

① 本身带有铲斗和车厢，铲斗将矿岩装在车身的车厢中运走，如红卫牌、ZYQ-12G、ZYQ-14G 等，一般称之为装运机。这种装运机的种类繁多，一般都是轮胎式行走的。按其动力和卸载方式可分为车厢后卸的气动式装运机、车厢后卸式的柴油式装运机、推出车厢卸载的柴油式装运机、厢底卸载式柴油式装运机。

② 本身无车厢，仅有一大容积的铲斗，它铲满岩矿后便直接运走，一般称之为铲运机。瑞典 Atlas 公司生产的 ST1010 型铲运机如图 5-10 所示。

这类装运机最早用于露天和井下回采工作面，以后发展到采场的进路和其他水平巷道。但是它的生产能力受运输距离的影响较大，如在长巷道中使用，则应考虑多台铲运机定点装卸接力运输，或配以大容积的自卸卡车。

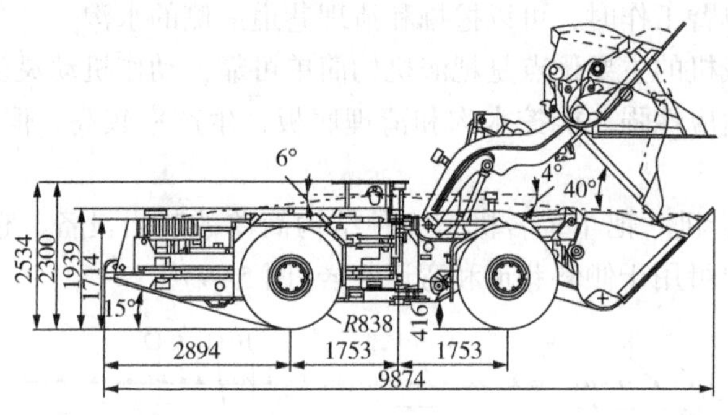

图 5-10　ST1010 型铲运机(单位：mm)

5.2　竖井施工

井筒工程是矿井建设主要工程项目之一，是整个矿山建设的咽喉。井筒工程量一般占全矿井工程量的 15%左右，而施工工期却占矿井施工总工期的 30% ~ 50%。因此，井筒工程设计与施工直接关系到矿山建设的成败和生产时期的正常使用。

5.2.1　竖井的构成

井筒是矿井通达地表的主要进出口，是矿井生产期间提升矿(废)石、运送人员和材料设备、通风、排水的主要通道。整个井筒自上而下是由井颈、井身和井底三个基本部分组成(图 5-11)。

井颈是指井筒从第一个壁座起至地表的部分，通常位于表土层中。根据实际情况，其深度可以等于表土的全厚或厚土层中的一部分。

金属矿山的特点是多水平(中段)开采，各中段巷道都要和井筒连通。从最低中段至井颈部分的井筒称为井身，多位于基岩中。井筒与中段相连部分称为马头门。

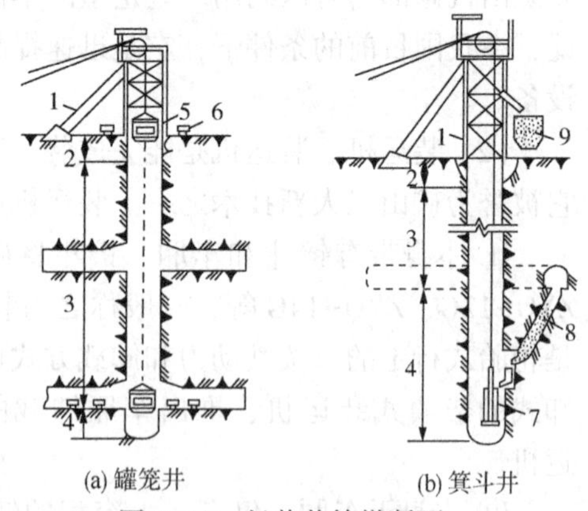

图 5-11　竖井井筒纵断面

1—井架；2—井颈；3—井身；4—井底；5—罐笼；6—矿车；7—箕斗；8—矿仓；9—地面矿仓

从最低中段水平以下井筒部分叫井底，其深度视实际需要而定。对于罐笼井，井底集存井帮淋水和提升过卷缓冲作用。如果井筒不延深，井底至少留 2m。对于箕斗井，井底有装载硐室、水泵硐室以及清理井底斜巷等，其深度一般为 30~ 50m。需要延伸的井筒，依据延伸方法，井底深为 10~15m。

5.2.2 井口施工

在井巷工程中，竖井与平巷的开挖方向不同，竖井是由上向下开挖的，所以，除凿岩爆破近似相同外，施工方案、装运方法等与平巷差别较大。首先要进行表土施工，锁好井口，安装必要的设施和设备后再进行基岩掘进，所以有必要先介绍表土施工方法。

一般竖井井口分基岩和表土层两类，基岩比较稳定，开挖比较容易。表土层地质条件较复杂，稳定性较差，厚度从几米至几十米，直接承受井口结构物的荷载，因此表土层施工比较困难。

井口施工前首先要标定井筒中心，因开挖井筒中心成为虚点，故要在井边四周设立十字线确定中心点。

开口向下开挖 2~4m 深开始井颈锁口，即加固井壁，防止下坍，并在井口用型钢或木梁搭成井字形，铺上木板，作为提升和运输场所。

井口段开挖常用简易的提升方法，如采用简易三脚架提升和由两个柱式结构拼装而成龙门架提升，也可使用移动方便的汽车起重机提升。

井筒表土普通施工主要可采用井圈背板普通施工法、吊挂井壁施工法和板桩法。

5.2.3 井筒施工

竖井施工时，为了便于施工和保证作业安全，通常是将井筒全深划为若干井段，由上向下逐段施工。每个井段高度取决于井筒所穿过的围岩性质及稳定程度、涌水量大小、施工设备等条件，通常分为 2~4m（短段），30~40m（长段），最高时达 100 多米。施工内容包括掘进、砌壁（井筒永久支护）和井筒安装（安装罐道梁、罐道、梯子间、管缆间或安装钢丝绳罐道）等工作。当井筒掘砌到底后，一般先自上向下安装罐道梁，然后自下而上安装罐道，最后安装梯子间及各种管缆。也有一些竖井在施工过程中，掘进、砌壁、井筒安装三项工作分段互相配合，同时进行，井筒到底时，掘、砌、安三项工作也都完成。

竖井通过表土层后，即在基岩中继续开凿井筒至设计深度。在基岩中开挖一般采用钻爆法。钻爆法包括开挖、永久支护、安装三项主要作业：

① 开挖，包括凿岩爆破通风、临时支护、装岩和提升岩石等作业。

② 永久支护，包括架设木材支架或砌筑石材、混凝土支护及喷射混凝土井壁等。

③ 安装，包括安装井筒永久装备，如罐梁、罐道、管缆等格间及梯子等。

根据上述三项主要作业在井筒施工顺序的不同，可分为五种施工方案：单行作业、平行作业、短段掘砌、一次成井及反井刷大。

5.2.3.1 单行作业

将井筒全深划分为30~40m高的若干个井段，每一个井段先由上而下挖掘岩石，然后由下而上砌筑永久井壁。当此井段掘砌结束后，再按上述顺序掘砌下一井段，依此循环进行直到井底，最后再进行井筒装备的安装，如图5-12(a)所示。单行作业所需用的设备少，工作组织简单，较为安全。但是掘砌作业是按顺序进行的，将延迟整个井筒的开凿速度。在井筒深度不大(200m左右)及地层比较稳定、井筒断面较小、砌壁速度很快和凿井设备不足的情况下，采用单行作业是合适的。单行作业在我国用得较多。

5.2.3.2 平行作业

平行作业即挖掘岩石与砌壁在两个相邻的井段中同时进行。在下一井段由上向下挖掘岩石，而在上一井段中，则在吊盘上由下而上砌筑永久井壁。井筒装备的安装工作是在整个井筒掘砌全部完成之后进行。段高一般为20~50m，砌筑方向是由下向上进行[图5-12(b)]。我国目前采用的平行作业多属此种形式。

在一般情况下，平行作业的成井速度比单行作业快，但其使用的掘进设备较多，工作组织复杂，安全性较差。这种方案在井筒较深(大于250m)、断面较大(直径大于5m)、围岩较稳固、涌水量较小、掘进设备充足且施工队伍技术熟练的条件下，可以采用。

5.2.3.3 短段掘砌

短段掘砌施工方案的特点是，每次掘砌段高仅2~4m，掘进和砌壁工作按先后顺序完成，且砌壁工作是包括在掘进循环之中。由于据砌段高小，无需临时支护，从而省去了长段单行作业时临时支护的挂圈、背板和砌壁后清理井底等工作。如果砌壁材料不是混凝土，而是采用喷射混凝土，就成为短段掘喷作业了。采用普通模板时，段高一般不超过3~5m；用移动式金属模板时，段高和模板的高度一致，搭设临时脚手架即可进行永久支护[图5-12(c)]。

短段掘砌方案一般适用于不允许有较大的暴露面积和较长暴露时间的不稳定

岩层中。短段掘砌顺序作业施工方案的施工组织简单，井内设备少，适用于断面较小的井筒。短段掘砌平行作业施工方案用于井筒断面较大的情况。

5.2.3.4 一次成井

一次成井方案是掘进、砌壁和安装三项作业分别在不同的井段内顺序或平行进行，其施工方案可分为以下三种情况。

(1) 掘、砌、安顺序作业一次成井　此方案是在每个段高内利用多层吊盘把掘进砌壁和安装工作按顺序完成，即在每个井段内先掘进，后砌壁，再安装，然后按此顺序进行下一个井段施工。已安装的最下一层罐道梁距掘进工作面的距离一般为30~60m。此法主要可缩短由井筒转入平巷掘进时井筒的改装时间。

(2) 掘砌、掘、安平行作业一次成井　这种方案是先在下一个井段内掘进，在上一个井段内由下向上砌壁。由于砌筑一个井段比掘进一个井段快，则可利用砌壁完成一个井段后，下一个井段的掘进尚未完成的时间，再在上一个井段内进行井筒的安装工作，如图5-12(d)所示。在永久设备供应及时，并符合平行作业条件时，可以采用此法。

(3) 短段平行作业一次成井　此种方案是在短段掘砌平行作业的同时，在双层吊盘的上层盘上进行井筒安装工作。

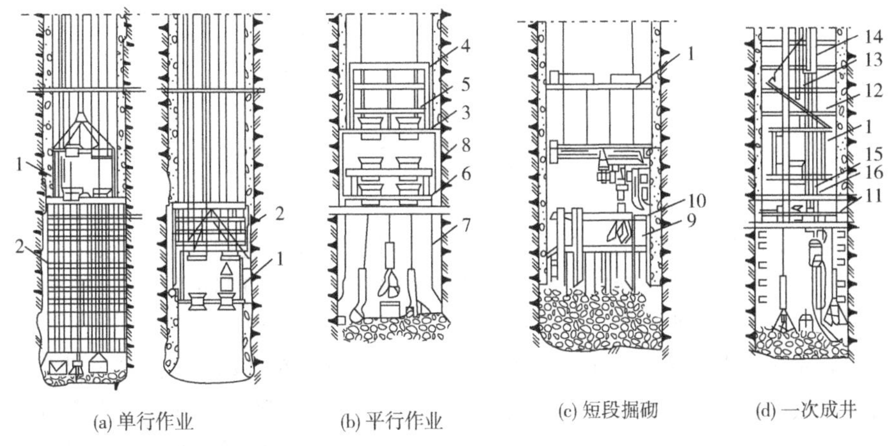

图5-12　立井施工方案

1—双层吊盘；2—临时支护井圈；3—砌井托盘；4—活节溜子；
5—门扉式模板；6—柔性掩护筒吊盘；7—下部掩护筒；
8—上部掩护筒；9—移动式模板；10—抓岩机；11—稳绳盘；12—罐梁；
13—罐道；14—永久排水管；15—临时压风管；16—临时排水管

5.2.3.5 反井刷大

以上各种施工方案都是由上向下进行开凿的。在地形条件合适能把平硐巷道送到未来井筒的下部时，或在未来井筒下部已开挖了平硐(巷)，可以从下向上开凿小天井然后刷大至设计断面。采用此法凿井，不必用吊桶提升岩渣，岩石仅从天井中溜下，从平硐上装运，不需排水设备，爆破后通风也较容易，因此所需用的设备少，成井速度快，成本低。易门凤山竖井采用此种方法，8 天时间由上向下刷大了 103m 井筒。此法按刷大方向不同分为以下两种。

(1) 先上掘小井，然后上行刷大的延深方法　如图 5-13 所示，先掘联络道，到达延深井筒的位置后上掘小井，待上下水平贯通后，再自下而上刷大小井至井筒设计断面尺寸。这种方法多在井筒围岩比较稳固的情况下采用。

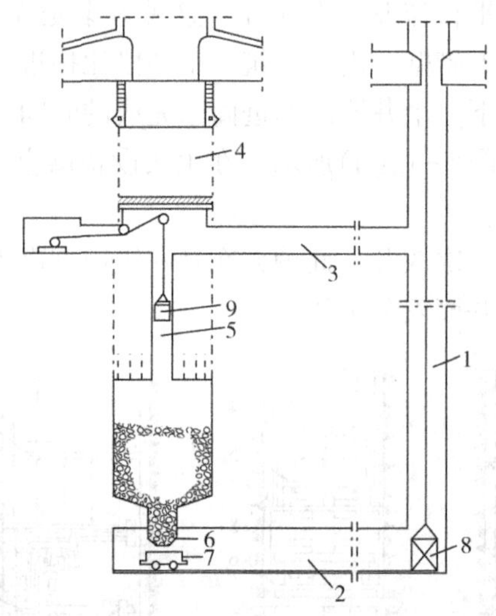

图 5-13　先掘小反井然后上行刷大井筒示意图

1—直井(辅助井)；2—延深阶段联络道；3—辅助阶段联络巷道；4—保护岩柱；5—天井；6—漏斗；7—矿车；8—罐笼；9—吊桶

(2) 先掘小井，然后下行刷大的延深方法　如图 5-14 所示，在岩性较差的情况下，从下向上掘通小井后，由上向下刷大井筒，爆破的岩砟经小井溜至新水平，装车运走，然后进行临时支护。为保证安全，在延深辅助水平应搭设井盖门，在小井上口设置格筛，放炮时提起，岩砟通过后再盖上。刷大井帮和砌壁工作一般分段交替进行，施工安全性较好。

如井筒深度较大，在施工过程中有几个中段巷道那可以送到井筒位置，这时可将井筒分成若干段，由各段向上或向下掘进井筒，这就形成了井筒的分段多头掘进(图 5-15)。

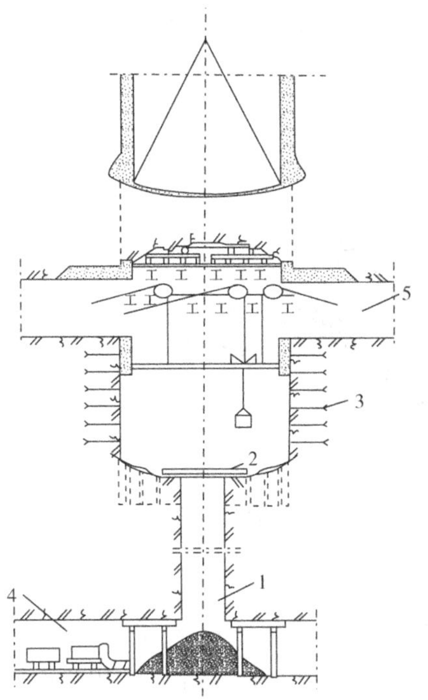

图 5-14 先掘小反井然后下行刷大井筒示意图

1—反井；2—安全格筛；3—钢丝绳砂浆锚杆；4—新水平；5—延深水平

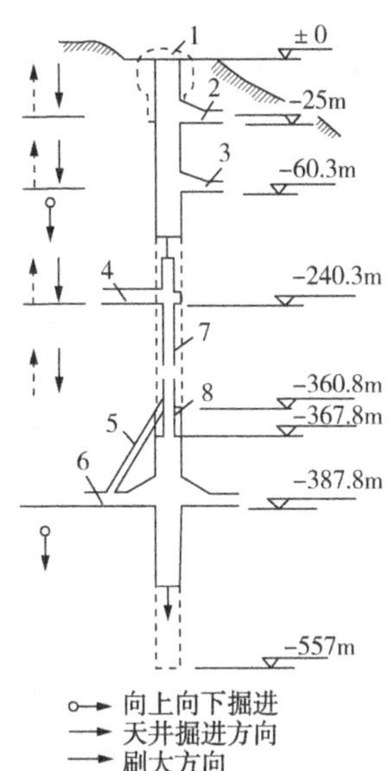

图 5-15 井筒分段多头掘进

1—提升机室；2— -25m 处平硐；3— -60.3m 处平硐；4—道通总排风井；5—斜溜井；6—井底车场；7—天井；8—中间岩柱

5.2.4 凿岩爆破

凿岩爆破是井筒基岩掘进中的主要工序之一，其工时一般占掘进循环时间的20%～30%，它直接影响到井筒掘进速度和井筒规格质量。良好的凿岩工作是：凿岩速度快，打出的炮孔在孔径深度、方向和布孔均匀上符合设计要求，孔内岩粉清理干净等；而良好的爆破工作应能保证炮孔利用率高，岩块均匀适度，底部岩面平整，井筒成形规整，不超挖，不欠挖，爆破时不崩坏井内设备，并使工时、材料消耗最少。为了满足上述要求，需根据井筒工作面大小、炮孔数目深度等选取凿岩机具和爆破器材，确定合理的爆破参数，采取行之有效的劳动组织和熟练的操作技术等。

5.3 斜井施工

斜井井筒是倾斜巷道，其施工方法当倾角较小时与平巷掘砌基本相同，45°

以上时又与竖井掘砌相类似。本节重点叙述斜井井筒的施工特点。

5.3.1 斜井井颈施工

斜井井预是指地面出口处井壁需加厚的一段井筒，由加厚井壁与壁座组成如图 5-16 所示。

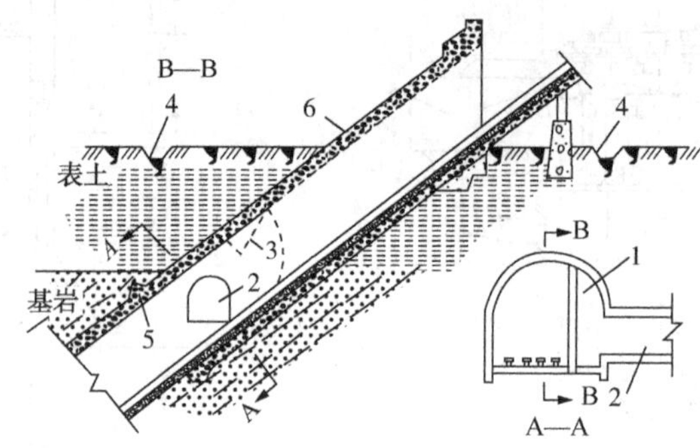

图 5-16 斜井井颈结构

1—人 徊；2—安全通道；3—防火门；4—排水沟；5—壁座；6—井壁

在表土(冲积层)中的斜井井颈，从井口至基岩层内 3~5m 应采用耐火材料支护并露出地面，井口标高应高出当地最高洪水位 1.0m 以上，井颈内应设坚固的金属防火门或防爆门以及人员的安全出口通道。通常安全出口通道也兼作管路、电缆、通风道或暖风道。在井口周围应修筑排水沟，防止地表水流入井筒。为了使工作人员、机械设备不受气候影响，在井颈上可建井棚、走廊和井楼。井口建(构)筑物与构筑物的基础不能与井颈相连。

井颈的施工方法根据斜井井筒的倾角、地形和岩层的赋存情况而定。

5.3.1.1 在山岳地带施工

当斜井井口位于山岳地带的坚硬岩层中，有天然的山冈及崖头可以利用时，此时只需进行一些简单的场地整理后即可进行井颈的掘进。在这种情况下，井颈施工比较简单，井口前的露天工程最小。在山岳地带开凿斜井(图 5-17)时，斜井的门脸必须用混凝土或坚硬石材砌筑，并需在门脸顶部修筑排水沟，以防雨季和汛期洪水涌入井筒内，影响施工，危及安全。

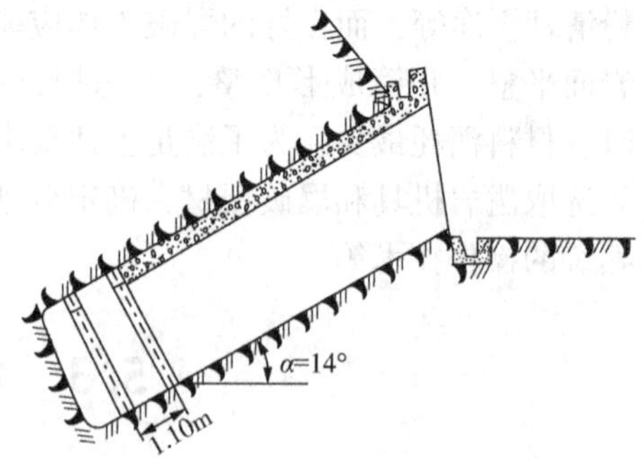

图 5-17 山岳地带斜井井颈

5.3.1.2 在平坦地带施工

当斜井井口位于较平坦地带时，表土层较厚，稳定性较差，顶板不易维护，为了安全施工和保证掘砌质量，井颈施工时需要挖井口坑，待永久支护砌筑完成后再将表土回填夯实；若表土中含有薄层流沙，且距地表深度小于10m时，为了确保施工安全，需将井口坑的范围扩大。井口坑形状和尺寸的选择合理与否，对保证施工安全及减少土方工程量有着直接的影响。

井口坑几何形状及尺寸主要取决于表土的稳定程度及斜井倾角。斜井倾角越小，井筒穿过表土段距离越大，则所需挖据的土方量越多，反之越小。同时还要根据表土层的涌水量和地下水位及施工速度等因素综合确定。应以使其既能保证安全施工，又力求土方挖掘量最小为原则来确定井口坑的几何尺寸和边坡角。

直壁井口坑(图5-18)用于表土层薄或表土层虽厚但土层稳定的情况；斜壁井口坑(图5-19)用于表土厚而不稳定的情况。

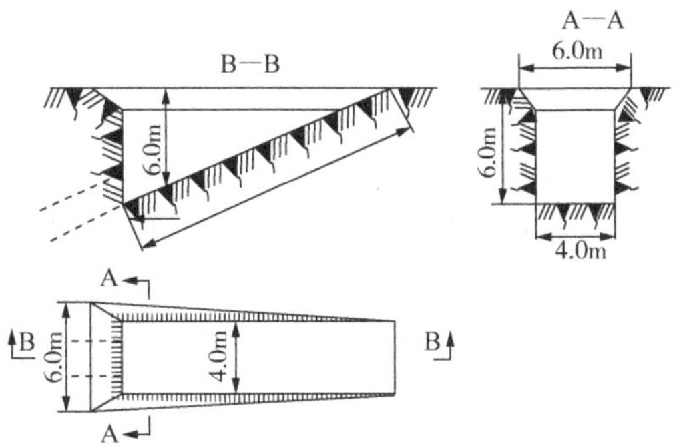

图5-18　直壁井口坑开挖法示意图

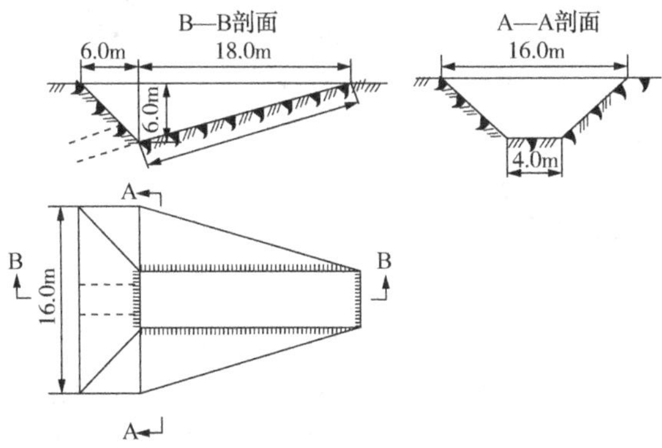

图5-19　斜壁井口坑开挖法示意图

5.3.2 斜井基岩掘砌

斜井基岩施工方式、方法及施工工艺流程与平巷基本相同，但由于斜井具有一定的倾角，具有以下特点，如选择装岩机时，必须适应斜井的倾角；采用轨道运输，必须设有提升设备，以及提升设备运行过程中的防止跑车安全设施；因向下掘进，工作面常常积水，必须设有排水设备。

5.3.2.1 破岩工作

由于斜井本身的特点，使得在斜井施工中凿岩台车调车困难，使用钻装机又不能使钻孔和装岩两大主要工序平行作业，液压气腿式凿岩机钻孔速度虽高，但其后部配备的工作车影响装岩工作。同时使用多台风动气腿式凿岩机(如YT-28型)作业能够实现快速施工，一般每0.5~0.7m放置1台为宜，同时工作的凿岩机台数根据井筒断面大小、支护形式、岩性、炮孔数量以及工作人员技术水平和管理方式等确定。

5.3.2.2 装岩工作

斜井施工中装岩工序占掘进循环时间约60%~70%。如要提高斜井掘进速度，装载机械化势在必行。推广使用耙斗装岩机，是迅速实现斜井施工机械化的有效途径之一。耙斗装岩机在工作面的布置如图5-20所示。

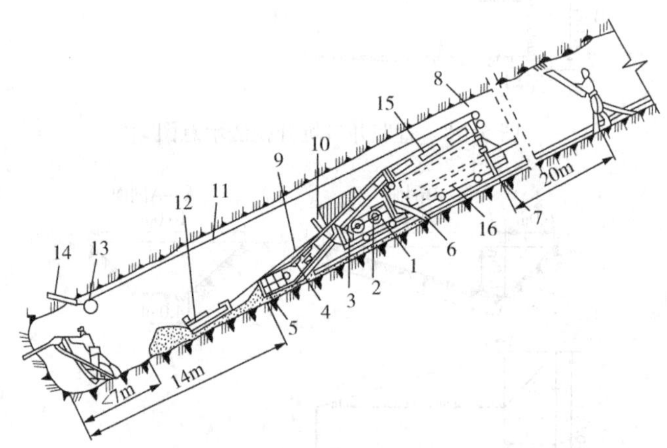

图5-20 耙斗机在斜井工作面布置示意图

1—绞车绳筒；2—大轴轴承；3—操纵连杆；4—升降丝杆；5—进矸导向门；6—大卡道器；7—托梁支撑；8—后导绳轮；9—主绳(重载)；10—照明灯；11—副绳(轻载)；12—耙斗；13—导向轮；14—铁楔；15—溜槽；16—箕斗

我国斜井施工，通常只布置一台耙斗机。当井筒断面很大，掘进宽度超过4m时，可采用两台耙斗机，其簸箕口应前后错开布置。为提高装岩效率，耙斗装岩机距工作面不要超过15m。

正铲侧卸式铲斗装岩机，与一般后卸式铲斗装岩机相比，其卸载高度适中，卸载距离短，装岩效率高，动力消耗少。与耙斗式装岩机相比，其装载比较灵活，可以装载大于800mm的大块岩石。

5.3.2.3 提升工作

斜井掘进提升对斜井掘进速度有重要影响。根据井筒的斜长、断面和倾角大小选择提升容器。我国一般采用矿车或箕斗提升方式的较多。箕斗与矿车比较，前者具有装载高度低、提升连接装置安全可靠、卸载迅速方便等优点。尤其是使用大容量(如4t)箕斗，可有效增加提升量，配合机械装岩，更能提高出岩效率。

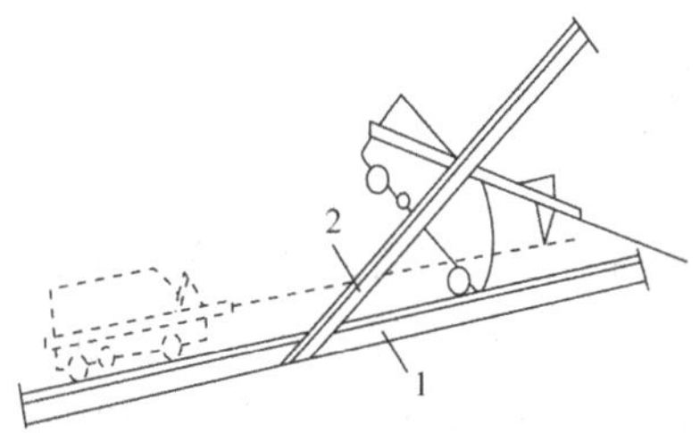

图5-21 前卸式箕斗卸载示意图

1—标准轨；2—宽轨

当井筒浅，提升距离在200m以内时，可采用矿车提升，以简化井口的临时设施。斜井掘进时的矿车提升，常为单车或双车提升。

我国在斜井施工中常把耙斗机与箕斗提升配套使用。箕斗有三种类型：前卸式(图5-21)、无卸载轮前卸式(图5-22)、后卸式等。

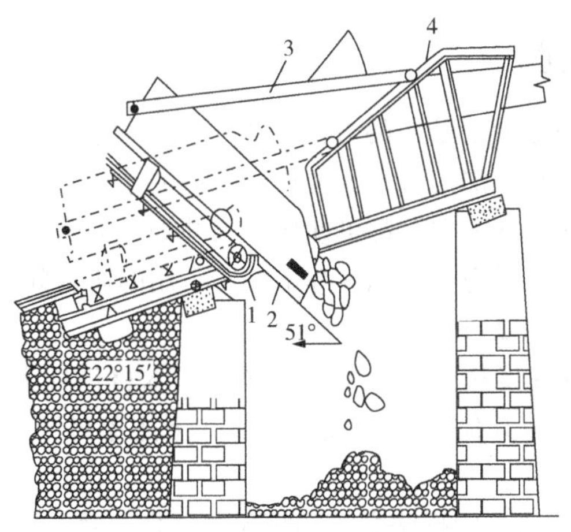

图5-22 无卸载轮前卸式箕斗卸载示意图

1—翻转架；2—箕斗；3—牵引框架；4—导向架

5.3.2.4 斜井中安全设施

斜井施工时，提升容器上下频繁运行，一旦发生跑车事故，不仅会损坏设备，影响正常施工，而且会造成人身安全事故。为此必须针对造成跑车的原因，采取行之有效的措施，以便确保安全施工。主要包括井口预防跑车安全措施及井内阻挡已跑车的安全措施。

无论哪种安全挡车器，平时都要经常检修、维护，定期试验是否有效。只有这样，一旦发生跑车才能确实发挥它们的保安作用。但更主要的是应该千方百计不使矿车或箕斗发生跑车事故。所以在组织斜井施工时，首先要严格操作规程，严禁违章作业，提高安全责任感，加强对设备、钢丝绳及挂钩等连接装置的维护检修，避免跑车事故的发生，以确保斜井的安全施工。

5.4 天井施工

天井是矿山井下联系上下两个中段的垂直或倾斜巷道，主要用于下放矿石或废石、行人、切割、通风、充填、探矿、运送材料工具和设备等。天井工程量约占矿山井巷工程总量的10%~15%，占采准、切割工程量的40%~50%。通常许多矿山每年都要掘进几百米至上万米的天井。因此，加快天井施工速度，对保证新建矿山早日投产和生产矿山三级矿量平衡，实现持续稳产、高产具有十分重要的意义。

5.4.1 普通法掘进

普通法掘进天井是沿用已久的方法。为了免除繁重的装岩工作和排水工作，采用普通法掘进天井时，都是自下而上进行掘进的。它不受岩石条件和天井倾角的限制，只要天井的高度不太大都可使用。天井划分为两格间，其中一间为供人员上下的梯子间，另一间为专供积存爆下的岩石用的研石间，其下部装有漏斗闸门，以便装车，如图5-23所示。

普通法掘进天井速度慢、工效低、通风差、木材消耗大、工人劳动强度大、安全事故多，正逐步被其他方法取代。一般在下述条件下，普通法仍占有一定地位。

① 不适宜用吊罐法、爬罐法掘进的短天井、盲天井。

② 在软岩和节理裂隙发育的岩层中，需要随掘随支的天井。

③ 倾角常变的沿脉探矿天井。

④ 掘进溜井时，其下部有一段特殊形状的井筒，不宜采用其他方法施工。

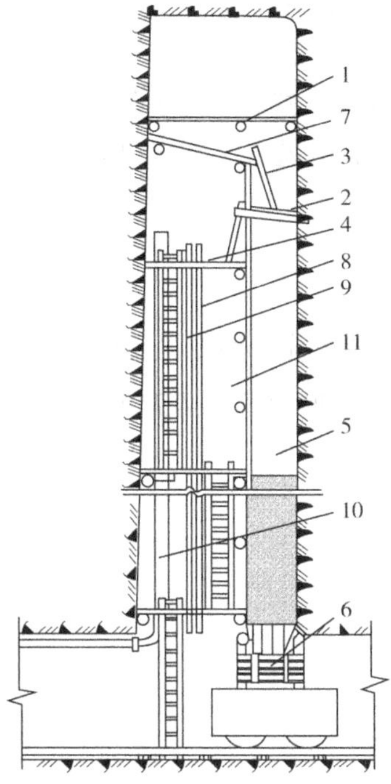

图 5-23 普通法掘进天井示意图

1—工作台；2—临时平台；3—短梯；4—工具台；5—岩石间；6—漏斗口；
7—安全棚(倾角约为 30°)；8—水管；9—风管；10—风筒；11—梯子间

5.4.2 吊罐法掘天井

吊罐法掘进天井如图 5-24 所示。它的特点是：用一个可以升降的吊罐代替

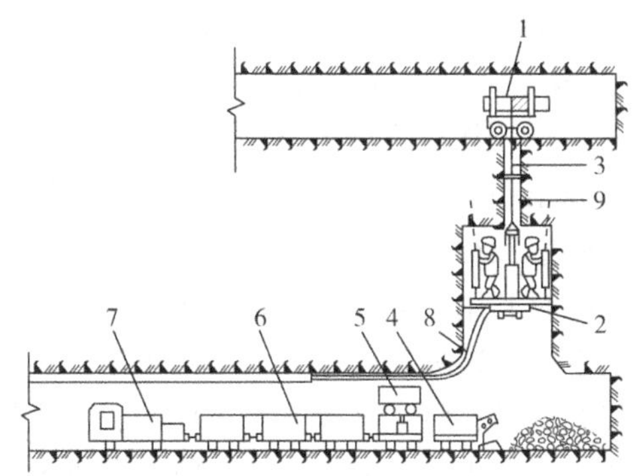

图 5-24 吊罐法掘进天井

1—游动绞车；2—吊罐；3—钢丝绳；4—装岩机；5—斗式转载车；
6—矿车；7—电机车；8—风水管；9—中心孔

普通法的凿岩平台，同时，又可作为提升人员、设备、工具和爆破器材的容器，因此简化了施工工序。吊罐法操作方便，效率较高，金属矿山已广泛使用。吊罐法掘进天井所用的主要设备有吊罐（直式或斜式）和提升绞车，以及深孔钻机、凿岩机、信号联系装置、局部扇风机、装岩机和电机车等。为了缩短出矸时间，尚可使用转载设备。

5.4.3 爬罐法掘进天井

用爬罐法掘进天井，它的工作台不像吊罐法那样用绞车悬吊，而是和一个驱动机械连接在一起，随驱动机械沿导轨上运行。图 5-25 为爬罐法掘进天井示意图。

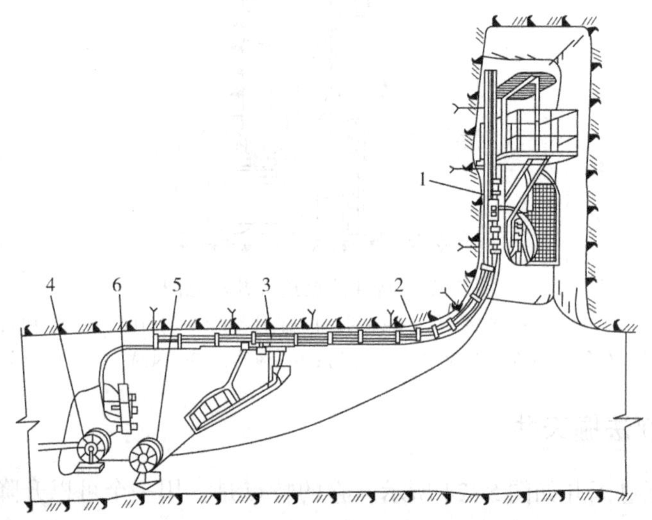

图 5-25 爬罐法掘进天井示意图

1—主爬罐；2—导轨；3—副爬罐；4—主爬罐软管绞车；5—副爬罐软管绞车；6—风水分配器

掘进前，先在下部掘出设备安装硐室（避炮硐室）。开始先用普通法将天井掘出 3~5m 高，然后在硐室顶板和天井壁上打锚杆，安装特制的导轨。此导轨可作为爬罐运行的轨道，同时利用它装设风水管向工作面供应高压风和高压水。在导轨上安装爬罐，在硐室内安装软管绞车、电动绞车以及风水分配器和信号联系装置等。上述设备安装调试后，将主爬罐升至工作面，工人即可站在主爬罐的工作台上进行打孔、装药连线等工作。放炮之前，将主爬罐驱往避炮硐室避炮，放炮后，打开风水阀门，借工作面导轨顶端保护盖板上的喷孔所形成的风水混合物对工作面进行通风。爆下来的岩渣用装岩机装入矿车运走。装岩和钻孔可根据具体情况顺序或平行进行。

导轨随着工作面的推进而不断接长。只有当天井掘完后，才能拆除导轨，拆除导轨的方向是自上而下进行的。利用辅助爬罐可以使天井工作面与井下取得联系，以便缩短掘进过程中的辅助作业时间。

5.4.4 深孔爆破法掘进天井

深孔爆破法掘进天井就是先在天井下部掘出 3~4m 高的补偿空间，然后在天井上部按照天井设计断面尺寸，沿天井全高自上而下或自下而上钻凿一组平行深孔，然后分段装药、分段爆破，形成所需断面尺寸的天井(图 5-26)。爆下的岩石在下中段装车外运。这种施工法的最大特点是工人不进入天井内作业，作业条件得到显著改善。

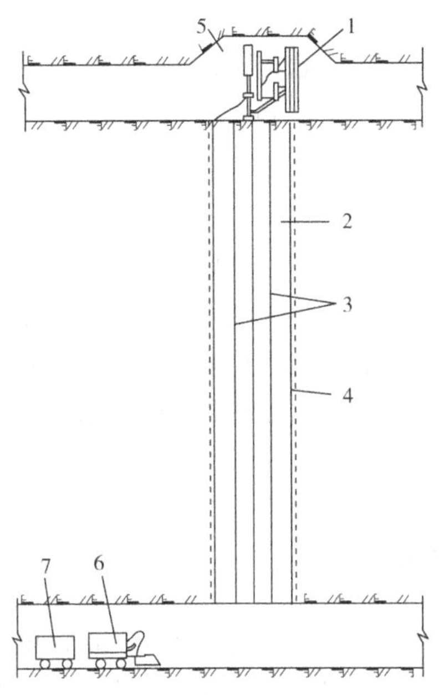

图 5-26 深孔爆破法掘进天井示意图

1—深孔钻机；2—天井；3—掏槽孔；4—周边孔；5—钻机硐室；6—装岩机；7—矿车

采用此方法的关键是：钻孔垂直度要好，孔的布置要适宜，爆破参数要合理，起爆顺序要得当。深孔爆破法掘进天井的掏槽方式可分为以空孔为自由面的掏槽和以工作面为自由面的漏斗掏槽，前一种掏槽方式用得较多。

5.4.5 钻进法掘天井

钻进法掘进天井，是用天井钻机在预掘的天井断面内沿全深钻一个直径 200~300mm 的导向孔，然后用扩孔刀具分次或一次扩大到所需断面，人员不进入工作面，实现了掘进工作全面机械化。

天井钻机的钻进方式主要有两种：一种是上扩法，其钻进程序是，将天井钻机安在上部中段，用牙轮钻头向下钻导向孔，与下部中段贯通后，换上扩孔刀头，由下而上扩孔至所需要的断面，见图 5-27 (a)。另一种是将钻机安在天井底部，先向上打导向孔，再向下扩孔，即所谓下扩法，见图 5-27(b)。

在钻井之前，先在上水平开凿钻机硐室，于底板上铺一层混凝土垫层，待其凝结硬化后，用地脚螺丝将钻机固定在此基础上，用斜撑油缸和定位螺杆把钻机调节到所需的钻进角度，接上电源，便可开始自上而下钻进导向孔。

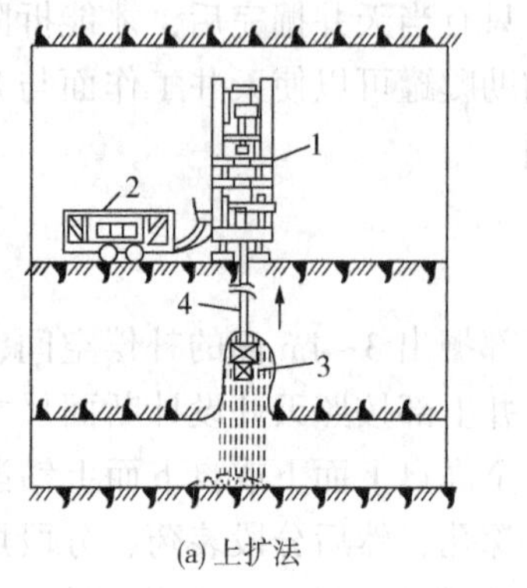

(a) 上扩法

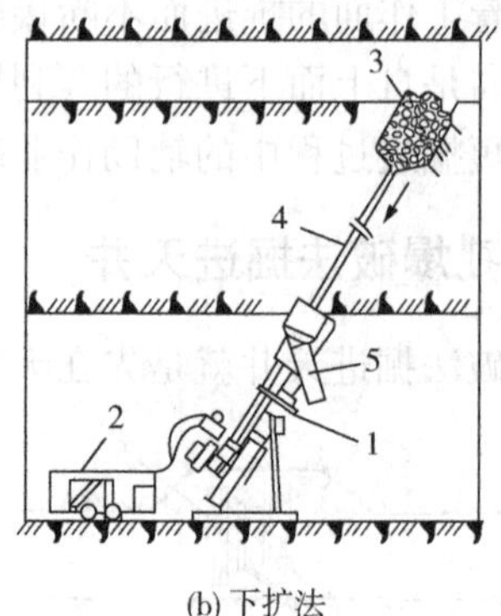

(b) 下扩法

图 5-27　天井钻进法的两种钻进方式

1—天井钻机；2—动力组件；3—扩孔钻头；4—导向孔；5—漏斗

当导向孔钻通下水平后，卸下钻头，换上扩孔刀头，然后开始自下而上开始扩孔。扩孔刀具的选用视岩石条件而定。当扩孔刀头钻通钻机底下的混凝土垫层后，用钢丝绳暂时将扩孔刀头吊在井口，待撤除钻机之后再取出扩孔刀头；或是在钻机撤除之前将扩孔刀头放到天井的底部，但是这需要重新接长钻杆，比较费事。

5.5　硐室施工

硐室种类很多，大体上可分为机械硐室和生产服务性硐室两种。机械硐室主要有卸矿、破碎、翻笼、装载硐室、卷扬机房、中央水泵房及变电所、电机车修理间等；生产服务硐室有等候室、工具库、调度室、医疗室、炸药库、会议室等。

各种硐室的形状、规格和结构差别很大，岩石性质也不相同，采用的施工方法较多。这些施工方法归纳起来主要有四种：全断面施工法、导硐施工法、留矸施工法。

5.5.1　全断面法

全断面施工法和普通巷道施工法基本相同。由于硐室的长度一般不大，进出口通道狭窄，不易采用大型设备，基本上用巷道掘进常用的施工设备。如果硐室较高，钻上部炮孔就必须蹬渣作业，装药连线必须用梯子，因此全断面一次掘进高度一般不超过 4~5m。这种方法的优点是利于一次成硐，工序简单，劳动效率高，施工速度快；缺点是顶板围岩暴露面积大、维护较难、浮石处理及装药不方便等。

5.5.2 台阶工作面法

由于硐室的高度较大不便于操作，可将硐室分成两个分层施工，形成台阶工作面。上分层工作面超前施工的，称为正台阶施工法；下分层工作面超前施工的，称为倒台阶施工法。

5.5.2.1 正台阶工作面施工法

一般可将整个断面分为两个分层，每个分层都是一个工作面，分层高度以1.8~2.5m为宜，最大不超过3m，上分层的超前距离一般为2~3m。先掘上部工作面，使工作面超前而出现正台阶。爆破后先进行上分层工作面的出渣工作，然后上下分层同时打孔，如图5-28所示。

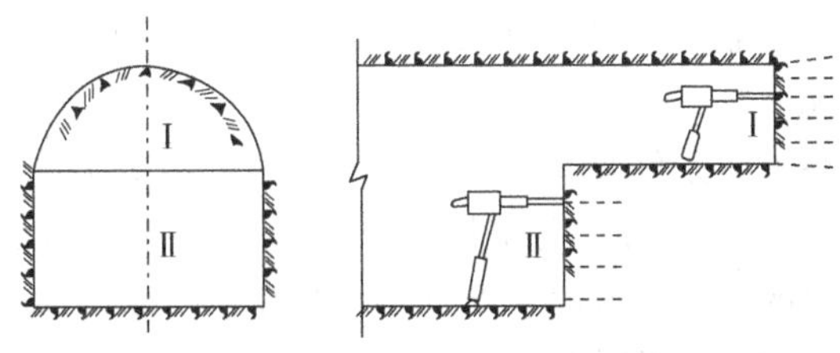

图5-28 正台阶工作面开挖示意图

这种方法的优点是断面呈台阶形布置，施工方便，有利于顶板维护，下台阶爆破效率高。缺点是使用铲斗装岩机时，上台阶要人工扒渣，劳动强度大。

5.5.2.2 倒台阶工作面施工法

采用这种方法时，下部工作面超前于上部工作面，如图5-29所示。施工时先开挖下分层，上分层的凿岩、装药、连线工作借助于临时台架。为了减少搭设台架的麻烦，一般采取先拉底后挑顶的方法进行。

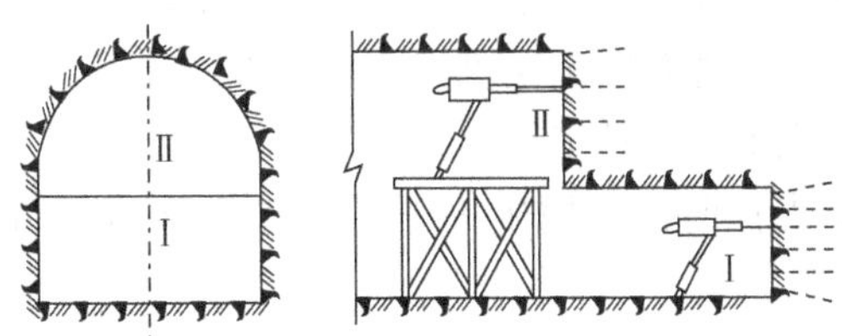

图5-29 倒台阶工作面开挖示意图

采用喷锚支护时，支护工作可以与上分层的开挖同时进行，随后再进行墙部的喷锚支护。采用砌筑混凝土支护时，下分层工作面超前4~6m，高度为设计的墙高，随着下分层的掘进先砌墙，上分层随挑顶随砌筑拱顶。下分层掘后的临时支护，视岩石情况可用锚喷、木材或金属棚式支架等。

这种方法的优点是：不必人工扒岩，爆破条件好，施工效率高，砌碹时拱和墙接茬质量好。缺点是挑顶工作较困难。

这两种方法应用广泛，其中先拱后墙的正台阶施工法在较松软的岩层中也能安全施工。

5.5.3 导坑施工法

借助辅助巷道开挖大断面硐室的方法称为导坑法(导硐法)。这是一种不受岩石条件限制的通用硐室掘进法。它的实质是，首先沿硐室轴线方向掘进 1~2 条小断面巷道，然后再行挑顶、扩帮或拉底，将硐室扩大到设计断面。其中首先掘进的小断面巷道，称为导坑(导硐)，其断面为 $4\sim8m^2$。它除为挑顶、扩帮和拉底提供自由面外，还兼作通风、行人和运输之用。开挖导坑还可进一步查明硐室范围内的地质情况。

导坑施工法是在地质条件复杂时保持围岩稳定的有效措施。在大断面硐室施工时，为了保持围岩稳定，通常可采用两项措施：一是尽可能缩小围岩暴露面积；二是硐室暴露出的断面要及时进行支护。导坑施工法有利于保持硐室围岩的稳定性，这在硐室稳定性较差的情况下尤为重要。

采用导坑施工法，可以根据地质条件、硐室断面大小和支护形式变换导坑的布置方式和开挖顺序，灵活性大，适用性广，因此应用甚广。

导坑法施工的缺点是由于分步施工，故与全断面、台阶工作面施工法相比，施工效率低。

根据导坑的位置不同，导坑施工法有下列几种。

5.5.3.1 中央下导坑施工法

导坑位于硐室的中部并沿底板掘进。通常导坑沿硐室的全长一次掘出。导坑断面的规格按单线巷道考虑并以满足机械装岩为准。当导坑掘至预定位置后，再行开帮、挑顶，并完成永久支护工作。

当硐室采用喷锚支护时，可用中央下导坑先挑顶后开帮的顺序施工，如图 5-30所示。

砌筑混凝土支护的硐室，适用中央下导坑先开帮后挑顶的顺序施工，如图 5-31所示。在开帮的同时完成砌墙工作，挑顶后砌拱。

中央下导坑施工方法一般适用于跨度为 4~5m，围岩稳定性较差的硐室，但如果采用先拱后墙施工时，适用范围可以适当加大。这种方法的主要优点是顶板易于维护，工作比较安全，易于保持围岩的稳定性，但施工速度慢，效率低。

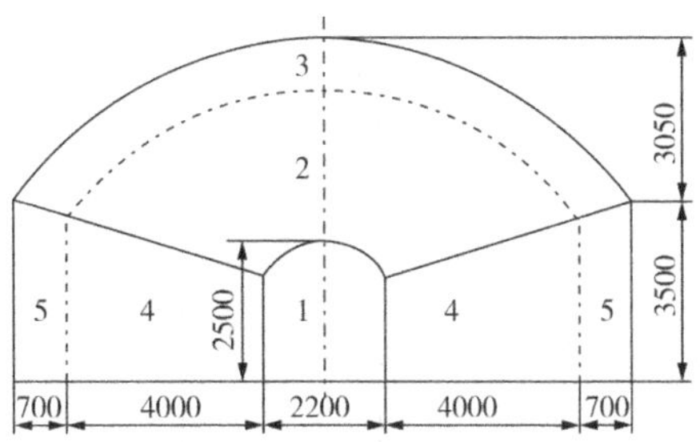

图 5-30 某矿提升机硐室采用下导坑先拱后墙的开挖顺序图(单位：mm)

1—下导硐；2—挑顶；3—拱部光面层；4—扩帮；5—墙部光面层

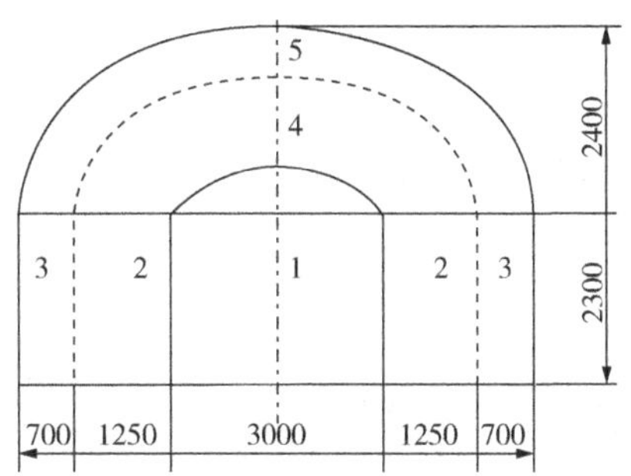

图 5-31 下导坑先墙后拱的开挖顺序图(单位：mm)

1—下导坑；2—扩帮；3—墙部光面层；4—拱部；5—拱部光面层

5.5.3.2 两侧导坑施工法

在松软、不稳定岩层中，当硐室跨度较大时，为了保证施工安全，一般都采用两侧导坑施工法。在硐室两侧紧靠墙的位置沿底板开凿两条小导坑，一般宽为1.8~2.0m，高为2m左右。导坑随掘随砌墙，然后再掘上一层导坑并接墙，直至拱基线为止。第一次导坑将矸石出净，第二次导坑的矸石崩落在下层导坑里代替脚手架。当墙全部砌完后就开始挑顶砌拱。挑顶由两侧向中央前进，拱部爆破时可将大部分矸石直接崩落到两侧导坑中，有利于采用机械出岩。如图 5-32 所示。拱部可用喷锚支护或砌混凝土，喷锚的顺序视顶板情况而定。拱部施工完后，再掘中间岩柱。这种施工方法在软岩中应用较广。

5.5.3.3 上下导坑施工法

上下导坑法原是开挖大断面隧道的施工方法，近年来随着光爆喷锚技术的应用，扩大了它的使用范围，在金属矿山高大硐室的施工中得到推广使用。

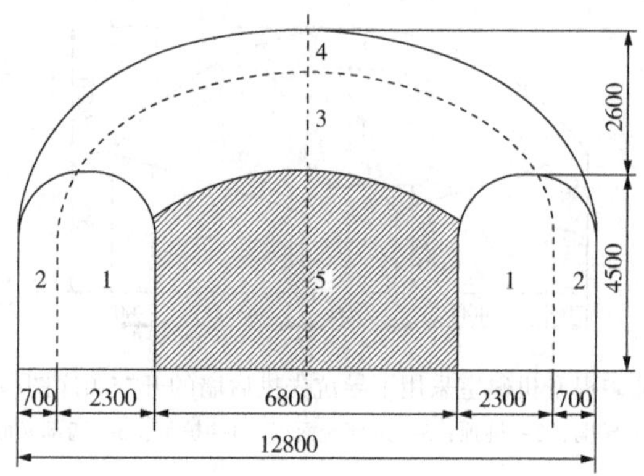

图 5-32 侧壁下导坑施工法(单位：mm)

1—两侧下导坑；2—墙部光面层；3—挑顶；4—拱部光面层；5—中心岩柱

金山店铁矿地下粗破碎硐室掘进断面尺寸为 31. 4m ×14. 15m×11. 8m（长××宽×高)，断面积为 154. 9m²。该硐室在施工中采用了上下导坑施工法，如图 5-33 所示。

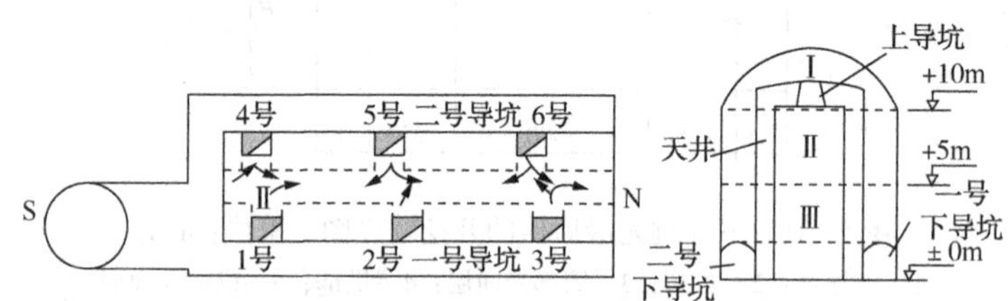

图 5-33 硐室开挖顺序及天井导坑布置

Ⅰ~Ⅲ—开挖顺序；1~6 号—天井编号

这种施工方法适用于中等稳定和稳定性较差的岩层，围岩不允许暴露时间过长或暴露面积过大的开挖跨度大、墙很高的大硐室，如地下破碎机硐室、大型提升机硐室等。

5. 5. 3. 4 *留矿法*

留矿法是金属矿山采矿方法的一种。用留矿法采矿时，在采场中将矿石放出后剩下的矿房就相当于一个大硐室。因此，在金属矿山，当岩体稳定，硬度在中等以上(f>8)，整体性好，无较大裂隙、断层的大断面硐室，可以采用浅孔留矿法施工。其施工方法如图 5-34 所示。

采用留矿法施工破碎硐室时，为解决行人、运输、通风等问题，应先掘出装载硐室、下部储矿仓和井筒与硐室的联络道。然后从联络道进入硐室，并以拉底方式沿硐室底板按全宽拉开上掘用的底槽，其高度为 1. 8~2. 0m。以后用上向凿

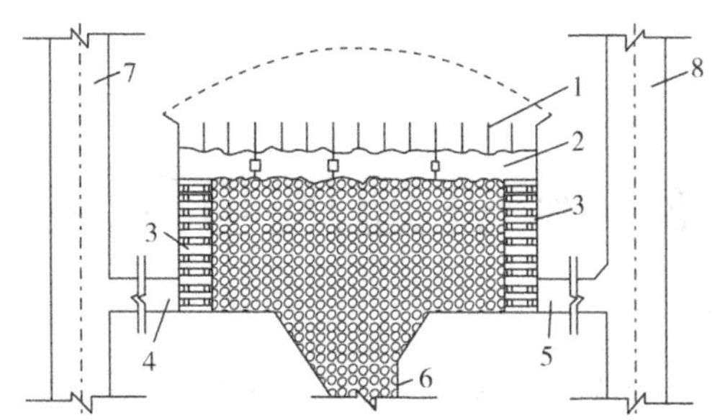

图 5-34 某铅锌矿粗碎硐室留矿法施工示意图

1—上向炮孔；2—作业空间；3—顺路天井；4—主井联络道；5—副井联络道；6—下部储矿仓；7—主井；8—副井

岩机分层向上开凿，孔深 1.5～1.8m，炮眼间距为 0.8m×0.6m 或 1.0m×0.8m，掏槽以楔形长条状布置在每层的中间。爆破后的岩渣，经下部储矿仓通过漏斗放出一部分，但仍保持渣面与顶板间距为 1.8～2.0m，以利继续凿岩、爆破作业，直至掘至硐室顶板为止。为了避免漏斗的堵塞，应控制爆破块度，大块应及时处理。顺路天井与联络道用于上下人员、材料并用于通风。使用留矿法开挖硐室的掘进顺序是自下而上，但进行喷锚支护的顺序则是自上而下先拱后墙，凿岩和喷射工作均以渣堆为工作台。当硐室上掘到设计高度，符合设计规格后，用渣堆作工作台进行拱部的喷锚支护。在拱顶支护后，利用分层降低渣堆面的形式，自上而下逐层进行边墙的喷锚支护。这样随着边墙支护的完成，硐室中的岩渣也就通过漏斗放完。如果边墙不需要支护，硐室中的岩渣便可一次放出，但在放渣过程中需将四周边墙的松石处理干净，以保证安全。

留矿法开挖硐室的主要优点是工艺简单、辅助工程量小、作业面宽敞、可布置多台凿岩机同时作业、工效高。我国金属矿山利用此法施工大型硐室已取得了成功的经验，但该法受到地质条件的限制，岩层不稳定时不宜使用。同时，要求底部最好有漏斗装车的条件，比如粗碎硐室的下部储矿仓。因此此法应用不如导坑法广泛。

6 矿井通风与防尘

矿井通风是利用机械或自然通风动力，使地面空气进入井下，并在井巷中作定向地流动，最后排出矿井的全过程。矿井通风是矿井生产环节中最基本的一环，它在矿井建设和生产期间始终占有非常重要的地位。它的作用是供给井下足够的新鲜空气，满足人员对氧气的需要；冲淡井下有害气体和粉尘，保证安全生产；调节井下气候条件，创造良好的工作环境。

6.1 矿井通风基础知识

6.1.1 矿内大气

矿井的空气主要来自地面空气，地面空气进入井下后，会发生一些物理、化学的变化，所以，矿井空气的组分无论在数量上还是质量上和地面空气都有较大的差别。

6.1.1.1 矿内空气

地面空气进入矿井以后即称为矿井空气。正常的地面空气进入矿井后，当其成分与地面空气成分相同或近似，符合安全卫生标准时，称为矿内新鲜空气。由于井下生产过程产生了各种有毒有害的物质，使矿内空气成分发生一系列变化。其表现为：含氧量降低，二氧化碳量增高，并混入了矿尘和有毒有害气体(如CO、NO_2、H_2S、SO_2等)，空气的温度、湿度和压力也发生了变化等。这种充满在矿内巷道中的各种气体、矿尘和杂质的混合物，统称为矿内污浊空气。

矿内空气主要成分包括：

(1) 氧(O_2)　氧气为无色、无味、无臭的气体，相对密度为1.11。它是一种非常活泼的元素，能与很多元素起氧化反应，能帮助物质燃烧和供人和动物呼吸，是空气中不可缺少的气体。

空气中的氧少了，人们的呼吸就感到困难，严重时会因缺氧而死亡。当空气中的氧减少到17%时，人们从事紧张的工作会感到心脏和呼吸困难；氧减少到15%时会失去劳动能力；减少到10%～12%时，人会失去理智，时间稍长对生命就有严重威胁；减少到6%~9%时，人会失去知觉，若不急救就会死亡。

我国矿山安全规程规定，矿内空气中氧含量不得低于20%。

(2) 二氧化碳(CO_2)　CO_2是无色，略带酸臭味的气体，相对密度为1.52，是一种较重的气体，很难与空气均匀混合，故常积存在巷道底部，在静止的空气中有明显的分界。CO_2不助燃也不能供人呼吸，易溶于水，生成碳酸，使水溶液呈弱酸性，对眼鼻、喉黏膜有刺激作用。

当空气中CO_2浓度过大，造成氧浓度降低时，可以引起缺氧窒息。当空气中CO_2浓度达5%时，人就出现耳鸣、无力、呼吸困难等现象；达到10%~20%时，人的呼吸处于停顿状态，失去知觉，时间稍长就有生命危险。

我国矿山安全规程规定：有人工作或可能有人到达的井巷，CO_2浓度不得大于0.5%；总回风流中，CO_2浓度不超过1%。

(3) 氮气(N_2)　氮气是一种惰性气体，无色无味，分子量为28，标准状态下的密度为1.25kg/m^3，是新鲜空气中的主要成分。N_2本身无毒、不助燃，也不供呼吸。除了空气本身的含N_2外，矿井空气中N_2主要来源是井下爆破和生物的腐烂，煤矿中有些煤岩层中也有N_2涌出，但金属、非金属矿床一般没有N_2涌出。

6.1.1.2　矿内空气中常见的有害气体

金属矿山井下常见的对安全生产威胁最大的有毒有害气体有：一氧化碳(CO)、二氧化氮(NO_2)、二氧化硫(SO_2)、硫化氢(H_2S)等。这些有毒有害气体的来源包括井下爆破作业产生的炮烟、柴油机工作时产生的废气、高硫矿床硫化矿物的缓慢氧化、井下失火引起坑木燃烧等。

(1) 一氧化碳(CO)　一氧化碳是无色、无味、无臭的气体，对空气的相对密度为0.97，故能均匀地散布于空气中，不用特殊仪器不易察觉。CO微溶于水，一般化学性不活泼，但浓度在13%~75%时能引起爆炸。

我国矿山安全规程规定：矿内空气中CO浓度不得超过0.0024%(24ppm)，按重量计算不得超过30mg/m^3。爆破后，在通风机连续运转条件下，CO的浓度降至0.02%时，就可以进入工作面了。

(2) 氮氧化物(NO_x)　炸药爆炸可产生大量的一氧化氮和二氧化氮，其中的一氧化氮极不稳定，遇空气中的氧即转化为二氧化氮。二氧化氮是一种褐红色有强烈窒息性的气体，对人体危害最大的是破坏肺部组织，引起肺水肿。对空气的比重为1.57，易溶于水，而生成腐蚀性很强的硝酸。

我国矿山安全规程规定：NO_2浓度不得超过0.00025%(2.5ppm)。

(3) 硫化氢(H_2S)　硫化氢是一种无色有臭鸡蛋味的气体。它对空气的比重为1.10，易溶于水。硫化氢具有很强的毒性，能使血液中毒，对眼睛黏膜及呼吸道有强烈的刺激作用。我国矿山安全规程中规定：井下空气中硫化氢含量不得超过0.00066%(6.6ppm)。

(4) 二氧化硫(SO_2) 二氧化硫是一种无色、有强烈硫黄味的气体，易溶于水，对空气比重为2.2，常存在于巷道的底部，对眼睛有强烈刺激作用。SO_2 与水蒸气接触生产硫酸，对呼吸器官有腐蚀性，使喉咙和支气管发炎，呼吸麻痹，严重时引起肺水肿。

我国矿山安全规程规定：空气中 SO_2 含量不得超过0.0005%(5ppm)。

6.1.1.3 矿尘

在开采有用矿物的生产过程中，所产生的一切细散状矿物和岩石的尘粒，称为矿尘。从胶体化学的观点来看，含有粉尘的空气是一种气溶胶，悬浮粉尘散布弥漫在空气中与空气混合，共同组成一个分散体系，分散介质是空气，分散相是悬浮在空气中的粉尘粒子。

矿尘是一种有害物质，它危害人体的健康。当它落于人的潮湿皮肤上，有刺激作用，而引起皮肤发炎。特别是硫化矿尘。它进入五官亦会引起炎症。有毒矿尘(铅、砷、汞)进入人体还会引起中毒。

矿尘危害最大的是，当人长期吸入含有游离二氧化硅(SiO_2)的矿尘时，会引起硅肺病。

根据《关于防止厂矿企业中矽尘危害的决定》规定，作业场所空气中粉尘允许浓度：含游离二氧化硅大于10%者，不得超过 $2mg/m^3$；小于10%者，不得超过 $10mg/m^3$。

6.1.1.4 放射性气体

开采铀矿床及含铀、钍伴生的金属矿床时，必须注意对空气中的放射性气体的防护。矿内空气中对工人造成危害的放射性气体主要是氡及其子体。氡是一种无色、无味、透明的放射性气体，其半衰期为3.825d。氡是一种惰性气体，一般不参加化学反应。由氡到铅的衰变过程中所产生的短寿命中间产物统称为氡的子体。这些氡子体具有金属特性和荷电性，与物质粘附性很强，易于矿尘结合、黏着，形成放射性气溶胶。

氡子体对肺部组织的危害，是由于沉积在支气管上的氡子体在很短的时间内把它的 α 粒子全部潜在的能量释放出来，其射程正好可以轰击到支气管上皮基底细胞核上，这正是含铀矿山工人患肺癌的原因之一。

6.1.2 矿井通风系统

矿井通风系统是向矿井下各作业地点供给新鲜空气，排出污浊空气的通风网路、通风动力和通风控制设施的总称。矿井通风系统对资源的安全开发有着极其深远的影响。

矿井通风系统可分为若干类型。根据矿井通风系统的结构可分为统一通风和分区通风；根据进、回风井的布置位置可分为中央式、对角式、分区式及混合式通风；根据主扇的工作方式可分为压入式、抽出式和混合式通风；根据主扇的安装地点可分为井下、地表和井下地表混合式通风。

6.1.2.1 统一通风与分区通风

一个矿井构成一个整体的通风系统称为统一通风，一个矿井划分若干个独立的通风系统，风流互不干扰，称为分区通风。拟定矿井通风系统时，应首先考虑采用统一通风还是分区通风。

分区通风的各通风系统是处于同一开拓系统中，但各自有独立的通风动力，一套完整的进、回风井巷，它们在通风系统上是相互独立的。但由于存在于同一开拓系统，所以各系统井巷间存在一定的联系。

比较统一通风与分区通风系统，分区通风具有风路短、阻力小、漏风少、费用低以及风路简单、风流易于控制、有利于减少风流串联和合理进行风量分配等优点。因此，在一些矿体埋藏较浅且分散的矿井开采浅部矿体时期，得到广泛的应用。但是，由于分区通风需要具备较多的入排风井，它的推广使用受到一定的限制。

6.1.2.2 中央、对角和混合式通风

每一个矿井的通风系统至少要有一个可靠的进风井和一个可靠的回风井。按入风井、回风井的位置关系，通风井的布置方式有中央并列式、中央对角式和侧翼对角式三种，相关内容已在第3章作了介绍。

混合式通风则是由上述诸种方式混合组成。例如中央分列与两翼对角混合式、中央并列与两翼对角混合式等。混合式通风的特点是进、出风井的数量较多，通风能力大，布置较灵活，适应于井田范围大、地质和地表地形复杂、生产规模较大、瓦斯涌出量大的矿井。

6.1.2.3 压入、抽出和混合式通风

主扇风机的工作方式有三种：压入式、抽出式、混合式。不同的通风方式，

矿井空气处于不同的受压状态，同时，在整个通风路线上形成了不同形式的压力分布状态，从而在进、回风量、漏风量、风质和受自然风流干扰的程度等方面出现了不同的通风效果。

(1) 压入式通风　压入式通风，主扇安设在入风井口，在压入式主扇的作用下，整个通风系统都处在高于当地大气压力的正压状态。在进风侧高压的作用下新鲜风流沿指定的通风路线迅速进入井下用风地点。

压入式通风由于使整个通风系统都处于正压状态，所以，有利于控制采空区、老窑等地点的有毒有害气体外逸而污染矿井空气。但主扇风机一经因故停止运转，它所服务的巷道系统内空气压力下降，使采空区内有毒有害气体向停风区域涌出，可能导致停风区域巷道内有毒有害气体浓度超限，或使巷道中的氧气浓度下降，严重时可使人员缺氧窒息。同时，压入式通风的风门等风流控制设施均安设在进风段巷道，进风段巷道其中有些是交通要道，人员、车辆或提升容器通过频繁，风门易受损坏，井底车场漏风大，不易管理和控制。

(2) 抽出式通风　抽出式通风的矿井主扇安设在回风井口。抽出式主扇的工作使整个矿井通风系统处在低于当地大气压力的负压状态。在回风侧高负压的作用下，用风地点的污风迅速进入回风系统，污风不易扩散。

与压入式通风比较，抽出式通风由于使整个通风系统都处于负压状态，所以，对于有自燃发火、瓦斯等危险的矿井，具有防止一旦停风时瓦斯等有毒有害气体大量涌出的作用。同时，风流的调节控制设施均安设在回风巷道，不妨碍行人、运输，管理方便。但不利于控制采空区、煤矿老窑等地点的有毒有害气体外逸而污染矿井空气。

(3) 混合式通风　主扇风机压抽混合式通风要在进风井口设一台风机作压入式工作，回风井口设一台风机作抽出式工作。通风系统的进风部分处于正压状态，回风部分处于负压状态。这种通风方式兼有压入式和抽出式两种通风方式的优点，是提高矿井通风效果的重要途径。但混合式通风所需通风设备较多，通风动力消耗也大，管理复杂。选择主扇风机的工作方式时，地表有无塌陷区或其他难以隔离的通路，即产生漏风的因素十分重要，对于开采无地表塌陷区或虽有塌陷区但可以采取充填、密闭等措施，能够保持回风巷道有严密性的矿井，应采用抽出式或以抽出式为主的混合式通风。对于开采有地表塌陷区，而且回风道与采空区之间不易隔绝的矿井，应采用压入式或以压入式为主的压抽混合式的风机工作方式进行矿井通风。

6.1.2.4　主扇风机的安装

主扇风机可安装在地表，也可安装在井下，一般安装在地表。

主扇风机安装在地表的主要优点是：安装、检修、维护管理都比较方便。井下发生灾变事故时，地表风机比较安全可靠，不易受到损害。井下发生火灾时，便于采取停风、反风或控制风量等通风措施。其缺点是：井口密闭、反风装置和风硐的短路漏风较大。当矿井较深，工作面距主扇较远时，沿途漏风量大。在地形条件复杂的情况下，安装、建筑费用较高，并且安全上受到威胁。

主扇风机安装在矿井下，主扇装置的漏风少，风机距工作面近，沿途漏风也少。可同时利用较多井巷进风或回风，可降低通风阻力。但其风机安装、检查、管理不方便。且易受井下灾害所破坏。所以，矿井主扇风机一般安装在地表。

6.1.2.5 通风构筑物

矿井通风构筑物是矿井通风系统中的风流调控设施，用以保证风流按生产需要的路线流动。凡用于引导风流、遮断风流和调节风量的装置，统称为通风构筑物。合理地安设通风构筑物，并使其经常处于完好状态，是矿井通风技术管理的一项重要任务。通风构筑物可分为两大类：一类是通过风流的构筑物，除了前边介绍过的主扇的附属装置以外，还包括风桥、导风板、调节风窗和风障；另一类是遮断风流的构筑物，包括挡风墙和风门等。

（1）风桥　通风系统中进风道与回风道交叉处，为使新风与污风互相隔开，需构筑风桥。风桥应坚固耐久，不漏风。主要风桥应采用砖石或混凝土构筑或开凿立体交叉的绕道。

（2）导风板　矿井通风工程中使用以下几种导风板：

① 引风导风板。压入式通风的矿井，为防止井底车场漏风，在进风石门与阶段沿脉巷道交叉处，安设引导风流的导风板，利用风流动压的方向性，改变风流分配状况，提高矿井有效风量率，如图 6-1 所示。

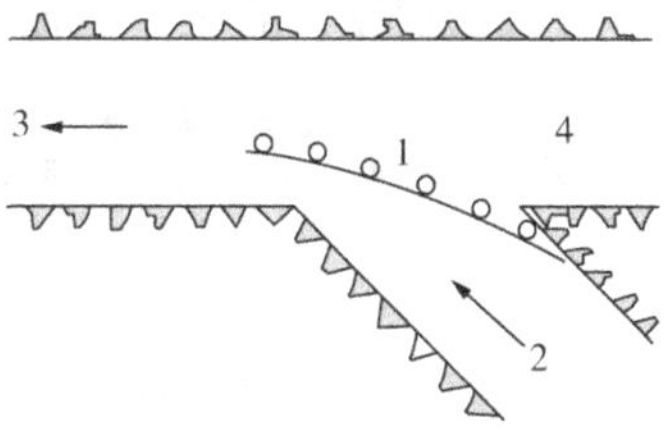

图 6-1　引风导风板

1—导风板；2—进风石门；3—采区巷道；4—井底车场巷道

② 降阻导风板。在风速较高的巷道直角转弯处，为降低通风阻力，可用铁板制成机翼形或普通弧形导风板，减少风流冲击的能量损失。图 6-2 是直角转弯处的导风板装置，导风板的敞开角 α 取 100°。导风板的安装角 β 取 45°~50°。

③ 汇流导风板。在三岔口巷道中，当两股风流对头相遇时，可安设如图 6-3 所示的导风板，减少风流相遇时的冲击能量损失。此种导风板可用木板制成，安装时应使导风板伸入汇流巷道后所分成的两个隔间的面积与各自所通过的风量成比例。

（3）调节风窗及纵向风障　调节风窗是以增加巷道局部阻力的方式，调节巷道风量的通风构筑物。在挡风墙或风门上留一个可调节其面积大小的窗口，通过改变窗口的面积，控制所通过的风量。调节风窗多设置在无运输行人或运输行人较少的巷道中。

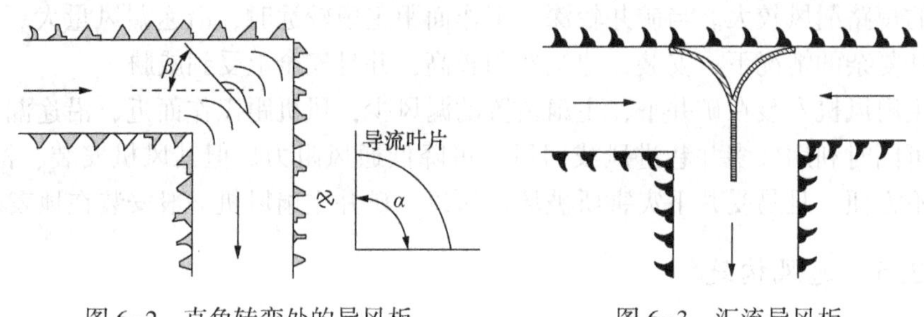

图 6-2　直角转弯处的导风板　　　　图 6-3　汇流导风板

纵向风障是沿巷道长度方向砌筑的风墙。它将一个巷道隔成两个隔间，一格入风，另一格回风。纵向风障可在长独头巷道掘进通风时应用。根据服务时间的长短，纵向风障可用木板、砖石或混凝土构筑。

(4) 挡风墙(密闭)　挡风墙又称密闭，是遮断风流的构筑物。挡风墙通常砌筑在非生产的巷道里。永久性挡风墙可用砖、石或混凝土砌筑。当巷道中有水时，在挡风墙下部应留有放水管。为防止漏风，可把放水管一端做成 U 形，保持水封(图 6-4)。临时性挡风墙可用木柱、木板和废旧风筒布钉成。有些单位正在研制可快速装卸的临时性挡风墙。

(5) 风门　在通风系统中，既需要隔断风流，又需要通车行人的地方，需建立风门。在回风道中，只行人不通车或通车不多的地方，可构筑普通风门。在通车行人比较频繁的主要运输道上，则应构筑自动风门，如图 6-5 所示。

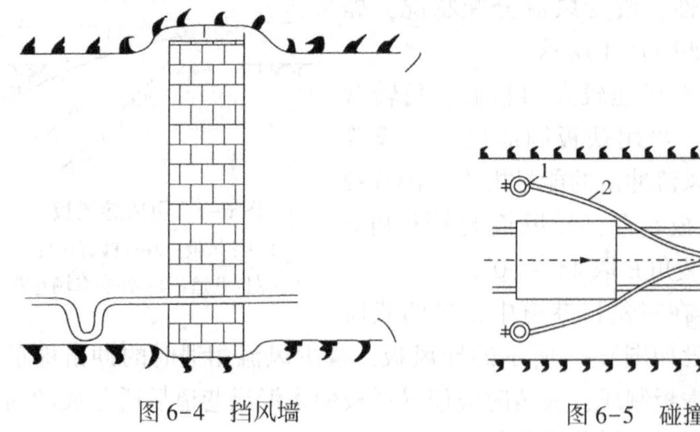

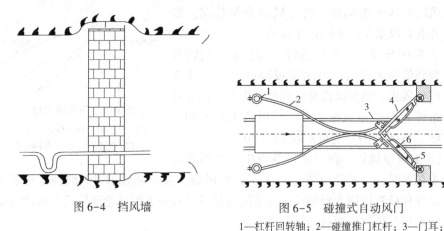

图 6-4　挡风墙　　　　图 6-5　碰撞式自动风门

1—杠杆回转轴；2—碰撞推门杠杆；3—门耳；4—门板；5—推门弓；6—缓冲弹簧

6.2 矿井通风网路

矿井通风系统是由通风巷道及其交汇点组成的网路系统，我们把由多条分支巷道及回路或网孔所形成的通风回路称为通风网路。

通风网路中，为满足安全生产需要，巷道的连接形式多种多样，但基本连接形式可分为：串联、并联、角联和复杂连接。

6.2.1 串联、并联通风网路

6.2.1.1

由两条或两条以上分支彼此首尾相连，中间没有风流分汇点的线路称为串联风路。如图 6-6 所示，由 1、2、3、4、5 五条分支组成串联风路。

6.2.1.2 并联风路

在图 6-7 中，采区内由进风上山供风给左右回采工作面，乏风经各自回风巷道汇集在采区总回风巷道，形成通风网路中进风 a、回风 b 两节点之间有两条或多条巷道存在。这种由两条或两条以上具有相同始节点和末节点的分支所组成的通风网络，称为并联风路。如图 6-7 所示，风路 1、2、3、4、5 之间构成并联风路。

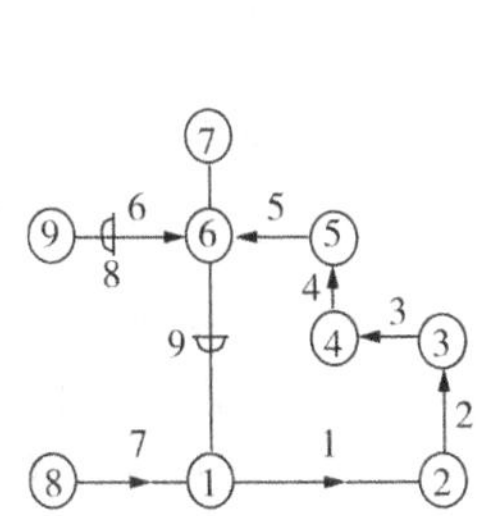

图 6-6 串联通风网路示意图

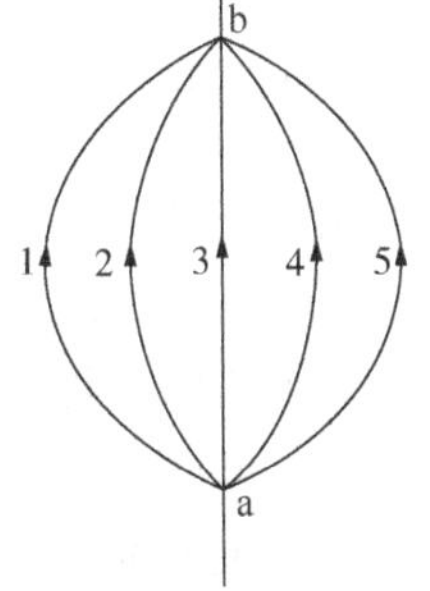

图 6-7 并联通风风路示意图

6.2.1.3 串联网路与并联网路的比较

矿井通风中，各工作地点供风应尽量采用并联网路，避免串联。并联网路与串联网路通风系统比较，并联网路通风有下列优点：

① 总风阻及总阻力较小，并联网路的总风阻比其中任一分支的风阻都小。

② 各并联分支的风量都可通过改变分支风阻等方法，按需要进行风量调节。

③ 各并联分支都有独立的新鲜风流，串联时则不然，后一风路的入风是前一风路排出的污风，互相影响大，尤其是在发生爆炸、火灾事故时，串联的危害更为突出。

所以安全规程强调各工作面要独立通风，尽量避免采用串联通风。

6.2.2 角联通风网路

存在于并联巷道之间，连通两侧的联络巷道称为角联或对角巷道，两侧并联巷道称为边缘巷道，由这些巷道组成的通风网路称为角联通风网路。如图 6-8 所示，仅有一条对角巷道的网路称为简单角联网路。如图 6-9 所示，网路中有两条或两条以上的对角巷道时称为复杂角联网路。角联网路的特点是对角巷道的风流方向不稳定。

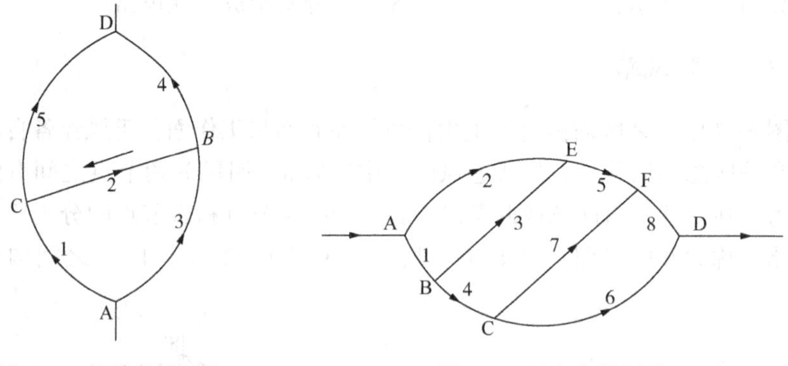

图 6-8 简单角联网路

图 6-9 复杂角联网路

矿井生产实践中，基于安全生产的需要，通常在进风系统或回风系统施工一些联络巷道，即角联巷道，这就复杂了矿井通风系统，给矿井通风管理带来很多问题。一方面，由于角联巷道的存在，可能会造成边缘巷道风流流向不稳，用风地点供风不足；另一方面，由于角联巷道通风设施管理不善，可能会形成局部风流反向，甚至通风系统紊乱。所以，生产实践中，要重点加强角联巷道特别是对通风系统可能会造成较大危害的角联巷道的管理，须采取有力措施，避免危害的产生。

6.3 矿井通风动力

矿井内空气沿着既定井巷源源不断地流动，不断地将新鲜空气送至用风地点，将污风排出矿井，就必须使风流始末两端存在能量差或压差，在能量差或压差的作用下克服风流流动的阻力，促使风流流动，提供这种能量差或压差的动力就称为通风动力。

通风机风压和自然风压均是矿井通风动力。因此，根据通风动力来源不同，可将通风动力分为机械动力、自然动力两种。矿井通风中，依靠机械动力通风称为机械通风，依靠自然动力通风称为自然通风。

6.3.1 自然通风

6.3.1.1 自然风压的产生

如图6-10为一个简化的矿井通风系统，a-b 、d-e 为矿井的进、回风井，b-c为水平巷道，c-d 为倾斜巷道，o-e 为水平线。新鲜风流由进风井进入矿井内，与井巷壁面岩石发生热量交换，使得进、回风井的气温出现差异，从而使得进、回风井里的空气密度不同，由此形成的两空气柱作用在井筒底部的空气压力不相等，其压差就是自然风压。

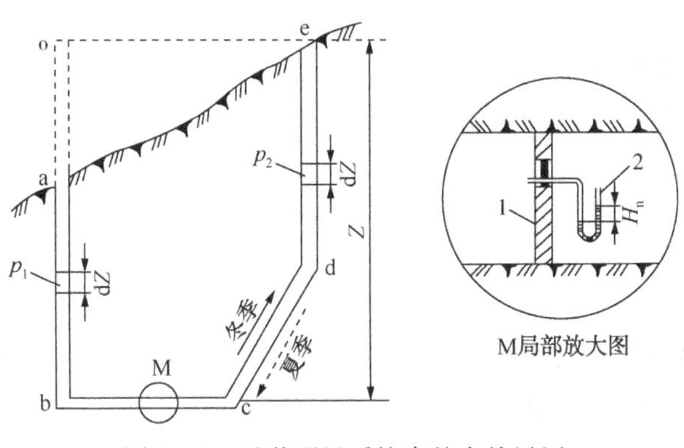

图 6-10 矿井通风系统中的自然风压

1—密闭墙；2—压差计

6.3.1.2 自然风压的变化规律

矿井进风和出风两侧空气柱的高度和平均密度是矿井自然风压的两项影响因素，而空气柱的平均密度主要取决于空气的温度。因此，对于进、出风口高差较大，开采深度较浅的矿井，由于进风侧空气柱的平均密度随着地面四季气温的变化而变化，出风侧空气柱的平均密度常年基本不变，致使矿井的自然风压发生图6-11 所示的季节性变化。对于开采深度较深的矿井，由于进风侧空气柱的平均密度随着地面四季气温的变化较小，致使矿井的自然风压受低温影响较小，所以自然风压的大小随四季变化不大，如图 6-12 所示。

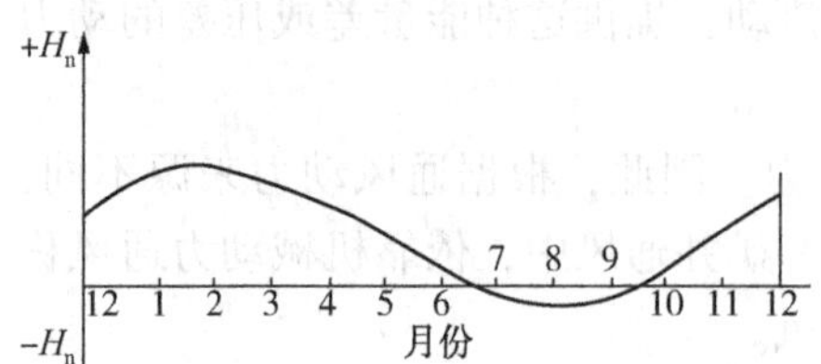

图 6-11 开采深度较浅的矿井

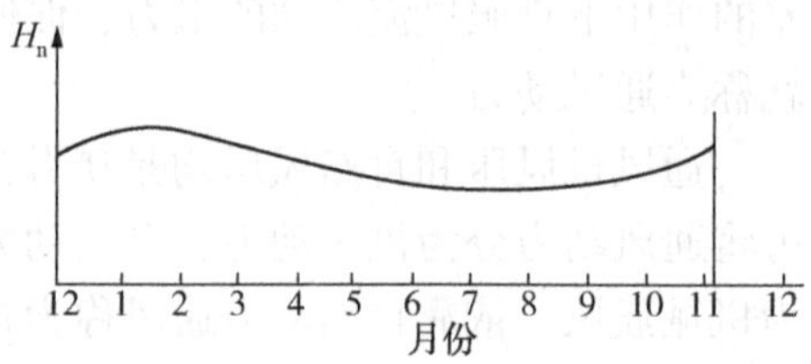

图 6-12 开采深度较深的矿井

矿井自然通风的形成，是矿内空气与外界发生了热能或其他形式能量的交换而促使空气做功，用以克服井巷通风阻力，维持空气流动。

矿井在自然风压作用下的自然通风是客观存在的自然现象，其作用有时对矿井通风有利，有时却对矿井通风不利。所以，仅依靠自然风压通风的矿井，由于自然风压的改变使得矿井通风风流流向的改变，甚至风流停滞，致使供风量不稳定，不能满足矿井安全生产的需要。

6.3.2 矿井机械通风

在机械动力的作用下，使风流获得能量并沿井巷流动，这种现象称为矿井机械通风。在矿井通风中，用于通风的机械主要是扇风机，扇风机是矿井通风的主要动力。

矿用扇风机按其服务范围可分为主要扇风机(用于全矿井或其一翼通风的扇风机，并且昼夜运转，简称主扇)、辅助扇风机(帮助主扇对矿井一翼或一个较大区域克服通风阻力，增加风量和风压的扇风机，简称辅扇)和局部扇风机(用于矿井下某一局部地点通风用的扇风机，简称局扇）三种；按其构造和工作原理可分为离心式和轴流式扇风机两种类型。

6.3.2.1 离心式扇风机

如图 6-13 所示，离心式扇风机主要由动轮(工作轮)1、螺旋形机壳 5、吸风筒 6 和锥形扩散器 7 组成。

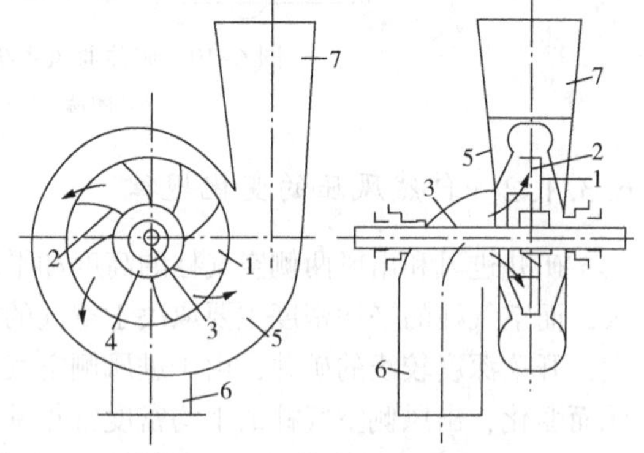

图 6-13 离心式扇风机构造

1—动轮；2—叶片；3—主轴；4—轮毂；5—螺旋形机壳；6—吸风管；7—锥形扩散器

其工作原理是当电机经传动装置带动叶轮在机壳中旋转时，叶片间的空气随叶片的旋转而旋转，获得离心力，经叶片端被抛出叶轮，并汇集在螺旋状机壳里。在机壳内空气流速逐渐减小，压力升高，然后经扩散器排出。与此同时，由于动轮中气体外流，在叶片的入口处形成负压区，吸风口处的空气便在此负压的作用下进入动轮叶道，因此形成连续流动的风流。

6.3.2.2 轴流式扇风机

轴流式扇风机用途非常广泛，之所以称为“轴流式”，是因为气体平行于风机轴流动。如图 6-14 所示，轴流式扇风机主要由动轮 1、圆筒形机外壳 3、集风器 4、整流器 5、流线体 6 和环形扩散器 7 所组成。动轮是由固定在轮轴上的轮毂和等间距安装的叶片 2 组成。集风器是外壳呈曲线形且断面收缩的风筒。流线体是一个遮盖动轮轮毂部分的曲面圆锥形罩，它与集风器构成环形入风口，以减少入口对风流的阻力。

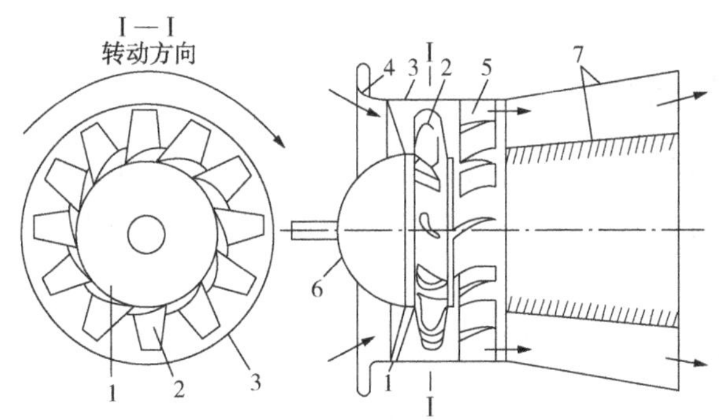

图 6-14 轴流式扇风机构造

1—动轮；2—叶片；3—圆筒形外壳；4—集风器；5—整流器；6—前流线体；7—环形扩散器

叶片的安装角一般可以根据需要调整。国产轴流式扇风机的叶片安装角一般可调为 150°，200°，250°，300°，350°，400°和 45°七种，使用时可以每隔 2. 5°调一次。

其工作原理如图 6-15 所示，叶片按等间距安装在动轮上，当动轮的叶片在空气中快速扫过时，由于叶片的凹面与空气冲击，给空气以能量，产生正压，空气从叶道流出，叶片的背面牵动空气，产生负压，将空气吸入叶道。如此一压一吸便造成空气流动。整流器安装在每一级叶轮之后，其作用是整理由动轮流出的旋转气流，

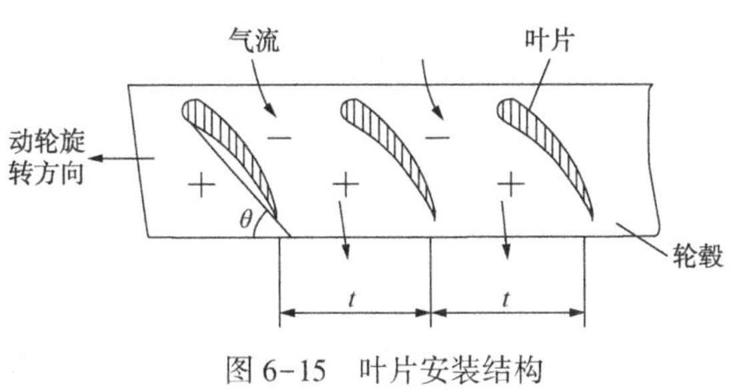

图 6-15 叶片安装结构

以减少涡流损失。环形扩散器的作用是使环状气流过渡到柱状气流时，速压逐渐减少，以减少冲击损失，同时使静压逐渐增加。

6.4 矿井风量调节

在矿井通风网路中，风量的分配形式有两种：一种是按巷道的风阻大小自然分配；另一种是根据工作地点需风量的大小按需分配。矿井生产实践中，随着生产矿井开采水平的延深，生产区域的变化，矿井通风网路及其结构也发生相应的变化。所以，必须及时、有效地进行风量的调节，以满足需风地点风量的要求。

风量调节是矿井通风管理职能部门的重要工作内容之一，它是一项经常性的工作，它对于确保矿井的安全生产尤为重要。风量调节按其范围，可分为局部风量调节和矿井总风量调节。

6.4.1 局部风量调节

局部风量调节是指在采区内部各工作面间、采区之间或生产水平之间，根据需风量的要求进行的风量调节。通常，风量调节方法有增阻法、减阻法及增加风压法三种。

6.4.1.1 增加风阻的风量调节方法

增加风阻调节的实质是在并联网路阻力较小的分支中安装调节风窗，从而增加风阻，以调节风量，确保风量按需分配。如图 6-16 所示，分支巷道 1、2 风阻分别为 R_1、R_2，通过网路及分支巷道的风量为 Q 、Q_1、Q_2，由于自然分配的风量 Q_1、Q_2不能满足需风地点对风量的要求，须通过调节，使得巷道 1、2 的风量达到既定要求的 Q'_1、Q'_2。

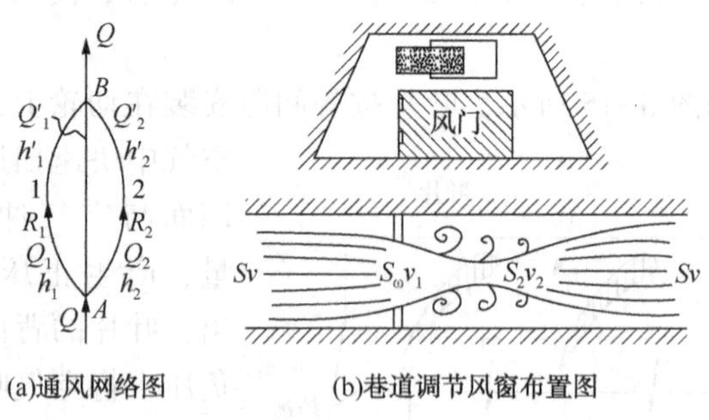

图 6-16 增阻调节风窗

增加风阻调节法操作简单易行、见效快，它是局部并联风路间风量调节的主要方法。但这种方法使矿井总风阻增加，如果主扇风压曲线不变，势必造成矿井总风量下降，要想保持总风量不减少，就得改变主扇风压曲线，提高风压，增加通风电费。因此，在安排作业面和布置巷道时，尽量使各风路的阻力不要相差太悬殊，以避免在通过风量较大的主要风路中安设调节风门。

6.4.1.2 降低风阻的调节方法

在并联风路中，降低风阻调节的实质是以阻力较小分支风路的阻力值为基础，采取措施降低阻力较大的分支风路的风阻，从而减小通风阻力，以调节风量，确保风量按需分配。由此可见，降阻调节法与增阻调节法相反，它是以并联网路中风阻较小风路为基础，采取一定措施，使阻力较大的风路降低风阻，从而实现并联网路各风路的阻力平衡，以达到调节风量的目的。

实现降阻调节的关键是如何降低风路通风阻力。巷道的风阻包括摩擦风阻和局部风阻。当局部风阻较大时，应首先采取措施降低局部风阻，当局部风阻较小摩擦风阻较大时，则应降低摩擦风阻。

采取降低风阻调节法的优点是能使矿井总风阻减小。若主扇风机性能曲线不变，采用降低风阻调节法会使矿井总风量增加。增加风量的风路中风量增加值大于另一风路风量的减少值，其差值就是矿井总风量的增加量。其缺点是工程量大、施工时间长、投资大，有时需要停产施工。所以降阻调节法多在矿井年产量增大、原设计不合理或涉及的巷道严重失修等特殊情况下，用于降低主要风路中某一段巷道的阻力，以实现风量调节的目的。

6.4.1.3 利用辅扇风机调节(增加风压)方法

当并联网路中两并联分支风路的阻力相差悬殊，用增阻和降阻调节法都不合理或不经济时，可在风量不足的分支风路中安设辅扇，以提高克服该段巷道阻力的通风压力，从而达到调节风量的目的。

用辅扇进行风路风量调节，其关键是以什么为依据来选择辅扇风机，辅扇风机应满足什么条件，辅扇风机应安设在什么地方。

生产实践中，辅扇调节的使用方法有两种：一种是有风墙的辅扇调节法，另一种是无风墙的辅扇调节法。

(1) 有风墙的辅扇调节法　如图6-17(a)所示，在安设辅扇的巷道断面上，除辅扇外其余断面均用风墙封闭，巷道内的风流全部通过辅扇。通常，在风墙上开设小门，以便于检修。

如图6-17(b)所示，如果运输巷道断面较小，为不妨碍运输，可另开一巷道，将辅扇安设在绕道内，但在巷道中至少安设两道风，其风门的间距必须大于一列车的长度，以便于列车通过时，确保风流的稳定。

(2) 无风墙的辅扇调节法　如图 6-18 所示，这种方式不需要风墙、风门及绕道，只是在巷道内的辅扇出风侧加装一段圆锥形的引射器，由于引射器出风口的面积比较小，则通过辅扇的风量从这个出风口射出时速度较大。一方面，给巷道内风流增加能量，共同克服风路阻力；另一方面，由于高速风流的诱导作用，带动部分风量从辅扇以外流过，从而增加风路的风量，达到调节风量的目的。

无风墙的辅扇调节法安装方便，对运输影响小，但因增加的能量有限，故提高风路上的风量不多，特别当辅扇产生的上述动能不足时，还会在引射器的出风侧和辅扇的进风侧之间造成循环风。

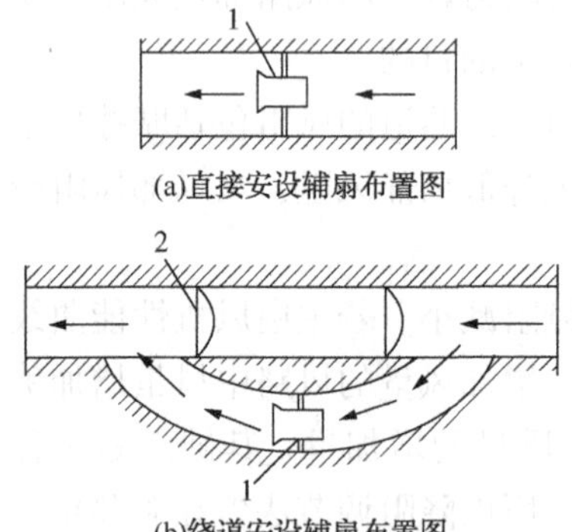

图 6-17　有风墙的辅扇布置图

1—辅扇风机；2—风门

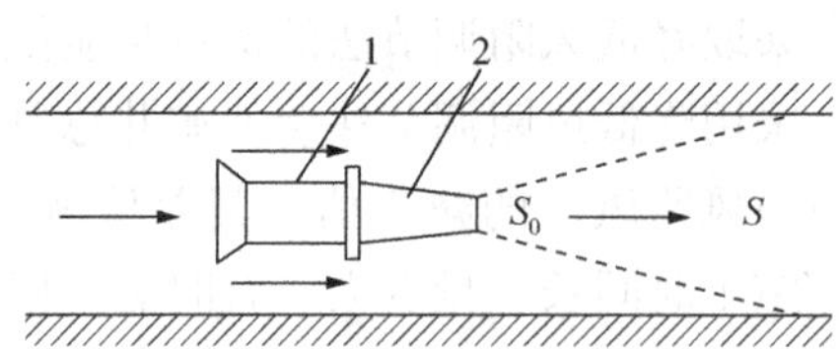

图 6-18　无风墙的辅扇

1—辅扇风机；2—引射器

总之，在并联风路中各条风路的阻力相差比较悬殊，主扇的风压满足不了阻力较大的风路需要时，不能采用增阻调节法。当采用降阻调节法在时间上又来不及时，可采用安装辅扇的增压调节法。

6.4.2　矿井总风调节

矿井生产过程中，由于生产区域衔接、生产水平延深、生产规模调整、开采工艺变化等因素影响，矿井通风网路及需风量将随之发生变化，为满足矿井通风安全需要，不仅要进行局部风量的调节，而且还要进行矿井总风量的调节。

矿井总风量调节主要是通过调整主扇风机的工况点来实现，其方法主要有改变主扇风机工作特性曲线的调节法及改变矿井通风网路的风阻特性曲线调节法。

6.4.2.1　改变主扇风机工作特性曲线的调节法

通过改变主扇风机工作特性曲线调节风量的方法主要有以下几种。

(1) 改变扇风机的转数　当矿井总风阻一定时，扇风机产生的风量、风压及消耗的功率分别与风机转数的一次方、二次方和三次方成正比。所以，改变扇风机转数可以得到不同的风量、风压和消耗不同的功率。

调整扇风机转数有以下几种主要方法：

① 如果扇风机和电动机之间是间接传动形式，可通过改变传动比的方法调整扇风机转数。

② 如果扇风机和电动机之间是直接传动的，则改变电动机的转数或更换电动机来改变扇风机转数。

③ 对于矿井大型主扇风机，可以利用变频调速技术调整电动机转数来调整风机转数。

(2) 改变轴流式扇风机动轮叶片的安装角度　由于轴流式扇风机的特性曲线随着动轮叶片安装角的变化而变化，所以，调整轴流式扇风机动轮叶片的安装角可以改变扇风机的供风量及风压。叶片安装角度越大，风量、风压越大。这种调节方法使用比较方便，效果也较好。

(3) 调整扇风机安装前导器　调整扇风机前导器的叶片角度可以调整动轮入口的风流速度，从而调整扇风机所产生的风压。但由于风流通过前导器时有风压损失，造成主扇风机效率降低，所以，为避免降低扇风机效率，采用前导器调节的范围不宜过大，只作为辅助性调节手段。

6.4.2.2　改变矿井通风网路的风阻曲线的调节方法

矿山实践中，一般采用改变巷道断面、设置调节风窗等方法降阻、增阻调节，实现改变矿井通风网路风阻特性曲线的目的。

矿井投产初期，所需风量较少，对于离心式扇风机，采取在风硐中调节闸门开启等措施增加风阻，使扇风机的工况点移动，从而达到调节供风量的目的。对于轴流式扇风机，由于其在正常工作段，通常随着风阻增加，风量减少，其轴功率增大。因而采用减小叶片安装角或降低风机转数的办法减少风量，而不采取增加风阻的办法减少风量。

随着矿井生产的延续，矿井需风量大于扇风机供风量时，通过降低矿井总风阻，改变主扇风机工况点或更换较大能力的风机等措施提高矿井总供风量，满足矿井安全生产需要。

6.5　局部通风

为满足矿井基建、生产、安全的需要，需开掘大量的井巷工程。井巷工程的施工，特别是矿岩体的暴露、爆破、破碎、装运等环节产生的有毒有害气体、矿尘等严重污染工作环境，加之其施工通常为单一巷道独头施工，巷道的通风不能形成贯穿风流，其危害极其严重。

为开掘井巷而进行的通风称为掘进通风，亦称局部通风。掘进通风的目的就是稀释并排除井巷掘进施工过程中产生的有毒有害气体与矿尘，并提供良好的气候条件。

掘进通风方法有自然通风、矿井主扇风压通风、引射器通风与局扇通风。

利用矿井主扇风压或自然风压为动力的局部通风方法，称为总风压通风；利用扩散作用的局部通风方法，称为扩散通风；利用引射器通风的局部通风方法，称为引射器通风；利用局部扇风机通风的局部通风方法，称为局扇通风。其中应用最普遍的是局扇通风。

6.5.1 总风压通风方法

这种通风方法不需要增设其他动力设备，直接利用矿井总风压，借助于风墙、风障或风筒等导风设施，将新鲜风流导入施工工作面，以排出其中的污浊空气。

6.5.1.1 利用纵向风墙导风

如图 6-19 所示，在施工巷道内用纵向风墙将巷道分为两部分，一边进风，另一边回风。根据风墙的构筑材料分为砖、石、混凝土风墙、木板墙等刚性风障和帆布、塑料等柔性风障。刚性风墙漏风小，导风距离可超过 500m。柔性风墙导风设施漏风大，只适用于短距离的导风。图中 1 为纵向风墙，2 为带有调节风窗的调节风门，以便行人和调节导入掘进工作面的风量。

6.5.1.2 利用风筒导风

如图 6-20 所示，利用风筒导风，需要在进风巷道适当位置设置挡风墙 2，墙上开有调节风窗的调节风门 3，以便调节风量、行人用，风筒 1 实现导风。

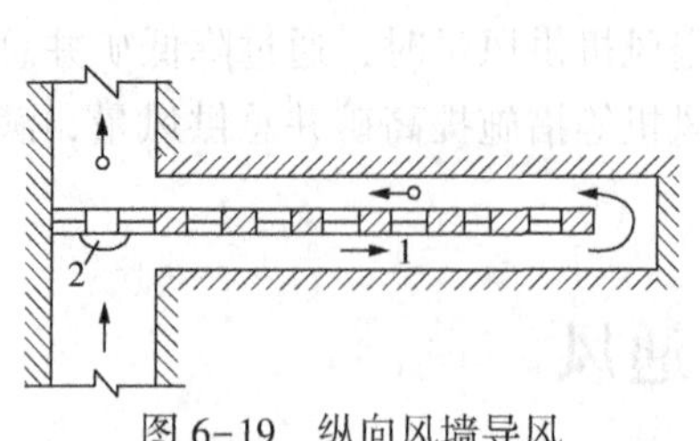

图 6-19　纵向风墙导风

1—纵向风墙；2—带有调节风窗的调节风门

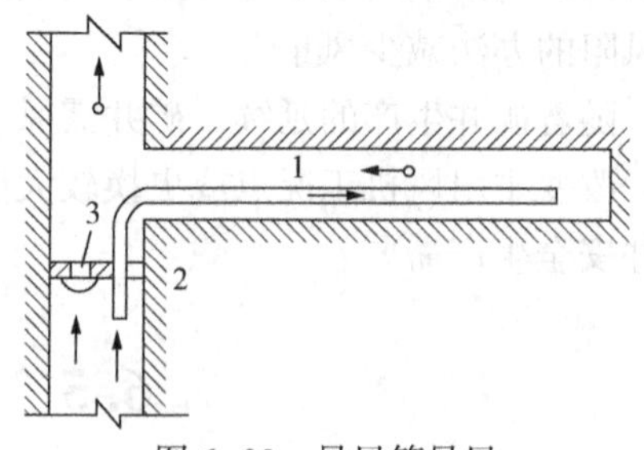

图 6-20　导风筒导风

1—风筒；2—挡风墙；3—调节风门

6.5.1.3 利用平行巷道通风

如图 6-21 所示，巷道施工采取双巷平行掘进，两巷之间按一定距离开掘联络巷道，前一个联络巷道贯通后，后一个联络巷道便密封，一条巷道进风，另一条巷道回风。两条平行的独头巷道可用风筒导风。

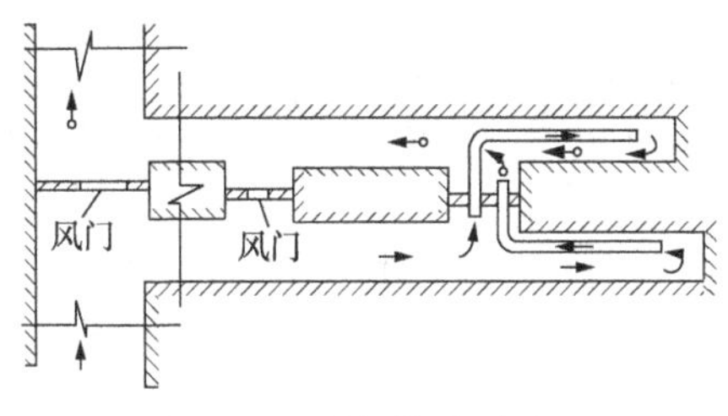

图 6-21 平行巷道通风

平行巷道掘进常用于煤矿的中厚煤层的煤巷施工，短距离通风有时采用巷道导风实现巷道通风。

总风压通风法的最大优点是安全可靠，管理方便，但要有足够的总风压以克服导风设施的阻力。同时，由于须在巷道内建立风墙、风门等设施，增加施工难度，并使得巷道有效断面利用率降低，不便于行人、设备材料运输等，所以，利用总风压实现掘进巷道通风理论上可行，工程实践上却很少采用。

6.5.2 扩散通风

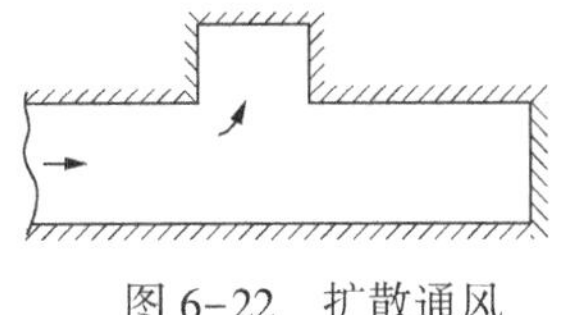
图 6-22 扩散通风

如图 6-22 所示，扩散通风方法不需要任何辅助设施，主要靠新鲜风流的紊流扩散作用清洗工作面。它只适用于短距离的独头工作面。一般用于巷道掘进初始或短距离的硐室施工时的通风。

6.5.3 引射器通风

引射器通风原理是利用压力水或压缩空气经喷嘴高速射出产生射流，在喷出射流周围造成负压区而吸入空气，同时给空气以动能，使风筒内风流流动。根据流经喷嘴的是压缩空气还是高压水，引射器分为压气引射器、高压水引射器两种。

6.5.3.1 压气引射器

如图 6-23 所示，其通风原理是利用压缩空气经喷嘴高速射出产生射流，在喷出射流周围造成负压区而吸入空气。为了减少射流与卷吸空气间冲击损失，在喷流前方设置混合整流管，风流经整流后向前运动，使风筒内风流流动。

6.5.3.2 高压水引射器

其通风原理是利用压力水经喷嘴高速射出产生射流，使风筒内风流流动。

如图 6-24 所示，水引射器的射流分成核心区、混合区、水滴区。水引射器的通风效果因喷嘴形状、水压大小而不同。通常，其工作水压为 1.5~3.0MPa，喷嘴出口口径为 2~4mm。

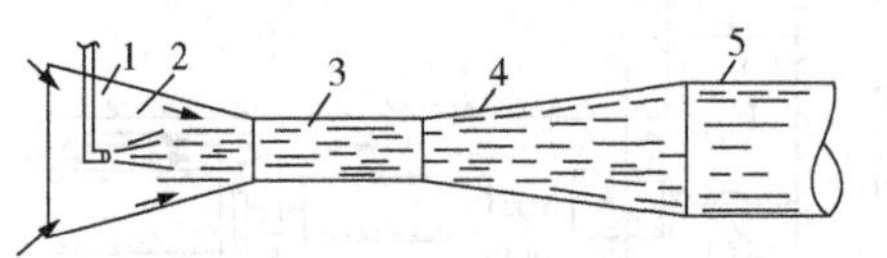

图 6-23　引射器通风原理示意图

1—动力管；2—喷嘴；3—混合管；4—扩散管；5—风筒

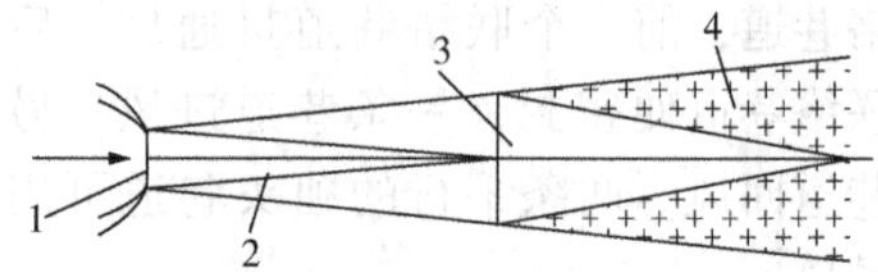

图 6-24　高压水引射器原理图

1—高压水流；2—等速核心区；3—混合区；4—水滴区

引射器通风的优点是安全，尤其在煤与瓦斯突出矿井煤巷掘进时，用它代替局扇，安全性会更高，同时，设备简单、有利于除尘和降温。其缺点是产生的风压低，送风量小，效率低，费用高，且只有掘进巷道附近有高压水源或压气时才能使用，局限性较大。

6.5.4　局扇通风

局扇通风是矿井广泛采用的掘进通风方法，按其工作方式分为压入式、抽出式和混合式通风。

6.5.4.1　压入式通风

如图 6-25 所示，为避免局扇吸入巷道排出的污风，产生循环风现象，压入式通风的局扇和启动装置均安装在距离掘进巷道 10m 以外的进风侧。局扇把新鲜风流经风筒压送到掘进工作面，污风沿巷道排出。

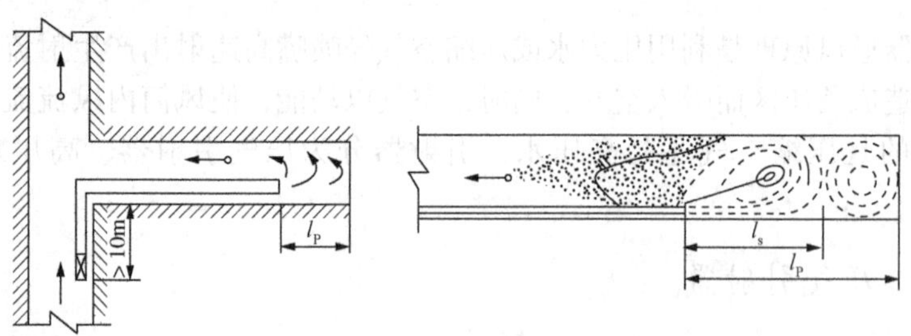

图 6-25　压入式通风示意图

压入式通风扇风机把新鲜风流经风筒压送到工作面，而污浊空气沿巷道排出，采用这种通风方式，工作面的通风时间短，但全巷道的通风时间长，因此长距离通风后路巷道污风充斥问题的解决很关键，如若是瓦斯矿井煤巷掘进，后路巷道有可能出现瓦斯等有毒有害气体的积聚，甚至导致灾害事故的发生。

6.5.4.2 抽出式通风

如图 6-26 所示，为避免污风与新鲜风流掺混，抽出式通风的局扇安装在距离掘进巷道口 10m 以外的回风侧。新鲜风流沿巷道流入，污风通过刚性风筒由局扇排出。

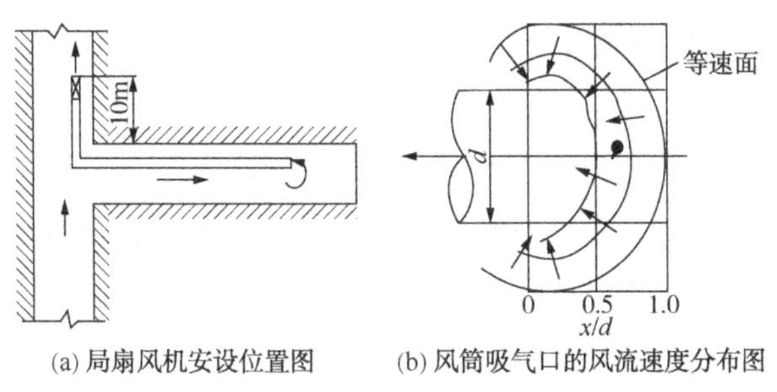

(a) 局扇风机安设位置图　　(b) 风筒吸气口的风流速度分布图

图 6-26　抽出式通风示意图

抽出式通风的优点体现在新鲜风流沿巷道进入工作面，整个井巷空气清新，劳动环境好，只要保证风筒吸入口到工作面的距离在有效吸程内，抽出式风量比压入式风量要小得多。

其缺点主要表现为：

① 污风通过风机，若风机不具备防爆性能，则抽出爆炸性气体时可能发生爆炸事故。

② 有效吸程小，生产过程中很难确保 $l \leqslant l_x$，所以，往往延长通风时间，排烟效果不好。

③ 不能使用柔性风筒，只能使用刚性风筒，成本增加，不便于安装、拆运及管理。

所以，对于煤矿特别是瓦斯矿井的煤巷掘进施工不使用抽出式局扇通风。但对于非煤矿山特别是在立井开凿施工时，采用抽出式通风，既可以迅速排出炮烟又可以抽出粉尘，所以应用较广泛。

6.5.4.3 混合式通风

井巷通风使用两套局扇风机及风筒装置，一套向工作面供新鲜风，一套为工作面排污风，这种通风方法称为混合式通风，如图 6-27 所示。它兼有压入和抽出式的优点，同时可避免各自缺点，通风效果较好，多用在大断面、长距离、瓦斯涌出量不大的巷道掘进时的通风。

采用混合式通风时，为了提高通风效果，避免循环风现象发生，应遵守下述要求：

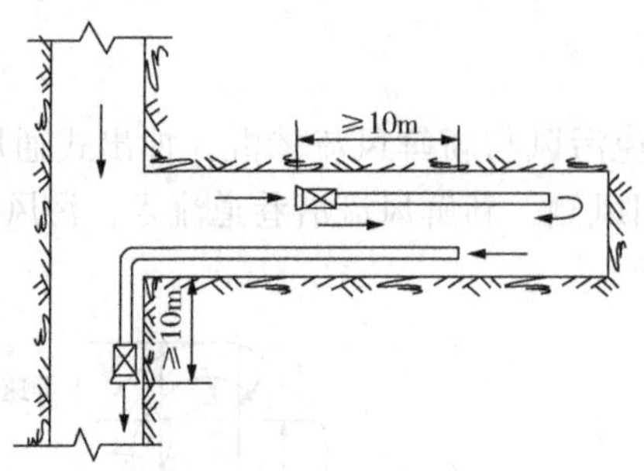

图 6-27　混合式通风

① 向掘进头供风的风筒出口距工作面的距离应小于有效射程。

② 抽出式风筒的吸风口或压出式局扇的吸风口应超前压入式局扇 10m 以上，它与工作面的距离应大于或等于炮烟抛掷距离。

③ 要确保抽出式风机吸风量大于等于压入式扇风机排出风量，并使压入风机至抽出风筒口这段巷道内有稳定的新鲜风流，防止压入风机出现污风循环。

混合式通风兼有压入式和抽出式通风的优点，是大断面岩巷掘进通风的较好方式。机掘工作面多采用与除尘风机配套的混合式通风。随着机掘比重的增加和除尘、自动检测技术的进步，混合式通风在我国将得到更广泛的应用，此方式需设备多，应加强管理。

7 露天开采

7.1 露天开采概述

7.1.1 露天开采的地位及特点

据统计，全世界固体矿物资源年开采总量约为3×10^{10}t，其中约三分之二采用露天开采。我国金属矿山露天开采，铁矿占70%~80%，铜矿占62%，铝土矿占97%，钼矿87%，稀有稀土矿95%；我国非金属矿山中，水泥矿山基本上都采用露天开采的方式进行，其他矿种采用露天开采达80%以上。

从国内外露天开采比重远大于其他开采方式这一点可以看出，露天开采目前在采掘工业中仍然占有主导地位。

露天开采与地下开采相比具有以下优越性：

① 建设速度快。从国内外建设金属矿山的情况来看，建设一个大型露天矿，一般只需2~4年时间，最快的只要几个月即可建成投产，而建设同样规模的地下矿山，其基建时间要增长一倍左右。

② 劳动生产率高。露天矿山由于能采用大型或特大型高效率的机械设备，劳动生产率比地下开采高出2~10倍。

③ 开采成本低。由于露天矿作业区范围大，有利于进行大规模机械化开采。金属矿露天开采的成本仅为地下开采成本的1/3~1/2，这对开采低品位的矿石更为有利。

④ 矿石损失贫化小。金属露天矿，一般矿石的损失率为3%~5%，贫化率为5%~8%；而地下开采，矿石损失率为15%~25%，贫化率为3%~15%。因而露天开采对充分回收矿产资源更为有利。

⑤ 作业条件好，生产安全可靠。劳动条件好这对于开采有自燃倾向的矿石、涌水大的矿床，更显重要。

露天开采的缺点主要是：

① 露天采场和排土场占地面积大，破坏自然景观和植被。一个露天开采的矿区占用的土地可达几十平方公里。

② 污染与破坏环境。开采过程中，穿爆、采装、运输、排土等作业会产生大气污染、水污染、噪音污染等环境污染，将危及人民身体健康，影响农作物与动植物的生长，破坏生态环境；

③ 露天开采易受气候条件影响。如严寒、酷暑、冰雪和暴风雨等都将影响和干扰露天生产。

总而言之，露天开采无论从技术上，还是经济上都有明显的优越性。这也决定了它在开采方法的选择上的优越性，只要条件允许，就要优先考虑用露天开采。

7.1.2 露天开采的基本概念

根据矿床埋藏条件，露天矿分为山坡露天矿和凹陷露天矿。露天开采境界封闭圈以上为山坡露天矿，封闭圈以下为深凹露天矿，如图 7-1 所示。露天开采上部境界在同一标高形成的闭合曲线，称为封闭圈。

露天开采所形成的采坑、台阶和露天沟道的总和，称为露天采场。露天开采时，把矿岩按一定的厚度划分为若干个水平分层，自上而下逐层开采，并保持一定的超前关系。在开采过程中各工作水平空间上呈阶梯状，每个阶梯就是一个台阶。台阶是露天采场的基本构成要素之一，进行采剥作业的台阶称为工作台阶，暂不作业的台阶称为非工作台阶。台阶的基本要素见图 7-2。

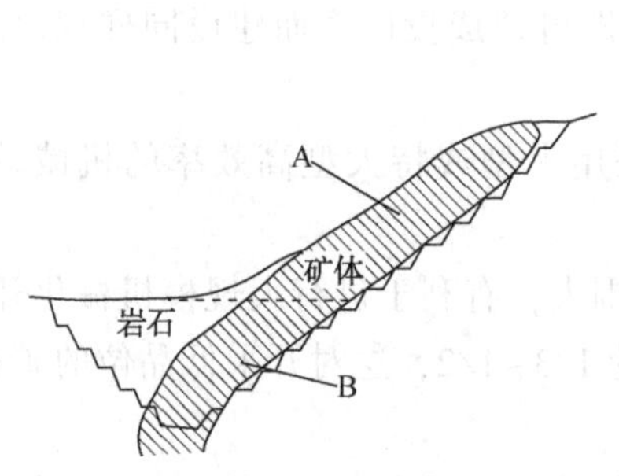

图 7-1 山坡露天矿和凹陷露天矿示意图

A—山坡露天矿；B—凹陷露天矿

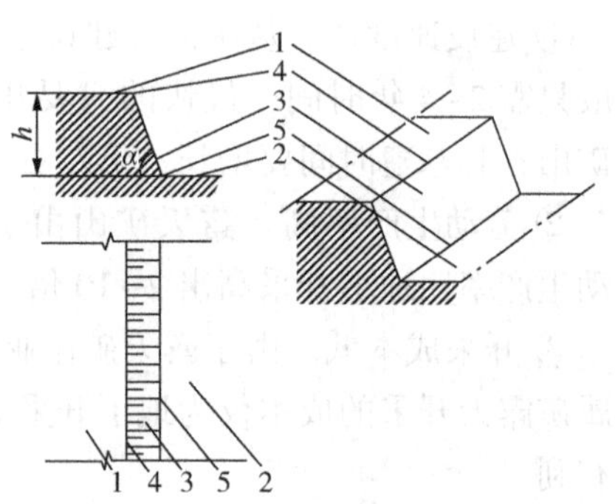

图 7-2 台阶构成要素

1—台阶上部平盘；2—台阶下部平盘；3—台阶坡面；4—台阶坡顶；5—台阶坡底线；α—台阶坡面角；h—台阶高度

其中，台阶坡面角 α 为台阶坡面与台阶下部平盘水平面之间的夹角；台阶高度为台阶上部平盘与下部平盘之间的垂直距离。

台阶的命名通常是以该台阶的下部平盘(即装运设备站立平盘)的标高来表示，如图 7-3 所示。开采时，将工作台阶划分为若干个条带逐条顺次开采，称每一条带为爆破带；挖掘机一次挖掘的宽度为采掘带。

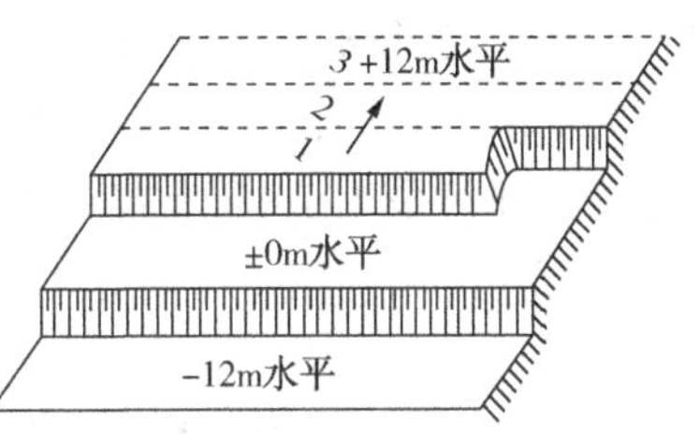

图 7-3　台阶的开采和命名

由结束开采工作的台阶平台、坡面和出入沟底组成的露天矿场的四周表面称为非工作帮或最终边坡(图 7-4 中的 AC、BF)。位于矿体下盘一侧的边帮叫底帮，位于矿体上盘的一侧的边帮叫顶帮，位于矿体走向两端的边帮叫端帮。

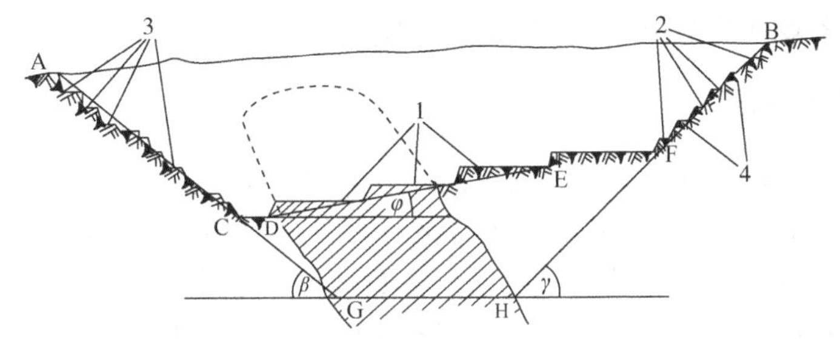

图 7-4　露天采场构成要素

由正在进行开采和将要进行开采的台阶所组成的边帮叫工作帮(图 7-4 的 DF)。通过非工作帮最上一个台阶的坡顶线与最下一个台阶的坡底线所作的假想斜面叫非工作帮坡面或最终帮坡面(图 7-4 的 AG、BH)。最终帮坡面与水平面的夹角叫最终帮坡角或最终边坡角(图 7-4 的 β、γ)。

通过工作帮最上一个台阶的坡底线与最下一个台阶的坡底线所作的假想斜面叫工作帮坡面(图 7-4 中的 DE)。工作帮坡面与水平面之间的夹角叫工作帮坡角(图 7-4 中的 φ)。

最终帮坡角与地面的交线为露天采场的上部最终境界线(图 7-4 中的 A、B 点)。最终帮坡面与露天采场底平面的交线为下部最终境界线或称底部周界(图 7-4中的 G、H)。上部最终境界线与下部最终境界线所在水平的垂直距离为露天矿场的最终深度。

非工作帮上的平台，按用途分为安全平台(图 7-4 中的 2)、运输平台(图 7-4 中的 3)和清扫平台(图 7-4 中的 4)。

安全平台设在最终边帮上，用以缓冲和截阻滑落岩石以及减缓最终边坡角，保证最终边坡的稳定和下部水平的工作安全。

运输平台是工作台阶与出入沟之间的运输联系的通道，它设在出入沟同侧的非工作帮和端帮上，其宽度依所采用的运输方式和线路数目而定。

清扫平台用以阻截滑落岩石并用清扫设备进行清理，它又起到安全平台的作用，每隔 2~3 个安全平台设一个清扫平台，其具体宽度视清扫设备而定。

为了采出矿石，一般需要剥离一定数量的岩石，剥离的岩石量与所采的矿石量之比，即每采 1t 矿石所需剥离的岩石量叫剥采比，其单位可用 t/t、m^3/m^3 或 m^3/t 表示。

7.2 露天矿生产工艺过程

露天矿生产过程包括掘沟、剥离和采矿三项重要的矿山工程。这三项矿山工程的生产工艺过程基本相同，一般包括穿孔爆破、采装、运输和排土四个环节。

7.2.1 穿孔爆破

穿孔爆破是露天开采的第一道工艺环节，对后续的各环节，如采装、运输、排土都有重要的影响。矿岩破碎后不合格的大块，要进行二次破碎工作，以保证后续工艺的顺利进行。穿孔爆破方法、参数选择、爆堆形状和尺寸等，亦对采装、运输工作产生较大影响。因此，穿孔爆破工作是露天开采的一个重要工艺环节。

7.2.1.1 穿孔

露天矿穿孔工作，就是在露天开采的采场矿岩中用穿孔设备钻凿炮孔，以便装入炸药进行爆破。

(1) 穿孔方法及分类　按钻进或能量利用方式，穿孔方法分为机械穿孔、热力穿孔、化学穿孔和声波穿孔等。其中机械穿孔是最常用的方法。在机械穿孔中，常用的穿孔设备是牙轮钻机和潜孔钻机，此外还有钢绳冲击式钻机、凿岩台车、液压钻、火钻和电钻。大型露天矿多以重型牙轮钻机为主要穿孔设备，钻孔直径多为 250~380mm；中小型露天矿多以轻型牙轮钻机和潜孔钻机为主要穿孔设备，钻孔直径≤200mm。火力钻机仅用于极坚硬的铁燧岩类及石英岩类为主的露天矿，有时用于钻孔的底部扩孔，穿孔成本较高，逐渐被牙轮钻机取代。钢绳冲击式钻机是 20 世纪 50 年代的主要穿孔设备，现在已经逐步被淘汰，只有极少数软岩矿山使用。

(2) 潜孔钻　潜孔钻是把气动冲击器连钻头装在钻杆的前端，凿岩时冲击器随着钻孔延深而潜入孔底破碎岩石。图 7-5 为潜孔钻机作业示意图。露天潜孔钻机按其重量和钻孔直径可分为三种类型：轻型潜孔钻机、中型潜孔钻机、重型潜孔钻机；如按钻机钻具使用的空气压力又可分为普通型潜孔钻机和高气压型潜孔钻机。

潜孔钻机通常适于钻直径 80~250mm 的炮孔，深度一般不大于 30m，但最深可达 150m。潜孔钻机同接杆凿岩钻车相比较，有如下一些特点：

① 冲击力直接作用于钎头，冲击能量不因在钎杆中传递而损失，故凿岩速度受孔深的影响小。

② 以高压气体排出孔底的岩碴，很少有重复破碎现象。

③ 孔壁光滑，孔径上下相等，一般不会出现弯孔。

④ 工作面的噪声低。

潜孔钻机是中、小露天矿山的主要钻孔设备。国内外已经有了高工作气压型空气压缩机和相应的高工作气压型潜孔冲击器，将会使钻孔速度提高数倍。

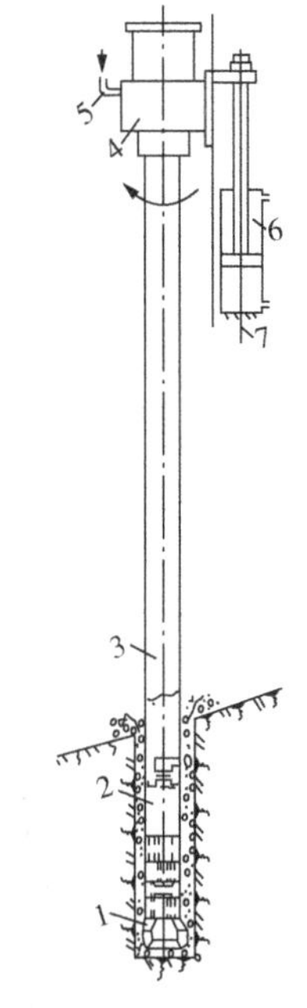

图 7-5　潜孔钻作业示意图

1—钻头；2—冲击器；3—钻杆；4—气接头；5—进气管；6—加减压气缸；7—钻架

（3）牙轮钻　牙轮钻机是一种高效率的穿孔设备，它可以用于钻凿各种硬度的矿岩，如图 7-6 所示为 KY-310 型牙轮钻机。牙轮钻机的钻头连续破碎岩石，钻孔速度快，生产效率高。它能钻出较大直径的炮孔，与大型装载设备相配套，大型露天矿多以牙轮钻机为主要穿孔设备。

牙轮钻机的钻孔直径，一般在 250~455mm，常用的孔径为 250~380mm。20 世纪 80 年代以来，国外大型露天煤矿和金属矿广泛使用牙轮钻机，美国和苏联分别达 90%以上。

牙轮钻机的穿孔，是通过推压和回转机构给钻头施加高钻压和扭矩，使岩石在静压、少量冲击和剪切作用下破碎。钻进的同时，通过钻杆与钻头中的风孔向孔底注入压缩空气，利用压缩空气将孔底的粉碎岩渣吹出孔外，从而形成炮孔。牙轮钻头破碎岩石的机理实际上是冲击、压入和剪切的复合作用。

牙轮钻机的钻具包括钻杆、稳杆器、减震器和牙轮钻头四部分，如图 7-7 所示。

钻杆的作用是把钻压和扭矩传递给钻头，钻杆的长度有不同的规格。钻孔过程中，上下两钻杆交替与钻头连接，以达到两根钻杆均匀磨损。稳杆器的作用是减轻钻杆和钻头在钻进时的摆动，防止炮孔偏斜，延长钻头的使用寿命。

钻头是直接破碎岩石的工作部件，其作用是：在推进和回转机构的驱动下，以压碎及部分削剪方式破碎岩石。牙轮钻头由牙爪、牙轮、轴承等部件组成。典型的三牙轮钻头的外形及结构如图 7-8 所示。

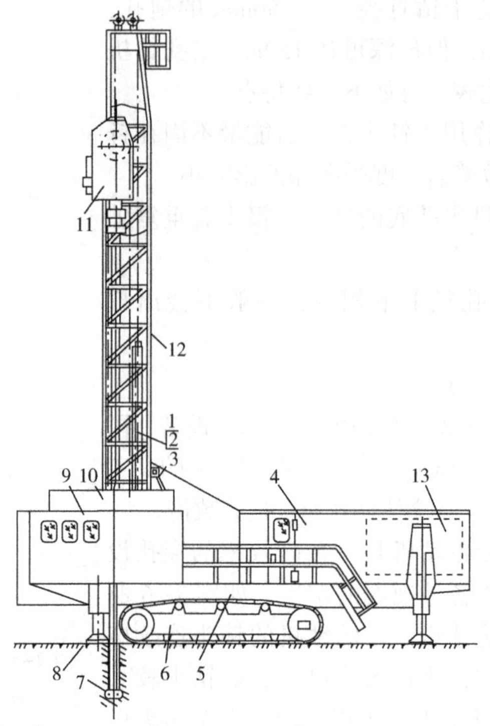

图 7-6　KY-310 型牙轮钻机结构示意图

1—钻杆；2—钻杆架；3—起落立架油缸；4—机棚；5—平台；6—行走机构；7—钻头；8—千斤顶；9—司机室；10—净化除尘装置；11—回转加压小车；12—钻架；13—动力装置

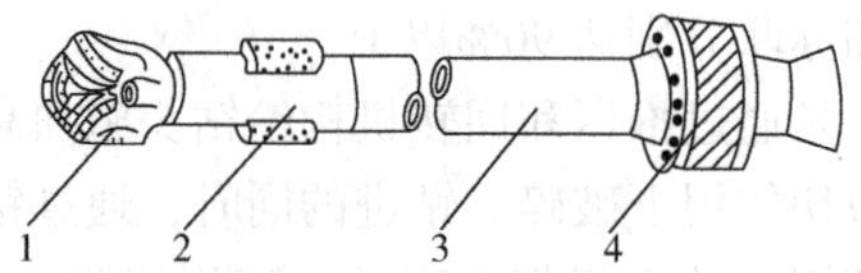

图 7-7　钻具示意图

1—牙轮钻头；2—稳杆器；3—钻杆；4—减震器

7.2.1.2　爆破

(1) 概述　爆破工作是露天开采中的又一重要工序，通过爆破作业将整体矿岩进行破碎及松动，形成一定形状的爆堆，为后续的采装作业提供工作条件。因此，爆破工作质量、爆破效果的好坏直接影响着后续采装作业的生产效率与采装作业成本。在露天开采的总生产成本中，爆破作业成本大约占 15%~20%。

露天开采对爆破工作的基本要求是：

① 有足够的爆破贮备量，以满足挖掘机连续作业的要求，一般要求每次爆

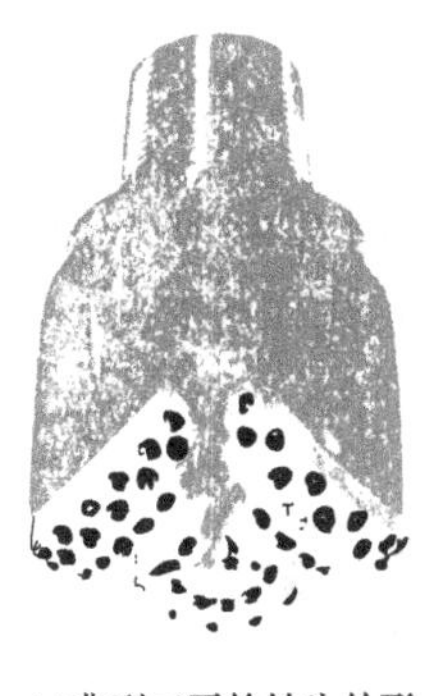

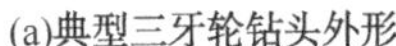
(a)典型三牙轮钻头外形

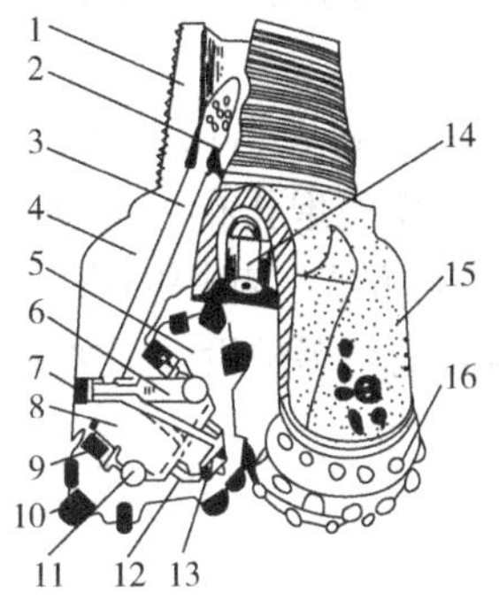

(b)三牙轮钻头结构图

图 7-8 三牙轮钻头的外形及结构图

1—钻头丝扣；2—挡渣管；3—风道；4—牙爪；5—牙轮；6—塞销；7—填焊；8—牙爪轴颈；9—滚柱；10—牙齿；11—滚珠；12—衬套；13—止推块；14—喷嘴；15—爪背合金；16—轮背合金

破的矿岩量至少应能满足挖掘机 5~10 昼夜的采装需要；

② 要有合理的矿石块度，以保证整个开采工艺过程中的总费用最低。具体说来，生产爆破后的矿岩块度应小于挖掘设备铲斗所允许的最大块度和粗碎机入口所允许的最大块度；

③ 爆堆堆积形态好，前冲量小，无上翻，无根底，爆堆集中且有一定的松散度，以利于提高铲装设备的效率。在复杂的矿体中不破坏矿层层位，以利于选别开采；

④ 无爆破危害，由于爆破所产生的地震、飞石、噪音等危害均应控制在允许的范围内，同时，应尽量控制爆破带来的后冲、后裂和侧裂现象。

在整个矿床开采过程中，需要根据各生产时期不同的生产要求和爆破规模采用不同的爆破方式。露天开采过程中的爆破作业种类可以分为基建期的剥离大爆破、生产期台阶正常采掘爆破、各台阶水平生产终了期的台阶靠帮控制爆破。本节主要介绍生产期台阶正常采掘爆破。

(2) 生产期台阶正常采掘爆破　露天台阶正常采掘爆破是在每一生产台阶分区依次进行的，爆破区域的大小即为一个采掘带。对于每一爆破区域当前序穿孔作业完成炮孔的穿凿工作后，爆破工序即开始运行。首先，由爆破设计人员依据穿孔工序所生成的实测布孔图进行爆破设计与计算。设计的内容主要有炸药类型及单耗(或装药密度)的选取，炮孔装药结构设计，每孔装药量与总炸药消耗量计算，起爆网络及起爆方式设计，然后爆破人员依据爆破方案进行炮孔装药及实施爆破。

露天生产台阶正常采掘爆破中常用的爆破方法有浅孔爆破法、深孔爆破法、药壶爆破法、外敷爆破法。其中，深孔爆破法是露天台阶正常采掘爆破最常用的方法。

① 炮孔布置。露天台阶爆破通常采用多排孔齐发或多排孔间隔起爆方式。图 7-9 为一个工作面炮孔布置示意图。图中炮孔的底盘抵抗线、炮孔规格(即孔径与孔深)、布孔方式、起爆顺序及装药结构等都是决定爆破效果与爆破质量的主要因素，因此也是爆破设计需要确定的重要参数。

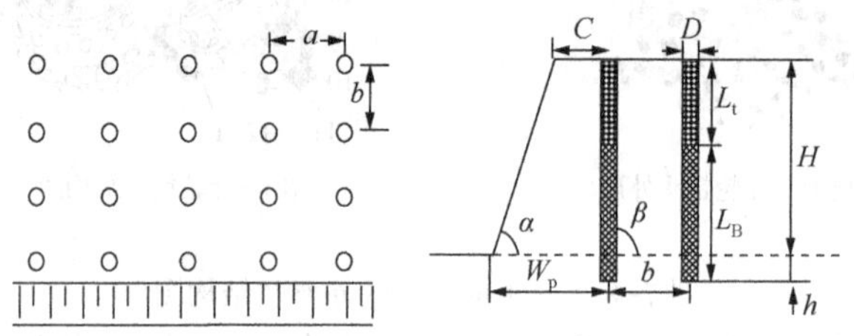

图 7-9　工作面炮孔布置示意图

a—孔距；b—排距；α—台阶坡面角；β—炮孔倾角；h—炮孔超深；

C—沿边距；D—孔径；H—台阶高度；W_p—底盘抵抗线；

L_t—填塞长度；L_B—装药长度

底盘抵抗线即炮孔中心至台阶坡底线的最小距离(图 7-9 中的 W_p)。底盘抵抗线是影响爆破质量的一个重要因素，其值设置过小，则造成被爆破的岩体过于粉碎，同时产生的爆堆前冲也很大；设置过大时，爆破后容易形成根底与大块。

② 布孔方式。露天矿开采中广泛采用的布孔方式有排间直列布孔、排间错列布孔，如图 7-10 所示。

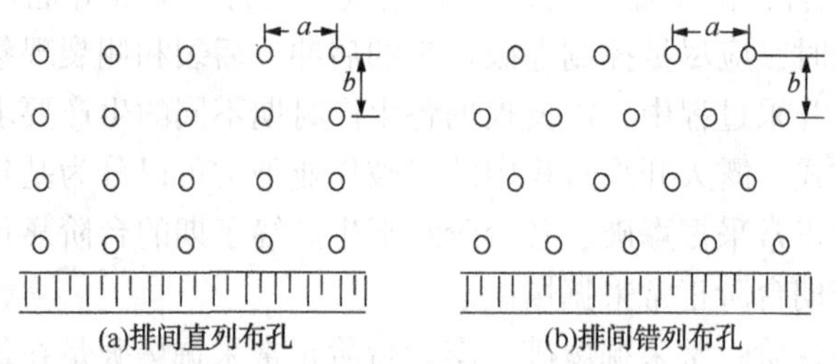

图 7-10　布孔方式示意图

a—孔距；b—排距

③ 装药量与装药结构。台阶爆破时，每一炮孔的装药量大小与欲爆岩石的坚固性、岩体中节理及裂隙的发育状况、爆破条件、自由面状态、爆破作用指数、炮孔所负担崩落的矿石(或岩石)量以及所选用的炸药单耗有关。药单耗指爆破每立方米或 1t 矿(岩)平均所用的炸药量。

在露天矿台阶深孔爆破中，常见的装药方式是连续柱状装药和分段装药，如

图 7-11 所示。

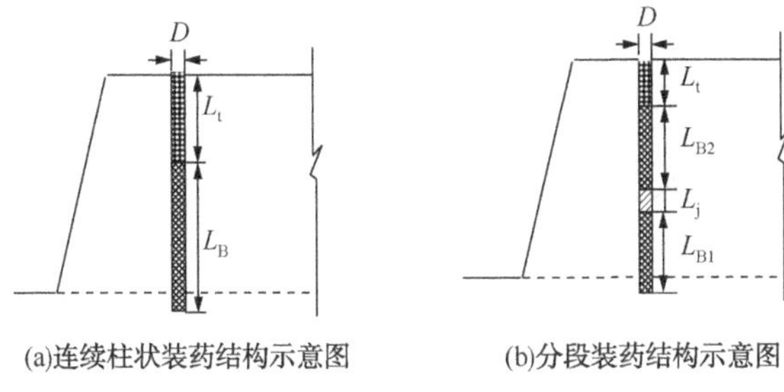

图 7-11 装药结构

分段装药结构一般运用于下列情况：

A. 当设计计算出的炮孔装药量较小，远小于炮孔最大可能的装药量时，为了使炸药在孔内较均匀分布，通常采用分段炸药结构，以取得较好的爆破效果。

B. 当采用大孔径深孔爆破时，计算出的填塞长度超过 6m，通常采用分段装药结构。

C. 当生产台阶推进到最终开采境界，需进行靠帮并段时，也多采用分段装药结构。

④ 起爆方式与起爆网络。露天台阶爆破多采用多排孔爆破。根据各排孔间被引爆时间上的异同，其起爆方式可归为两种：多排孔齐发爆破与多排孔微差爆破。目前，国内外的露天矿山多采用多排孔微差爆破。

常见的起爆方案有排间微差起爆、斜线起爆、直线掏槽起爆、间隔孔起爆。

A. 排间微差起爆。将平行于台阶坡顶线布置的炮孔按行顺序起爆。优点是爆破时前推力大，能克服较大的底盘抵抗线，爆破崩落线明显；缺点是后冲及爆破地震效应较大，爆破过程中岩块碰撞挤压较少，爆堆平坦。

B. 斜线起爆。每一分段起爆炮孔中心的连线与台阶坡顶线斜交的爆破方式统称斜线起爆。斜线起爆的优点有：

1）采用方形布孔，便于钻孔、装药与填塞机械的作业，同时，斜线起爆又提高了炮孔的邻近系数，有利用于改善爆破质量；

2）由于起爆的分段多，每分段的装药量小而分散，因而爆破的地震效应也大大降低。

3）降低了爆破的后冲与侧冲，且爆堆集中，提高了铲装作业的效率。

斜线起爆的缺点是后排孔爆破时的夹制性较大，崩落线常不明显；分段施工操作与检查较为繁杂，且由于爆破段数多，爆破材料消耗量大。

C. 直线掏槽起爆。该方案是利用沿一直线布置的密集炮孔首先起爆，为后续孔爆破开创新的自由面。其基本布置形式如图 7-12 所示。

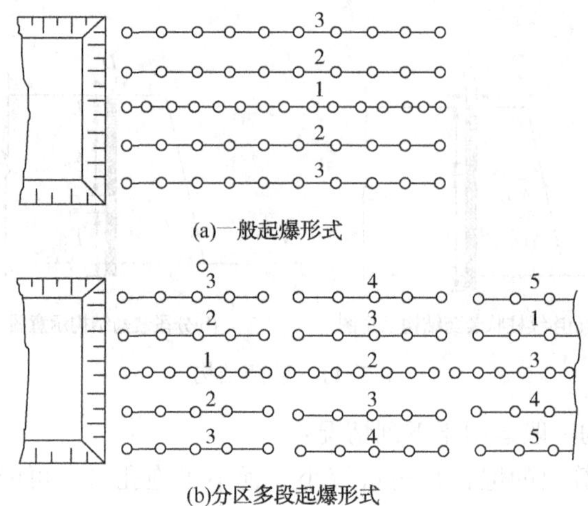

(a)一般起爆形式
(b)分区多段起爆形式

图 7-12　直线掏槽起爆方案的基本形式

1～5—起爆顺序

直线掏槽爆破一般在掘沟中使用，该方案的爆破效果一般具有如下特点：破碎块度适当、均匀。爆堆沿堑沟的轴线集中，无碎石后翻现象。其缺点：穿孔工作量大，延米爆破量低，爆破后沟两边的侧冲大，地震效应较强。

D. 间隔孔起爆。该起爆方案为同排炮孔按奇偶数分组顺序起爆，其基本形式如图 7-13 所示。

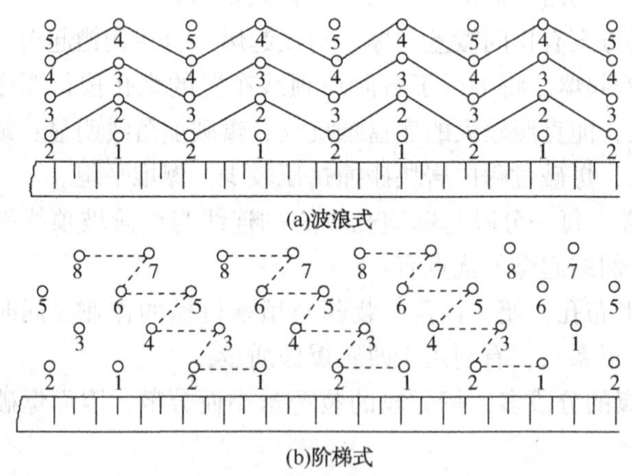

图 7-13　间隔孔起爆的基本形式

1～8—起爆顺序

波浪起爆与排间顺序起爆相比，因前段爆破为后排炮孔创造了较大的自由面，因而改善了爆破质量，同时塌落宽度与后冲都较小。

梯形爆破由于来自多方面的爆破作用，爆破质量大大改善，爆堆集中，后冲、侧冲较小，但该方案不适于掘沟爆破。

7.2.2 采装工作

采装作业的内容是利用装载机械将矿岩从较软弱的矿岩实体或经爆破破碎后的爆堆中挖取，装入某种运输工具内或直接卸至某一卸载点。采装工作是露天矿整个生产过程的中心环节，其工艺过程和生产能力在很大程度上决定着露天矿的开采方式、技术面貌、矿床的开采强度与矿山开采的总体经济效果。

7.2.2.1 采装设备

采装作业所使用的机械设备有机械式单斗挖掘机、前装机、铲运机、推土机等。

(1) 单斗挖掘机　除煤矿外，露天矿山所使用的挖掘与装载设备主要是单斗挖掘机，并以电铲为主。

电铲是露天矿最广泛使用的铲装设备。它结构坚固，由于使用电动机和可控硅电力控制，其效率和可靠性都很高。主要电力控制设备位于司机室内，操作条件优于其他装载设备。电铲的重量、牵引力、提升力和推压力大，因此它对硬岩有很大的持续挖掘能力，几乎适用于各种坚硬岩石的作业，具有很好的适应能力。但是，电铲的机动性差，受到外部电源条件的限制。电铲结构和各部件名称如图 7-14 所示。

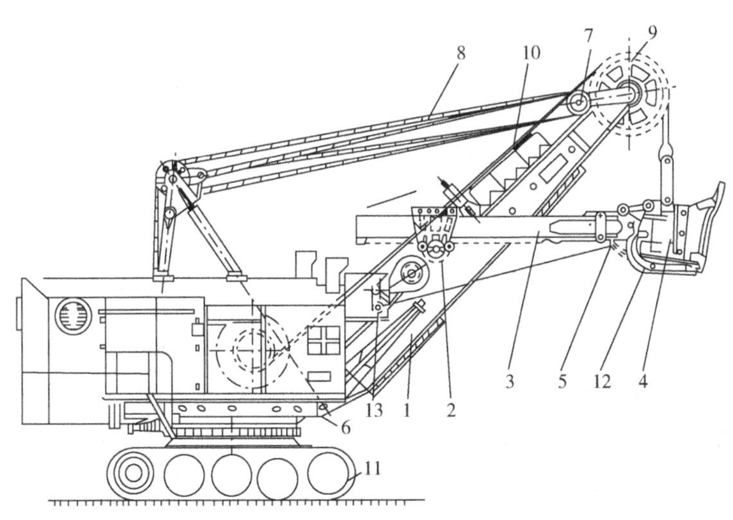

图 7-14　电铲结构和各部件名称

1—动臂；2—推压机构；3—斗柄；4—铲斗；5—开斗机构；6—回转平台；7—绷绳滑轮；8—绷绳；9—天轮；10—提升钢绳；11—履带行走装置；12—斗底门；13—开斗电动机

单斗挖掘机按其驱动动力不同，可分为电力挖掘机和柴油挖掘机；按其传动方式不同，分为液压传动和机械传动；按挖掘机的行走方式，分为履带式挖掘机与轮胎式挖掘机两种。露天矿多采用电力驱动机械传动履带式挖掘机。液压挖掘机又简称液压铲，其特点是工作平稳、轻便灵活、自动化程度高；缺点是部件精度要求高、易损坏，在严寒地区作业困难。

依据铲斗形式区分，单斗挖据机有正铲和反铲两种，金属露天矿山正常生产采装主要使用正铲。反铲仅在一些特殊的情况下适用，如开采水平或缓倾斜矿体；台阶表面不规整时，用反铲铲刮和清扫表面岩土；矿体底板不平整，不适于车辆行走时，用反铲进行下挖平装采掘。

(2) 前装机、铲运机、推土机

① 前装机。矿用前装机有两种：履带式前装机和轮胎式前装机。履带式前装机实质上是一种挖掘机，它用于单纯的挖掘作业或需要稳定性较高和对地比压较小的作业地点，在欧洲和日本的非金属矿，由于气候及地面条件，履带式前装机成了一种理想的设备，而在世界大多数地区，其用途则受到限制。

轮胎式前装机由于重量轻、行走速度快、机动灵活、机多能等优点，在露天矿使用的越来越多。目前使用最广泛的是斗容为 4.6~12m^3的轮胎式前装机，最大的斗容达 18.4m^3。在中小型露天矿已作为主要装载设备，在大型露天矿配合电铲作业，以提高电铲效率，并兼作多种辅助作业。典型的轮胎式前装机结构见图 7-15。

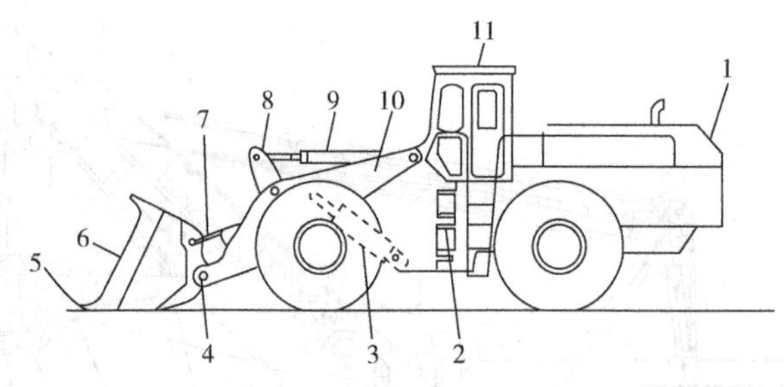

图 7-15　轮胎式前装机

1—发动机；2—铰接销轴；3—动臂油缸；4—铲斗销轴；5—铲斗斗齿(斗刃)；6—铲斗；7—铲斗连杆；8—连杆；9—转斗油缸；10—动臂；11—司机室

前装机工作机构和其他部件的结构都要比电铲单薄得多，加之铲斗较宽，故挖掘能力不如电铲。轮胎式前装机在条件适宜的矿山，可以代替电铲作为主要铲装设备使用，并取得较好的经济技术指标。

② 铲运机。铲运机按牵引车与铲斗的组装方式，可分为自行式与拖式两种，自行式铲运机的牵引车与铲斗具有统一底盘，分开后不能独立运行。反之，则称

为拖式铲运机。一般它由履带拖拉机牵引，运行速度低，总长度大而转向不灵活，多用于运输距离小于600～700m的土方工程中。自行式铲运机运行速度高，运输距离长。

露天采矿用的自行式铲运机有两种基本类型：轮胎自行式铲运机和履带自行式铲运机。轮胎自行式铲运机合理运输距离较长，运行速度和生产率较高。因此近年来在露天矿应用较广，履带自行式铲运机一般在短距离和松软地面的小规模剥离作业中作短期或定期之用。轮胎自行式铲运机广泛用于覆盖层的剥离作业，有时也用来给选矿厂装运矿石，其他次要作业是修坝、筑路和修路等。典型的轮胎自行式铲运机结构见图7-16。

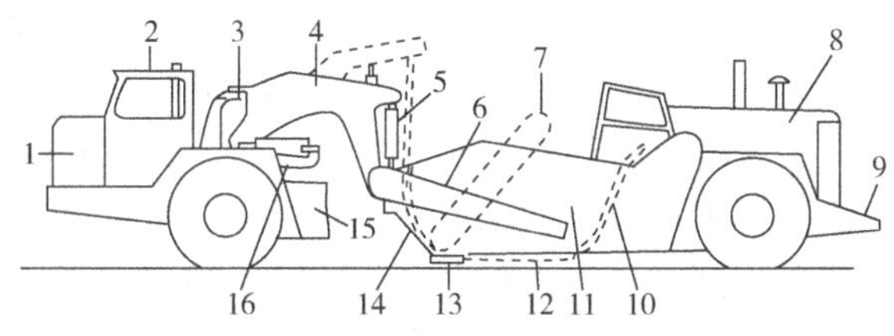

图7-16　轮胎自行式铲运机

1—前发动机；2—司机室；3—转向枢架；4—拱架；5—铲斗油缸；6—拖臂；7—升运机；8—后发动机；9—缓冲器；10—卸料器；11—铲斗；12—滑动底板；13—切土刀片；14—斗门；15—变速箱；16—转向油缸

③ 推土机。推土机是露天矿山重要的辅助设备之一，对矿山的正常生产和采装运主体设备的使用效果影响很大，一般露天矿山每台电铲应配有推土机。虽然近年来前装机的发展能取代很大一部分从前由推土机所完成的工作量，但目前推土机在国内外矿山的使用仍很广泛。

推土机分履带式和轮胎式两种类型。履带式推土机对地比压小、牵引力大，但运行速度较慢，主要用于矿山基建、剥离、筑路和排土场；轮胎式推土机运行速度快，机动灵活，多用于钻机及电铲周围平整场地和清理工作面、养护道路等作业。推土机后部装上松土器后即成为松土机。松土机在露天矿的使用范围也较广，如在“松土机—铲运机”露天开采工艺中，松土机是主要设备之一。轮胎式推土机如图7-17所示。

图7-17　轮胎式推土机

7.2.2.2　采装工艺

（1）采装工作面参数　机械铲工作水平的采掘要素主要包括台阶工作面高度、采掘带宽度、采区长度和工作平盘宽度。这些要素确定合理与否，不仅影响挖掘机的采装工作，而且也影响露天矿其他生产工艺过程的顺利进行。

① 工作面高度。机械铲工作面高度直接取决于露天矿场的台阶高度。台阶高度的大小受各方面的因素所限制，如矿床的埋藏条件和矿岩性质、采用的穿爆方法、挖掘机工作参数、损失贫化、矿床的开采强度以及运输条件等。

在确定露天开采境界之前必须首先确定台阶高度，因为台阶高度对开拓方法、基建工程量、矿山生产能力等都有很大影响，同时，合理的台阶高度对露天开采的技术经济指标和作业的安全都具有重要的意义。

一般来说，采掘工作方式及其使用的设备规格，往往是确定台阶高度的主要因素。目前我国大多数露天矿，在采用铲斗容积为1~8m^3的挖掘机时，台阶高度一般为10~14m。对于山坡露天矿，在岩石较稳定的条件下，如储量大和有发展前途的矿山，台阶高度应取10~14m，为今后采用大型设备作准备。

采用平装车方法挖掘不需爆破的土岩时，如图7-18所示，台阶高度就是机械铲工作面高度。若台阶高度过大，在挖掘高度以上的土岩容易突然塌落，可能会局部埋住或砸坏挖掘机。为了保证工作安全，便于控制挖掘，台阶高度一般不应大于机械铲的最大挖掘高度。

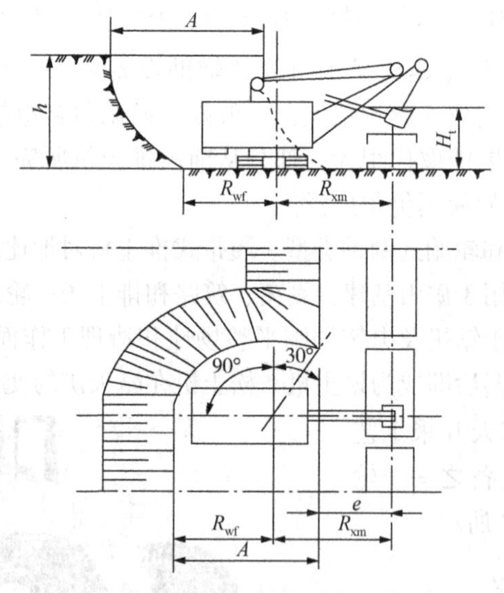

图7-18　松软土岩的采掘工作面

h—台阶高度；e—道路中心到爆堆距离；R_{wf}—挖掘机站立水平挖掘半径；R_{xm}—挖掘机最大卸载半径；A—采掘带宽度；H_t—挖掘机推压轴高度

挖掘经爆破的坚硬矿岩爆堆时，如图7-19所示，爆堆高度应与挖掘机工作参数相适应，要求爆破后的爆堆高度也不大于最大挖掘高度。

台阶高度也不应过低。否则，由于铲斗铲装不满，使挖掘机效率降低，同时使台阶数目增多，铁道及管线等铺设与维护工作量相应增加。因此，松软土岩的台阶高度和坚硬矿岩的爆堆高度都不应低于挖掘机推压轴高度的 2/3。

② 采区宽度与采掘带宽度。采区就是爆破带的实体宽度，采区宽度取决于挖掘机的工作参数(见图 7-18)。为了保证满斗挖掘，提高挖掘机工作效率，采区宽度应保持使挖掘机向里侧回转角度不大于 90°，向外侧回转角度不大于 30°。

采掘带宽度就是挖掘机一次采掘的宽度，挖掘不需爆破的松软土岩时，采掘带宽度等于采区宽度，挖掘需要爆破的坚硬矿岩时，采掘带宽度一般是指一次采掘的爆堆的宽度。两者的关系分为一爆一采和一爆两采。

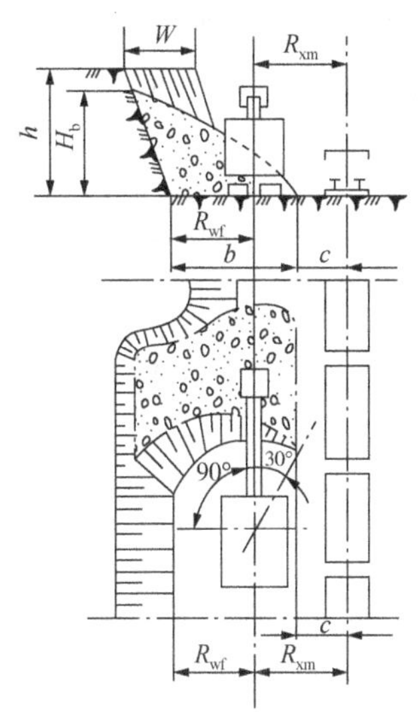

图 7-19　坚硬矿岩的采掘工作面

采掘带过宽，将有部分土岩不能挖入铲斗内，使清理工作面的辅助作业时间增加。采掘带过窄，挖掘机移动频繁，从而影响挖掘机的采掘效率。当采用铁道运输时，还应考虑装载条件，为了减少移道次数，合理的采掘带宽度更为重要。

③ 采区长度。采区是台阶工作线的一部分。采区长度(又称挖掘机工作线长度)就是把工作台阶划归一台挖掘机采掘的那部分长度，如图 7-20 所示。采区长度的大小应根据需要和可能来确定。较短的采区使每一台阶可设置较多的挖掘机工作面，从而能加强工作线推进，但采区长度不能过短，应依据穿爆与采装的配合、各水平工作线的长度、矿岩分布及矿石品级变化、台阶的计划开采以及运输方式等条件确定。

采区长度的确定，除考虑穿爆与采装工作的配合外，还应满足不同运输方式对采区长度的要求。采用铁路运输时，采区长度一般不应小于列车长度的 2～3 倍，以适应运输调车的需要；汽车运输时，由于各生产工艺之间配合灵活，采区长度可大大缩短，同一水平上的工作挖掘机数可为 2～4 台。

④ 工作平盘宽度。工作平盘是工作台阶的水平部分，其宽度应按采掘、运输及动力管线等设备的安置和通行等条件加以确定。

铁路运输和汽车运输时的正常台阶工作平盘如图 7-21 所示。

(2) 采装方式　单斗挖掘机是露天矿最主要的装载机械，其装车方式见图 7-22。它包括：向布置在挖掘机所在水平侧面的铁路车辆或自卸汽车卸载的侧面平装车，见图 7-22 中(b)、(c)；向上水平铁路车辆的侧面上装车，见图 7-22

中(d)；端工作面尽头式平装车，见图 7-22 中(e)。此外，也可以进行捣堆作业，见图 7-22 中(a)。

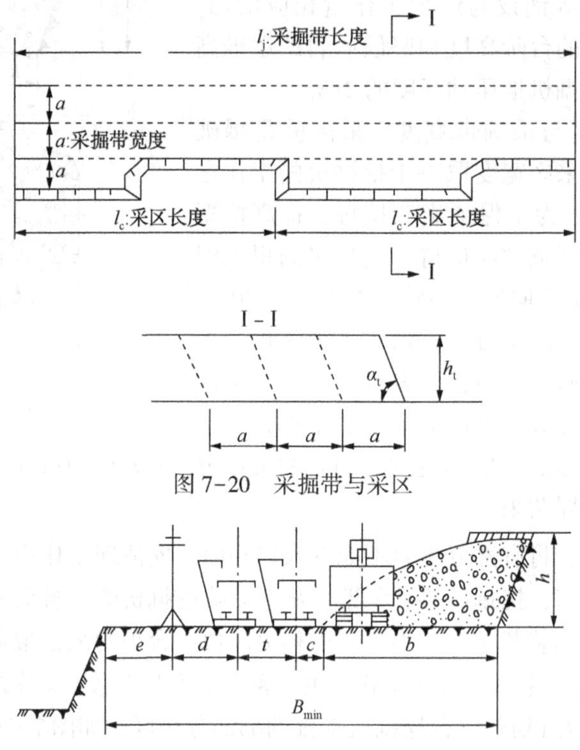

图 7-20　采掘带与采区

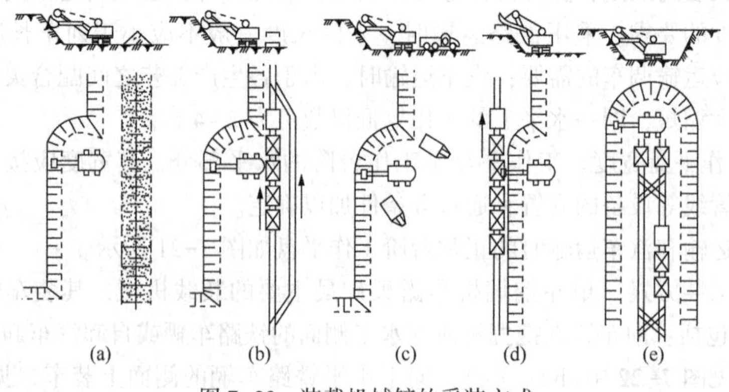

图 7-21　最小工作平盘宽度

b—爆堆宽度；c—爆堆与铁路(公路)中心线间距，一般取 c=3m；
d—铁路(公路)中心线与动力电杆的间距，铁路和公路运输不同，一般取 4~8m；
t—两条铁路(公路)中心线间距；e—动力线杆至台阶坡顶线间距，一般为 3~4m
根据实际经验，最小工作平盘宽度约为台阶高度的 3~4m

图 7-22　装载机械铲的采装方式

运输工具与挖掘机布置在同一水平上的侧装车工作方式，是露天矿最常用的采装方法。这种方法采装条件较好，调车方便，挖掘机生产能力较高。上装车与平装车比较，司机操作较困难，挖掘循环时间长，因而挖掘机生产能力要降低一些。然而，在铁路运输条件下，用上装车掘沟可以简化运输组织，加速列车周转，对加强新水平准备具有重要意义。尽头式装车时，装载条件恶化，循环时间加长，挖掘机生产能力低于平装车，仅用于掘沟，复杂成分矿床的选择开采，以及不规则形状矿体和露天矿最后一个水平的开采。

7.2.3 运输工作

露天矿运输作业是采装作业的后续工序，其基本任务是将已装载到运输设备中的矿石运送到贮矿场、破碎站或选矿厂，将岩石运往废石场。

在露天开采过程中运输作业占有重要地位。据统计，矿山运输系统的基建投资占总基建费用的60%左右，运输的作业成本占矿石开采总成本的30%~40%，运输作业的劳动量约占矿石开采总劳动量的一半以上。因此，运输作业的方式与运输系统的合理性，将直接影响露天矿生产的经济效益。

露天矿运输是一种专业性运输，与一般的运输工作比较，有如下一些特点：

(1) 冶金露天矿山运输量较大，剥离岩石量常是采出矿石量的数倍，无论是矿石或岩石，它们的体重大、硬度高、块度不一。

(2) 露天采矿范围不大，运输距离小运输线路坡度大，行车速度低，行车密度大。

(3) 露天矿运输与装卸工作有密切联系，采场和排土场中的运输线路随采掘工作线的推进而经常移设，送输线路质量较低。

(4) 露天矿运输工作复杂，由山坡露天转入深凹露天后，运输工作条件发生很大变化，为了适应各种不同的工作条件。需要采用不同类型的运输设备，也就是说，运输方式的改变，会给运输组织工作带来许多新的问题。

露天矿可采用的运输方式有自卸汽车运输、铁路运输、胶带运输机运输、斜坡箕斗提升运输以及由各种方式组合成的联合运输，如：自卸汽车-铁路联合运输、自卸汽车-胶带运输机联合运输、自卸汽车(或铁路机车)-斜坡箕斗联合运输。目前，国内露天矿山采用的运输形式主要是汽车运输与铁路运输。

实践证明，铁路运输由于爬坡能力低，运输线路的工程量大，线路通过的平面尺寸大等原因，比较适用于深度较小且平面尺寸很大的露天矿山。国内有些原先采用单一铁路运输的矿山，随着采场开采深度的增加，出现了效率明显降低，甚至是采场下部无法再继续布置铁路开拓坑线的局面，因而改造为采场下部采用汽车运输、上部采场仍延续铁路运输的联合运输方式。

由于汽车具有爬坡能力大，运输线路通过的平面尺寸小，运输周期相对较短，运输机动灵活，运输线路的修筑与养护简单，适于强化开采等特点，在现代露天矿山得到了广泛的应用，但相比于铁路运输，汽车运输的吨公里运费高，且设备维修较为复杂，占用的熟练工人数量多，油料能源消耗量大，运行过程中产生的废气和扬尘污染大气。

胶带运输机在露天矿的应用方兴未艾，国内的大孤山铁矿即采用了汽车-半固定式破碎站-斜井胶带运输系统。由于胶带运输机的爬坡能力大，能够实现连续或半连续作业，自动化水平高，运输生产能力大，运输费用低，所以在国内外深露天矿的应用日愈广泛。

7.2.3.1 铁路运输

铁路运输量大，成本低，但允许坡度小，一般只有1.5%~4%，最大6%~8%；曲率半径大，灵活性差；基建速度慢。适用于地形不复杂，矿体走向长，运距长，运量大的露天矿。铁路运输的牵引设备有牵引机组、电机车、内燃机车。

铁路运输是一种通用性较强的运输方式。在运量大、运距长、地形坡度缓、比高不大的矿山，采用铁路运输方式有着明显的优越性。其主要优点是：运输能力大，能满足大中型矿山矿岩量运输要求，运输成本较低；设备结构坚固，备件供应可靠，维修、养护较易；线路和设备的通用性强，必要时可拆移至其他地方使用。

但铁路运输也有其致命的缺点，如基建投资大，建设速度慢，线路工程和辅助工作量大；受地形和矿床赋存条件影响较大，对线路坡度、曲线半径要求较严，爬坡能力小，灵活性较差；线路系统、运输组织、调度工作较复杂；随着露天开采深度的增加，运输效率显著降低等。

根据露天矿生产工艺过程的特点，露天矿铁路线路分为固定线路、半固定线路和移动线路三类。连接露天采矿场、排土场、储矿场、选矿厂或破碎厂及工业场地之间服务年限在3年以上的矿山内部干线，称之为固定线；采场的移动干线、平盘联络线及使用年限在3年以下的其他线路，称之为半固定线；采场工作面装车线及排土场的翻车线则属于移动线。

露天矿车站按其用途不同可分为矿山站、排上站、破碎站和工业场地站等。其分布应能满足内外部运输的需要和运营期内通过能力的要求。矿山站一般应设在露天采场附近，靠近运量大的地方，为运送矿石和废石服务。当露天矿规模较大时，也可以单独设立排土站，排土站设在排土场附近。破碎站和工业场地站分别设在破碎车间和工业场地旁边。这些车站除了起配车作用、控制车流外，还可以办理其他技术作业，如列车检查、上砂、上油等。

露天矿坑内的车站和山坡采场中的车站，多作会让和列车转换方向之用，故称会让站和折返站，它们只进行会让、折返和向工作面配车等作业。

露天矿铁路运输用的车辆种类很多，按其用途来说有供运载矿岩的矿车，运送设备、材料的平板车，运送炸药的专用棚车，送水专用的水车，以及职工通勤用的客车、代客车等。其中用量最多的是大载重的自卸矿车(自翻车)。

自卸车由走行部分、车架、车体、车钩及缓冲装置、制动装置和卸车装置等部分组成，如图 7-23 所示。

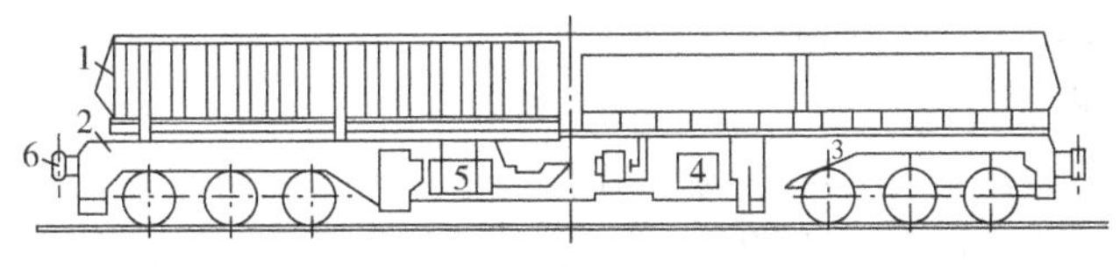

图 7-23　宽轨自翻车示意图

1—车厢；2—车底架；3—转向架；4—倾翻机构；5—制动装置；6—车钩

露天矿铁路机车，按其所用的动力不同可分为内燃机车、电机车和双能源机车。

内燃机车是以内燃机为发动机，以液体燃料(柴油、汽油等)为能源。它由车体、转向架、内燃发动机及其向主动轴传递动力的传动装置、辅助装置和机车操纵装置所组成。内燃机车依其内燃机向主动轴传动的方式不同，可分为：机械传动的内燃机车、电力传动的内燃机车和液压传动的内燃机车。这种机车牵引性能好，效率最高，不需要架线和牵引变电所，因而机动灵活，很适合露天矿生产的需要。

电机车是以电能为牵引动力。按电能供给方法不同可分为架线式和蓄电池式。按牵引电网采用的电流不同又可分为直流电机车和交流电机车。电机车机动灵活性较差，但具有牵引性能好，爬坡能力大，准备作业时间少等优点，因而在露天矿都获得了广泛的应用。我国金属露天矿常用的是直流架线式电机车。

7.2.3.2　公路运输

公路运输主要设备是汽车，爬坡能力大，一般为 8%，最大达 15%。道路曲率半径小，机动灵活，适用于各种条件的露天采场。采用汽车运输的露天矿，投产快，但经营费高，运距不宜过长，一般在 2~3km 以下。需有良好的道路和完善的维修保养设施，以保证汽车的正常运行。矿山常用自卸汽车的载重量多在 20t 以上。20 世纪 60 年代发展的电动轮自卸汽车，常用载重量为 109~154t，最大达 318t。汽车型号按矿岩运量、装车设备规格和运距等条件选取。车斗和电铲斗容之比，以 3~5 为宜。

与铁路运输相比，汽车运输有如下优点：

① 汽车转弯半径小，因而所需通过的曲线半径小，最小可达 10~15m；爬坡能力大，最大可达 10%~15%。因此，运距可大大缩短，减少基建工程量，加快建设速度。

② 机动灵活，有利于开采分散的和不规则的矿体，特别是多品种矿石的分采；能与挖掘机密切配合，使挖掘机效率提高，若用于掘沟可提高掘沟速度，加大矿床开采强度与简化排土工艺。

③ 生产组织工作及公路修筑、维修简单。

④ 线路工程和设备投资一般比铁路运输低。

当然，汽车运输也有一些较为突出的缺点，比如运输成本较高、合理的经济运距较小；运输受气候条件影响较大，在风雨、冰雪天行车困难；道路和汽车的维修、保养工作量大，所需工人人数多、费用高，汽车出勤率较低等。

上述优缺点表明，对于地形复杂的陡峻高山、丘陵地带的孤峰、沟谷纵横地带、走向长度较小、分散和不规则的矿体、多品种矿石分采的矿体以及要求加速矿山建设和开拓准备新水平的露天矿，采用汽车运输较为适宜。此外，它还可用作联合运输系统中的主要运输设备。因此，当前汽车运输在国内外金属露天矿运输中占据着最为重要的地位。汽车运输的经济效果，在很大程度上取决于矿山线路的合理布置、公路的质量和状态、自卸汽车的性能以及维护管理水平。

公路的基本结构是路基和路面，它们共同承受行车的作用。路基是路面的基础。行车条件的好坏，不仅取决于路面的质量，而且也取决于路基的强度和稳定性。若路基强度不够，会引起路面沉陷而被破坏，从而影响行车速度和汽车的磨损。因此公路路基应根据使用要求、当地自然条件以及修建公路的材料、施工和养护方法进行设计，使其具有足够的强度和稳定性，并达到经济适用。

路基材料一般是就地取材，根据露天矿有利条件，常采用整体或碎块岩石修筑路基，这种石质路基坚固而稳定，水稳定性也较好。路面是路基上用坚硬材料铺成的结构层，用以加固行车部分，为汽车通行提供坚固而平整的表面。路面条件的好坏直接影响轮胎的磨损、燃料和润滑材料的消耗、行车安全以及汽车的寿命。因此对路面要有以下基本要求：

① 要有足够的强度和稳定性；

② 具有一定的平整性和粗糙度；能保证在一定行车速度下，不发生冲击和车辆振动，并保证车轮与路面之间具有必要的粘着系数；

③ 行车过程中产生的灰尘尽量少。

公路运输的主要设备是自卸汽车。自卸汽车按货厢倾卸方向分为后倾卸式和三面倾卸式(可以向左、向右或后面倾卸)两种。货厢翻倾一般是靠安装在货厢下面的液压举升机完成。

自卸汽车的货厢和车架既要承受装载时的冲击负荷，又要适当降低自重，因而主要部分均用高强度钢板焊成。自卸汽车行驶的道路条件一般较差，尘土飞扬，因而驾驶室要有良好的密封性，并装设空气调节装置；驾驶操作机构应力求轻便。冬季运输潮湿物料时，货物易冻结于车厢底板上，造成自动卸货不彻底，因此有的货厢底板制成夹层，使发动机排出的废气通过夹层为货厢加温。自卸汽车在不断向大吨位发展。现在矿山运输用自卸汽车已发展到150~200t级，最大载重量已达350~500t。

7.2.4 排土工作

将剥离下的废石运输到废石场进行排弃，称作排土工程。排土工程的经济效率主要取决于废石场的位置、排岩方法和排土工艺的合理选择。排土工程涉及废石的排弃工艺、废石场的建立与发展规划废石场的稳固性、废石场污染的防治、废石场的复田等方面。排土必须同采矿场的生产工艺相联系并全面规划，因地制宜地选择废石场，合理地规划。科学地管理排土作业，不仅关系到矿山的生产能力和经济效益，而且对环境和生态平衡也有着十分重要的意义。

按照在排土工艺中所用的设备不同，有以下几种主要的排土方法：推土机排土、挖掘机排土、排土犁排土、前端装载机(铲运机)排土、胶带运输机排土等。

7.2.4.1 推土机排土

(1) 汽车-推土机排土　采用汽车运输的露天矿大多采用汽车-推土机排土，其排土作业的程序是：汽车运输废石到废石场后进行排卸，推土机推排残留废石、平整排土工作平台、修筑防止汽车翻卸时滚崖的安全车挡及整修排土公路。

汽车进入排土场后，沿排土场公路到达卸土段，并进行调车，使汽车后退停于卸土带背向排土台阶坡面翻卸土岩。为此，排土场上部平盘需沿全长分成行车带、调车带和卸土带。调车带的宽度要大于汽车的最小转弯半径，一般为5~6m；卸土带的宽度则取决于岩土性质和翻卸条件，一般为3~5m。为了保证卸车安全和防止雨水冲刷坡面，排土场应保持2%以上的反向坡，如图7-24所示。在汽车后退卸车时，要有专设的调车员进行指挥。

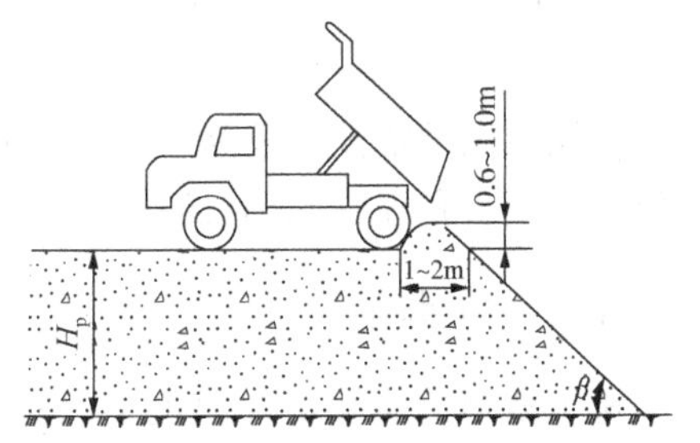

图7-24　汽车在排土场卸载

汽车-推土机排土工艺具有一系列的

优点：汽车运输机动灵活、爬坡能力大、可在复杂的排岩场地作业，宜实行高台阶排土。废石场内运输距离较短，排土运输线路建设快、投资少，又易于维护。

(2) 铁路-推土机排土　推土机排土也可用于铁路运输的露天矿。推土机排岩的工艺程序是：列车将剥离下的废石运至废石场翻卸，推土机将废石推排至排土工作台阶以下，并平整场地及运输线路。

采用这种方式排土，免除了人工作业繁重的体力劳动。当排弃湿度较大的岩石时，由于推土机履带的来回碾压，加强了路基的稳定性，使排土场的堆置高度增大，但排弃成本高于其他方式。

7.2.4.2　挖掘机排土

采用铁路运输的矿山广泛采用挖掘机排土，如图 7-25 所示。

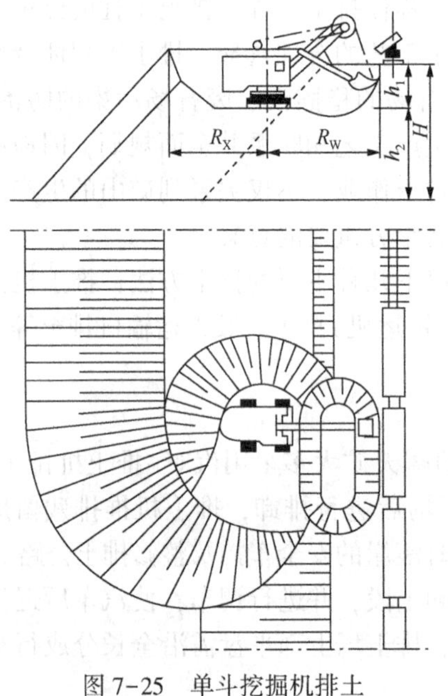

图 7-25　单斗挖掘机排土

其工艺过程为：列车进入排土线后，依次将废石卸入临时废石坑，再由挖掘机转排。该工艺要求临时废石坑的长度不小于一辆翻斗车的长度，坑底标高比挖掘机作业平台低 1～1.5m，容积一般为 200～300m^3。排土台阶分为上下两个台阶，电铲在下部台阶顶面从临时废石坑里铲取废石，向前方、侧方、后方堆置。其中向前方、侧方堆置形成下部台阶，向后方堆置为上部台阶的新排土线修筑路基，如此作业直至排满规定的台阶总高度。

挖掘机排土工艺具有受气候的影响小、剥岩设备的利用率高；移道步距大、线路的质量好；排岩平台稳定性较高、场地的适应性强；加快建设排土场的速度，节省大量劳动力和费用等优点。

当然，挖掘机排土工艺也有其缺点，比如：挖掘机设备投资较高、耗电量大，因而排土成本较推土犁高；运输机车需定位翻卸废石和等待挖掘机转排，因而降低了运输设备的利用率等。

7.2.4.3　排土犁排土

排土犁是一种行走在轨道上的排土设备，它自身设有行走动力，由机车牵引，工作时利用汽缸压气将犁板张开一定角度，并将堆置在排土线外侧的岩土向下推排．小犁板主要起挡土作用。

如图 7-26 所示，排土犁排土的工艺过程是：列车进入排土线排卸岩土后，排土犁进行推刮，将一部分岩土推落到坡下，上部形成新的受土容积；然后列车再翻卸新土，直到线路外侧形成的平台宽度超过或等于排土犁板的最大允许的排土宽度；排土犁已不能进行排土作业时，用移道机进行移道。一般排土线每卸2~6列车由排土犁推刮一次，而经过 6~8 次推排后便可移设线路。排土犁排土场台阶高度通常为 10~25m。

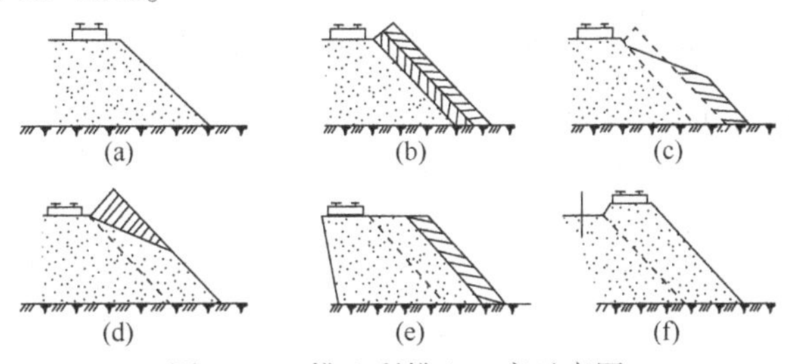

图 7-26　排土犁排土工序示意图

7.2.4.4　前装机(铲运机)排土

前装机(铲运机)排土方法就是以前装机作为转排设备。其作业方式如图 7-27 所示。在排土段高上设立转排平台。车辆在台阶上部向平台翻卸土岩，前装机在平台上向外进行转排。由于前装机机动灵活，其转排距离和排土高度都可达到很大值。

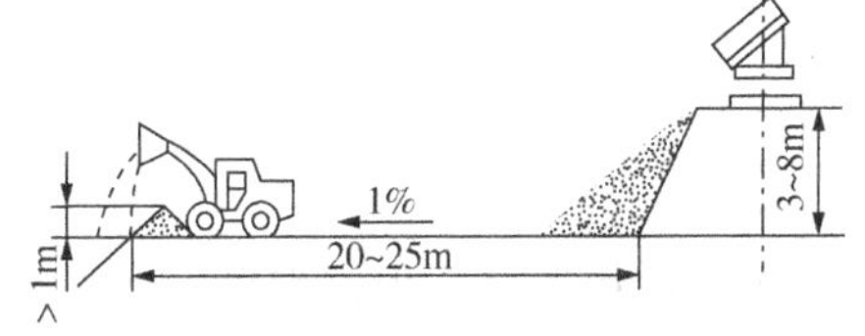

图 7-27　前装机排土作业示意图

前装机的工作平台可在排土线建设初期，由前装机与列车配合先建成一段，然后纵横发展。平台边缘留一高度大于1m 的临时车挡，以保证前装机卸土时的安全。为了排泄雨水，平台应向外侧有一定排水坡度，并每隔一段距离在车挡上留有缺口。临时车挡随排、随填、随设。

转排平台高度应根据岩石松散程度、发挥设备效率和作业安全性确定。一般4~8m。为了使列车翻卸与前装机转排工作互不影响，每台前装机作业线的长度应为 150m 左右。

前装机运转灵活，一机多用，用它进行排土，可使铁路线路长期固定不动，路基比较稳固，因而适应高排土场作业的要求，效率高，安全可靠。

7.2.4.5　带式排土机排土

带式排土机排土是一种连续式的排土方法，如图 7-28 所示。带式排土机排

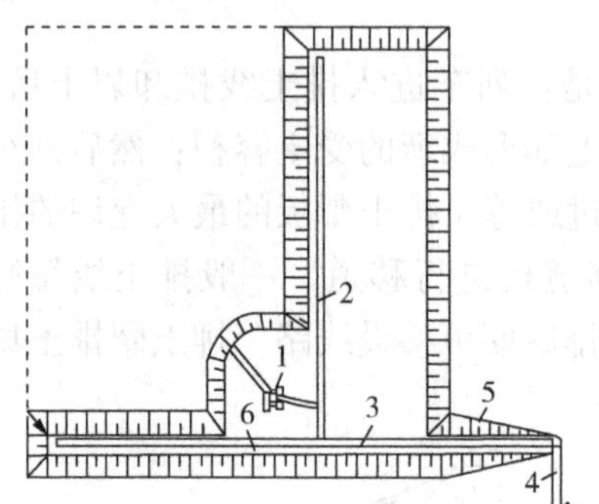

图 7-28　带式排土机排土场
1—履带排土机；2—横移式胶带运输机；
3—延伸式胶带运输机；4—固定式胶带运输机；
5—斜坡路堤；6—原始路堤

土工艺过程比较简单。在建立排土场之初，首先要为移动式运输机修筑原始路堤，并在横移式运输机的起端为排土机修建初始工作平台。修筑的方法通常是利用运输机的头部卸料，配以推土机和前装机进行。当初始工作平台筑成后，排土机就可驶进工作平台上，由横移式运输机的始端向终端进行下向排土作业，至运输机的尽头后再返回。在回程途中，为了不浪费时间，排土机一般都进行上向排土返回始端。随后移设运输机和修筑新的工作平台，排土机又开始下一次循环作业。

带式排土机的排土工艺充分发挥了连续运输的优越性。运输成本低，自动化程度高。与汽车运输相比，具有能源消耗小，维修费低、设备的利用率高等优点。带式排土机排土增大了废石排土段高，在很大程度上缓解了废石场容量不足和占用耕地的问题。但这种排土工艺初期投资大，生产管理技术要求严格，胶带易磨损，工艺灵活性差。

7.3　露天开采境界

在矿床开采设计中，根据矿床的自然因素、技术组织因素、经济因素，可能遇到如下三种情况：

① 矿床全部宜用地下开采；

② 矿床上部宜用露天开采，而下部只能用地下开采；

③ 矿床全部宜用露天开采，或上部用露天开采而剩余部分暂不宜开采。

对于后两种情况，需要确定露天开采境界，包括确定合理的开采深度、露天采场底部平面周界及露天矿最终边坡角。

7.3.1　露天开采境界的定义

露天开采境界是露天矿开采终了时(或某一时期)所形成的空间轮廓。它由露天采矿场的地表境界、底部境界和四周边坡组成。地表而和底平而的交线分别称为上部境界线和下部境界线，下部境界线也称境界底部周界。

如图 7-29 所示，露天开采境界横剖面与边坡面的交线称为边坡线(图 7-29 中的 ab 和 dc)；上部境界线和下部境界线与露天开采境界横断面的交点分别称为上部境界点(图 7-29 中的 a 和 d)和下部境界点(图 7-29 中的 b 和 c))；开采境界边坡线水平线的夹角称为边坡角(图 7-29 中的 β 和 γ)；两个下部境界点间的水平距离称为底部宽度 B，同侧上部境界点和下部境界点间的垂直距离称为开采深度 H。

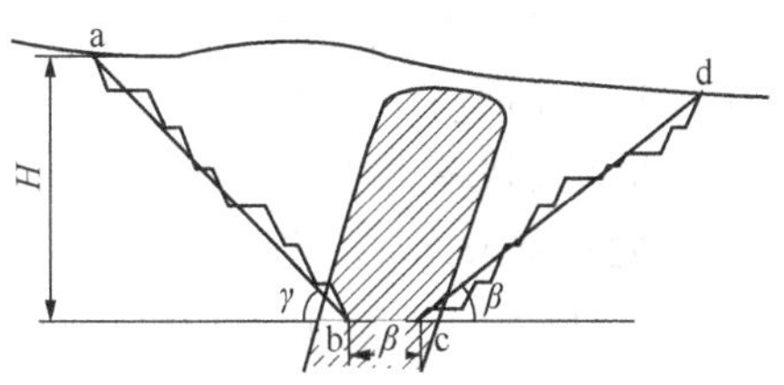

图 7-29 露天开采境界横剖面

7.3.2 剥采比的概念

矿床露天采的某个特定区域内或特定时期内，剥离岩石量与采出矿石量的比值称为剥采比。或者说，剥采比表示在该区域或该时期内单位采出矿石量所分摊的剥离岩石量。剥采比一般用 n 表示，剥采比 n 常用的单位为 m^3/m^3、t/t、m^3/t。在露天开采设计中，常用不同含义的剥采比反映不同的开采空间或开采时间的剥采关系及其限度。如图 7-30 所示，露天开采境界设计中涉及以下几种剥采比：

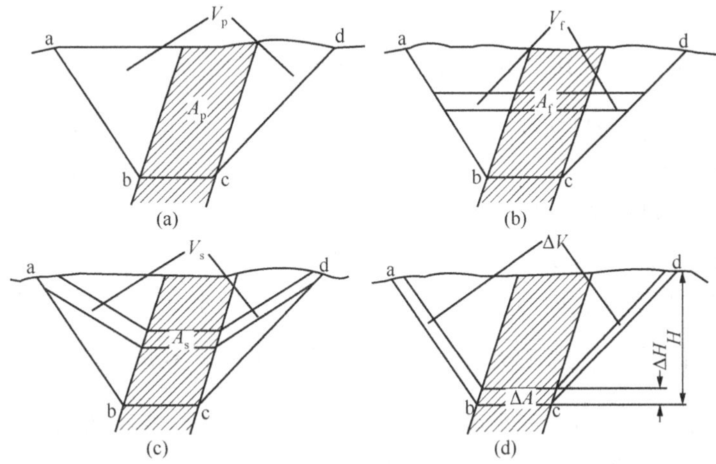

图 7-30 剥采比示意图

① 平均剥采比 n_p：指露天开采境界内总的岩石量 V_p 与总矿石量 A_p 之比[图 7-30(a)]，即：$n_p = V_p/A_p$。平均剥采比反映露天矿的总体经济效果，在设计中可用平均剥采比作为评判露天开采境界优劣的指标。

② 分层剥采比 n_f：指露天开采境界内某一水平分层的岩石量 V_f 与矿石量 A_f 之比[图 7-30(b)]，即：$n_f = V_f/A_f$。尽管露天矿极少采用单一水平生产，但分层剥采比可以用于理论分析。另外，分层矿岩量是计算露天开采矿量、平均剥采比和均衡生产剥采比的基础数据。

③ 生产剥采比 n_s：指露天矿某一生产时期内所剥离的岩石量 V_s 与所采出的矿石量 A_s 之比值[图 7-30(c)]，即：$n_s=V_s/A_s$。生产剥采比有许多衍生形式，可用来分析和反映露天矿生产中的剥采关系。

④ 境界剥采比 n_j：指露天开采境界增加单位深度后引起岩石增量 ΔV 与矿石增量 ΔA 之比值[图 7-30(d)]，即：$n_j=\Delta V/\Delta A$。在露天开采设计的数学分析法中，境界剥采比是一个重要技术指标。

⑤ 经济合理剥采比 n_{jh}：指在特定的技术经济条件下所允许的最大剥采比，其单位与上述剥采比相一致。经济合理剥采比是考量矿床露大开采经济效益的重要依据，若借用技术经济学的相关概念，经济合理剥采比可称为基准剥采比。

7.3.3 露天开采境界确定原则

露天开采境界的确定，实际上是剥采比的控制。因为随着露天开采境界的延伸和扩大，可采储量增加了，但剥离岩石量也相应地增大。合理的露天开采境界，就是指所控制的剥采比不超过经济上合理的剥采比。露天开采境界确定的原则有以下几点。

7.3.3.1 境界剥采比不大于经济合理剥采比($n_j \leqslant n_{jh}$)

提出这一原则的最初含义，是使紧邻露天开采境界那层矿岩的开采成本不大于地下开采成本；经进一步分析表明，它还有一层更深的含义，即能使整个矿床开采的总经济效果(成本或盈利)最佳。

由于这一原则具有使整个经济效果最佳这个含意，获得了广泛的赞同，再加之运用起来简单方便，因而国内外都普遍运用这一原则来圈定露天开采境界。

7.3.3.2 平均剥采比不大于经济合理剥采比($n_p \leqslant n_{jh}$)

这一原则是针对露天开采境界内的全部矿岩量而言，它要求用露天开采的平均经济效果(成本或盈利)不劣于用地下开采。

这一原则是一种“算术平均”的概念。它既未涉及整个矿床开采的总经济效果，更没有考虑开采过程中剥采比的变化。因此，这是一个比较粗略、笼统的原则。由于采用算术平均的方法，露天开采某个时期的经济效果可以劣于地下开采，只要前者还有优于后者的时候，优劣搭配，使平均起来的露天开采效果等于地下开采就可以。因此，这样确定出来的境界，往往比 $n_j \leqslant n_{jh}$ 原则所圈定的境界要大，可能造成基建剥离量大、投资多、基建时间长，甚至使企业长期处于亏损状态。

7.3.3.3 生产剥采比不大于经济合理剥采比($n_s \leqslant n_{jh}$)

这一原则的理论依据是，露天矿任一生产时期按正常工作帮坡角进行生产时，其生产成本不超过地下开采成本或允许成本。

这一原则反映了露天开采的生产剥采比的变化规律，保证露天开过程中各个开采时期的生产剥采比不超过允许值。用该原则确定的露天开采境界，一般比第一种原则确定的要大，较第二种原则确定的要小，能较好地反映露天开采的优越性。该原则的缺点是没有考虑整个矿床开采的总经济效果，特别是生产剥采比通常只能在圈定了露天开采境界并相应地确定了开拓方式和开采程序之后才能确定。

对于经济合理剥采比 n_{jh}，其确定方法主要包括两大类：一是比较法，即以露天开采和地下开采的经济效果进行比较，用以划分露天开采和地下开采的界限；二是价格法，即在矿床只宜露天开采的场合，用露天开采成本和矿石价格进行比较，以划分露天开采部分和暂不宜开采部分的界线。

7.3.4 露天开采境界确定方法

7.3.4.1 采场最小底宽及位置

露天采场底部宽度不应小于开段沟宽度，其最小宽度根据采装、运输设备规格及线路布置方式计算。视矿体水平厚度不同，露天采场底的位置可能有三种情况：

① 如果矿体水平厚度小于计算得出的采场最小底宽时，露天矿底平面按最小底宽绘制；

② 如果矿体水平厚度等于或略大于计算得出的采场最小底宽时，露天矿底平面按矿体厚度绘制；

③ 如果矿体水平厚度远大于计算得出的采场最小底宽时，露天矿底平面按最小底宽绘制，并按下列因素确定露天矿底的位置：

a. 使境界内的可采矿量最大而剥岩量最小；

b. 使可采矿量最可靠，通常露天矿底宜置于矿体中间，以避免地质作图误差所造成的影响；

c. 根据矿石品位分布，使采出的矿石质量最高；

d. 根据岩石的物理力学性质调整露天矿底位置，使边坡稳固且穿爆方便。

7.3.4.2 露天矿最终边坡角

露天矿的最终边坡角，对剥采比有很大的影响。随开采深度的增加和边坡角的减缓，剥岩量将急剧增加，为获得最佳的经济效果，边坡角应尽可能加大；然而陡边坡虽可带来较好的经济效益，但边坡稳定性较差，易发生滑坡等地质灾害，从安全角度出发，应尽可能减缓边坡角。因此，综合考虑经济与安全因素，是合理选取边坡角的基本原则。选择采场最终边坡角时，应充分考虑组成边坡岩石的物理力学性质、地质构造和水文地质等因素。

7.3.4.3　开采深度

采场合理开采深度的确定，通常在地质横剖面图上初步确定开采深度，然后再用纵剖面图调整露天矿底部标高。确定合理开采深度的步骤为(图 7-31)：

① 在地质横剖面图上初步确定若干个境界深度方案；

② 对每个深度方案确定采场底部宽度及位置，根据选取的最终边坡角，绘制顶底帮最终边坡线；

③ 计算各方案的境界剥采比；

④ 绘制境界剥采比(n_j)及经济合理剥采比(n_{jh})与深度(H)的关系曲线，如图 7-32 所示，两曲线的交点所对应的横坐标 H_j 即为露天开采的合理深度。

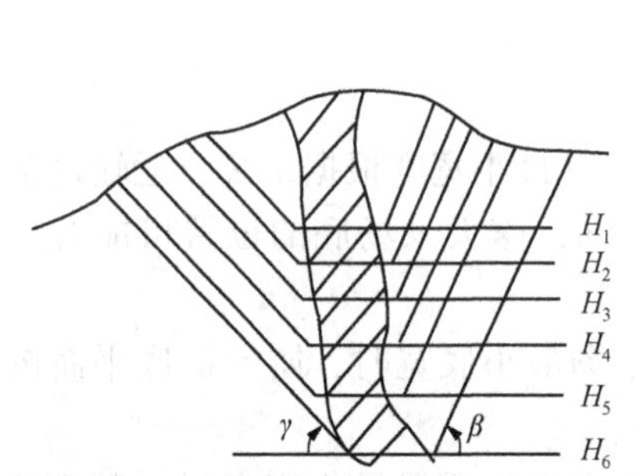

图 7-31　开采境界深度方案的横剖面图

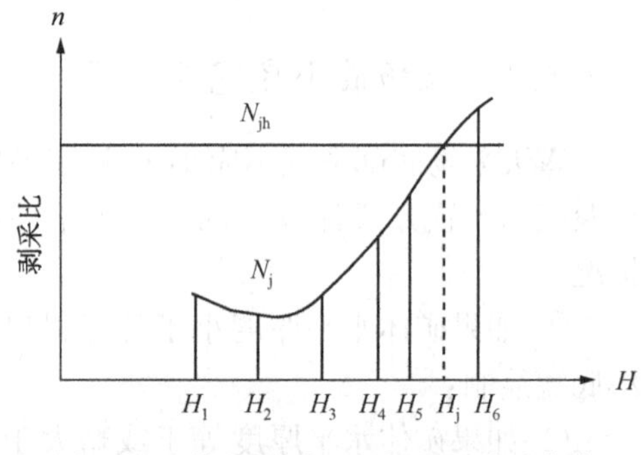

图 7-32　境界剥采比与深度的关系曲线

至此，完成了一个地质横断面图上露天开采理论深度的确定，按同样的方法，可将露天矿床范围内所有横断面图上的理论深度都确定下来。

⑤ 在地质纵剖面图上调整露天矿底部标高。

在各个地质横剖面图上初步确定了露天开采的理论深度后，由于各剖面的矿体厚度和地形变化不等，所得开采深度也不一。将各剖面图上的深度投影到地质纵剖面图上，连接各点，得出一条不规则的折线(图 7-33 中的虚线)。

为了便于开采和布置运输线路，露天矿的底平面宜调整至同一标高。当矿体埋藏深度沿走向变化较大，而且长度又允许时，其底平面可调整成阶梯状。调整的原则是，使少采出的矿石量与多采出的矿石量基本均衡，并让剥采比尽可能小。图 7-33 中的粗实线便是调整后的设计深度。

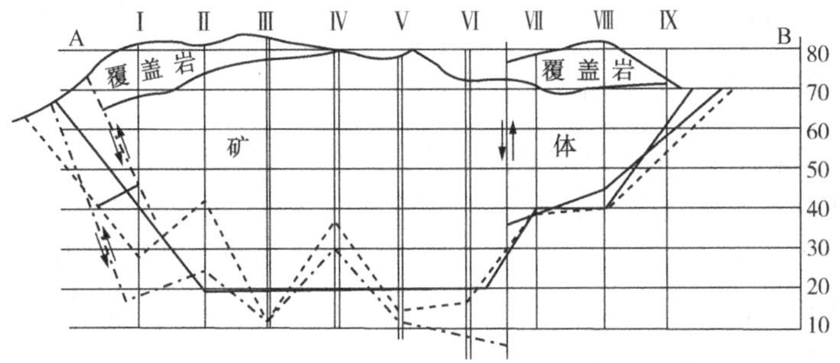

图 7-33　在地质纵剖面图上调整露天矿底平面标高

——矿体界线；--------调整前的开采深度；——调整后的开采深度

7.3.4.4　绘制露天矿底部周界

无论是长露天矿还是短露天矿，调整后的开采深度往往不再是最初方案的深度，需要重新绘制底部周界，如图 7-34 所示，其步骤为：

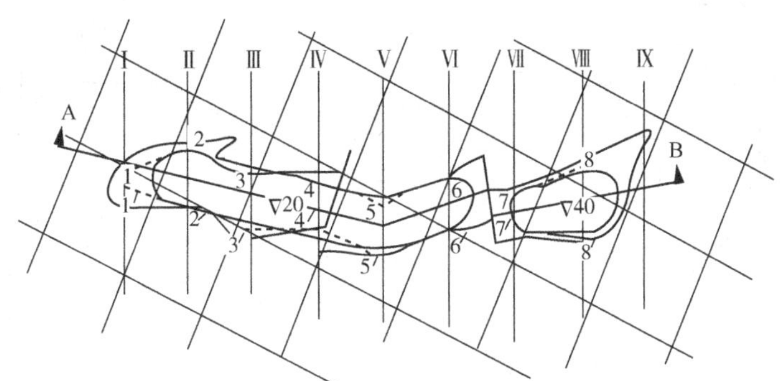

图 7-34　底部周界的确定

I ~ IX—剖面线；--------理论周界；——最终设计周界

① 按调整后的露天开采深度，绘制该水平的地质分层平面图；

② 在各横剖面、纵剖面、辅助剖面图上，按所确定的露天开采深度绘出境界；

③ 将各剖面图上露天矿底部周界投影到分层平面图上，连接各点，得出理论上的底部周界(图 7-34 中的虚线)；

④ 为了便于采掘运输，初步得出的理论周界，尚需进一步修整，修整的原则是：

a. 底部周界要尽量平直，弯曲部分要满足运输设备对曲率半径的要求；

b. 露天矿底的长度应满足运输线路的要求，特别是采用铁路运输的矿山，其长度要保证列车正常出入工作面。

这样得出的底部周界，就是最终的设计周界，如图 7-34 中的实线所示。

7.3.4.5 绘制露天矿开采终了平面

露天矿开采终了平面图的绘制方法是：

① 将上述露天矿底部周界绘在透明纸上。

② 将透明纸覆于地形图上，然后按边坡组成要素，从底部周界开始，由里向外依次给出各个台阶的坡底线(图 7-35)。很明显，露天矿深部各台阶的坡底线在平面图上是闭合的，而处在地表以上的则不能闭合，但要使其末端与相同标高的地形等高线密接。

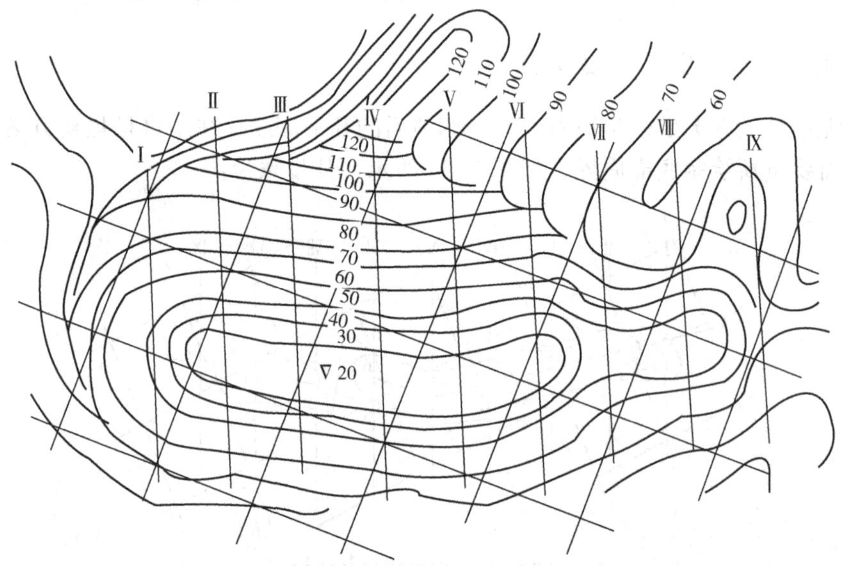

图 7-35　初步圈定的露天矿开采终了平面图

③ 在图上布置开拓运输线路，即所谓的定线。

④ 从底部周界开始，由里向外依次绘出各个台阶的坡面和平台(图 7-36)。绘制时，要注意倾斜运输道和各台阶的连接。在圈定各个水平时，应经常用地质横、纵剖面图和分层平面图校核矿体边界，以使在圈定的范围内矿石量多而剥岩量少。此外，各水平的周界还要满足运输工作的要求。

当开采方案简单或设计技术成熟时，上述②、③、④步可以合并，亦即绘出露天矿底部周界后，根据选定的开拓运输方式及出入沟口位置，自里向外绘出各个台阶的平台和坡面，一次绘出露天矿开采终了平面图。

⑤ 检查和修改上述露天开采境界。由于在绘图过程中，原定的露天开采境界常受开拓运输线路影响而有变动，因而需要重新计算其境界剥采比和平均剥采

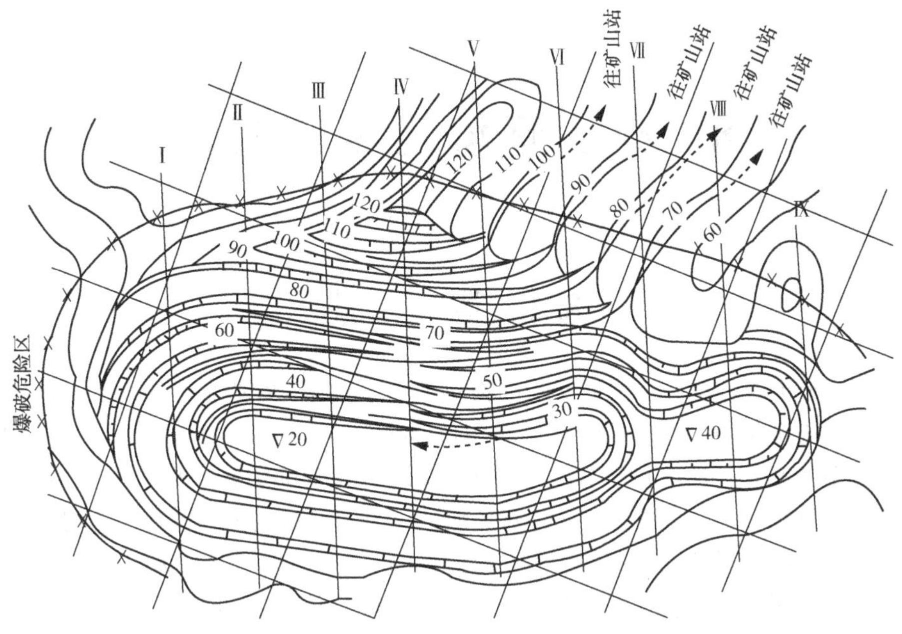

图 7-36　露天矿开采终了平面图

比，检查它们是否合理。假如差别太大，就要重新确定境界。此外，上述境界还要根据具体条件进行修改。例如，当境界内有高山峻岭时，为了大幅度减小剥采比，就需要避开高山部位；又如，当境界外所剩矿量不多，若全都采出所增加的剥采比又不大，则宜扩大境界，全部用露天开采。

总之，露天开采境界的确定，是一个复杂的课题。在设计工作中，既要遵循基本原则，又要机动灵活地适应具体的条件，使境界确定得更加合理。

8 矿山环境污染与防治

8.1 概　　述

矿产资源是人类社会文明必需的物质基础。随着工农业生产的发展，世界人口剧增，人类精神、物质生活水平的提高，社会对矿产资源的需求量日益增大。矿产资源的开发、加工和使用过程不可避免地要破坏和改变自然环境，产生各种各样的污染物质，造成大气、水体和土壤的污染，并给生态环境和人体健康带来直接或间接的、近期或远期的、急性或慢性的不利影响。事实证明，一些国家或地区的环境污染状况，在某种程度上总是和这些国家或地区的矿产资源消耗水平相一致。同时，矿产资源是一种不可再生的自然资源，所以，开发矿业所产生的环境问题，日益引起各国的重视：一方面是保护矿山环境，防治污染；另一方面是合理开发利用，保护矿产资源。

8.1.1 采矿生产对环境的影响

(1) 废石和尾矿对矿山环境的污染。采矿，无论地下或露天开采，都要剥离地表土壤和覆盖岩层，开掘大量的井巷，因而产生大量废石；选矿过程亦会产生大量的尾矿。首先，堆存废石和尾矿要占用大量土地，不可避免地要覆盖农田，草地或堵塞水体，因而破坏了生态环境；其次，废石、尾矿如堆存不当可能发生滑坡事故，造成严重后果。如美国有一座高达 244m 的煤矸石场滑进了附近的一座城里，造成 800 余人死亡的惨案。据调查，近 20 年来我国先后发生过多次大规模的废石场滑坡、泥石流以及尾矿坝坍塌等恶性事故，导致人员伤亡、被迫停产、破坏公路、毁坏农田等恶果；再次，有的废石堆或尾矿场会不断逸出或渗滤析出各种有毒有害物质污染大气、地下或地表水体；有的废石堆若堆放不当，在一定条件下会发生自热、自燃，成为一种污染源，危害更大；干旱刮风季节会从废石堆、尾矿场扬起大量粉尘，造成大气的粉尘污染；暴雨季节，会从废石堆、尾矿场中冲走大量沙石，可能覆盖农田、草地、山林或堵塞河流等等。综上所述，废石、尾矿对环境的污染为：占用土地，损害景观；破坏土壤、危害生物；淤塞河道、污染水体；飞扬粉尘、污染大气。

(2) 许多矿山，包括采、选、冶的联合企业，向环境排放大量的“三废”，如不注意防治，将会造成大范围的环境污染。19 世纪末日本发生震惊世界的环境污染事件就发生在某铜矿，该矿含铜、硫、铁、砷，冶炼时排放废气除二氧化硫外，还有砷化合物和有色金属粉尘。污染物严重地污染矿区周围面积达 $400km^2$，受害中心区被迫整村迁移。该矿污水排入渡良濑川水体，洪水泛滥时广为扩散，使周围四个县数万公顷的农田遭受危害，鱼类大量死亡，沿岸数十万人流离失所。

(3) 采矿生产，特别是露天开采时对矿山周围大气污染甚为严重。开采规模的大型化，高效率采矿设备的使用，以及露天开采向深部发展，使环境面临一系列新问题。大型穿孔设备、挖掘设备、汽车运输产生大量粉尘，使采场的大气质量急剧下降，劳动环境日益恶化。据现场监测，最高粉尘浓度达 $400\sim1600mg/m^3$，超过国家卫生标准上百倍。爆破作业产生大量有毒、有害气体。上述污染物在逆温条件下，停留在深凹露天矿坑内不易排出，是加速导致矿工硅肺病的主要原因。此外，汽车运输还产生大量的氮氧化物、黑烟、3,4-苯并芘，这是导致癌症的根源。

(4) 采矿工业中噪声污染甚为严重。噪声不仅妨碍听觉，导致职业性耳聋，掩蔽音响信号和事故前征兆，导致伤亡事故的发生，而且还引起神经系统、心血管系统、消化系统等多种疾病。

(5) 采掘工作破坏地面或山头植被，引起水土流失，破坏矿山地面景观；地下坑道的开掘或地表剥离破坏岩石应力平衡状态，在一定条件下会引起山崩、地表塌陷、滑坡、泥石流和边坡不稳定，造成环境的严重破坏和矿产资源的损失，并酿成严重的矿毁人亡的重大恶性事故。1980 年湖北宜昌盐池河磷矿因地下采空区的扩大，引起了地面石灰岩陡峭的山崖开裂，在雨后失稳的岩体开始滑移，约有 10^5m^3 岩体突然从陡崖上急剧倾泻而下，将山坡下矿部约 $6\times10^4m^2$ 建筑物推垮并掩埋，堆积乱石面积约 $6000m^2$，堵塞了盐池河，造成巨大的财富损失和人员伤亡。特别是地表下沉和塌陷区引起地表水和地下水的水力连通，容易酿成淹没矿井的水灾事故。

(6) 矿产资源的合理开发和利用是矿山环境保护的一项重要内容，综上所述可知，矿产资源是不可再生资源。为此，加强对矿产资源的综合评价，是合理利用矿产资源的重要保证。要正确选择矿床合理开采方法，保证矿石最高回采率和最低损失、贫化率。大多数金属矿山是多种金属共生，综合回收和利用是保护矿产资源的重要手段。此外，针对我国矿产资源日趋减少的现状，把现已生产矿山大量排放的废石、尾矿作为二次矿产资源进行合理开发和有效利用，变废为宝，既保护了国家的资源，又充分利用了国家资源，同时又净化了环境，可谓一举多得。

8.1.2 我国环境保护的方针、目标与对策

8.1.2.1 环境保护工作方针

环境保护工作方针是指国家在一定历史时期内，为达到一定的环境目标而确定的环境保护工作的指导原则。我国环境保护工作方针是："全面规划，合理布局；综合利用，化害为利；依靠群众，大家动手；保护环境，造福人民。"这条方针在1973年举行的第一次环境保护会议上得到确认，并写入1979年颁发的《中华人民共和国环境保护法(试行)》。实践证明：矿山如能执行这一方针，矿山环境就能得到保护和改善。

(1) 全面规划合理布局　这是指明了环境保护是国民经济发展规划的一个重要组成部分，必须纳入国家的、地方的和部门的社会经济发展规划，做到经济与环境协调发展；在安排工业、农业、城市、交通等项建设时，必须充分注意对环境的影响。在矿山建设中还必须切实执行"三同时"的原则，即防治污染设施必须与主体工程同时设计、同时施工、同时投产；在矿山开采结束时必须做好被采矿破坏土地的复垦工作，而在矿山基建期间就应把它作为采矿工作的一部分，统筹安排；把矿山环境管理纳入矿山企业管理之中。对于矿区的内部布局，应根据矿区的地理、地形和气象等条件，充分利用环境的自净功能，来规划矿区各功能区域或车间的设置。

(2) 综合利用化害为利　工业污染实质上是资源、能源的浪费。所谓"三废"实际上是资源、能源转化产物，属于二次资源。一种矿石既富集了主要有价成分，也伴生多种次要的有价组分；本生产部门的"三废"也可以是别的生产部门或下一个生产过程的原料。对于开发矿业排放的污染物，不应是消极地处理，而是要开展综合利用，做到化害为利变废为宝。如在矿产资源综合评价的基础上，提高矿产资源的综合利用率和回收率；开采时要努力提高矿石回收率和减少损失、贫化率；矿山选矿废水应采用闭路循环使用等。这样既充分利用了矿产资源，又减少废弃物对环境的污染。

(3) 依靠群众大家动手　这就是说环境保护是关系到每个人、涉及各方面，必须依靠人民群众保护环境。因此，应从宣传教育入手，使人们了解发展经济和保护环境之间的辩证关系。发动各部门、各企业治理污染，使环境专业管理与群众监督相结合；实行法治和群众自觉维护相结合，把环境保护事业作为全国人民的事业。

(4) 保护环境造福人民　这是环境保护的出发点和根本目的。环境保护是为国民经济持续发展和为人民群众创造优美的劳动与生活环境服务，是为当代人和

子孙后代造福。

8.1.2.2 环境保护的目标

到2010年，重点地区和城市的环境质量得到改善，生态环境恶化趋势基本遏制。主要污染物的排放总量得到有效控制，重点行业污染物排放强度明显下降，重点城市空气质量、城市集中饮用水水源和农村饮水水质、全国地表水水质和近岸海域海水水质有所好转，草原退化趋势有所控制，水土流失治理和生态修复面积有所增加，矿山环境明显改善，地下水超采及污染趋势减缓，重点生态功能保护区、自然保护区等的生态功能基本稳定，村镇环境质量有所改善，确保核与辐射环境安全。到2020年，环境质量和生态状况明显改善。

8.1.2.3 环境保护的对策

为了完成前述目标，国家应该予以若干相应的政策配合：

① 落实科学发展观，优先开展资源环境核算；

② 强化政策导向，通过产业政策和治理行动积极调整产业结构；

③ 大力发展循环经济，实现环境治理模式从末端治理向源头和全过程控制的转变；

④ 在污染末端治理中深化市场机制，建立“谁治理、谁收费”制度；

⑤ 完善法规和标准，加强环境管理能力建设；

⑥ 抓住重点地区水污染治理和改善自然保护区管理这两个治理效益突出的主要目标。

⑦ 将生态建设和扶贫开发进一步结合起来，实现贫困地区经济、社会和环境的协调发展。

8.2 矿山大气污染及其防治

采矿生产，特别是露天开采时对矿山周围大气污染甚为严重。开采规模的大型化，高效率采矿设备的使用，以及露天开采向深部发展，使环境面临一系列新问题。大型穿孔设备、挖掘设备、汽车运输产生大量粉尘，使采场的大气质量急剧下降，劳动环境日益恶化。据现场监测，最高粉尘浓度达400~1600mg/m^3，超过国家卫生标准上百倍。爆破作业产生大量有毒、有害气体。上述污染物在逆温条件下，停留在深凹露天矿坑内不易排出，是加速导致矿工硅肺病的主要原因。此外，汽车运输还产生大量的氮氧化物、黑烟、3,4-苯并芘，这是导致癌症的根源。

8.2.1 影响露天矿大气污染的因素

8.2.1.1 地质条件和采矿技术的影响

地质条件和采矿技术的影响矿山的地质条件是影响露天环境污染的主要因素之一。因为矿山地质条件是确定剥离和开采技术方案的依据，而开采方向、阶段高度和边坡以及由此引起的气流相对方向和光照情况又影响着大气污染程度。此外，矿岩的含瓦斯性、有毒气体析出强度和涌出量也都与露天矿环境污染有直接关系。矿岩的形态、结构、硬度、湿度又都严重影响着露天矿大气中的空气含尘量。在其他条件相同时，露天矿的空气污染程度随阶段高度和露天矿开采深度的增加而趋向严重。

8.2.1.2 地形、地貌的影响

露天矿区的地形和地貌对露天矿区通风效果有着重要的影响。例如山坡上开发的露天矿，最终也形成不了闭合的深凹，因为没有通风死角，故这种地形对通风有利，而且送入露天矿自然风流的风速几乎相等，即使发生风向转变和天气突变，冷空气也照常沿露天斜面和山坡流向谷地，并把露天矿区内粉尘和毒气带走。相反，如果露天矿地处盆地，四周有山丘围阻，则露天矿越向下开发，所造成深凹越大，这不仅使常年平均风速降低，而且会造成露天矿深部通风风量不足，从而引起严重的空气污染，而且经常逆转风向，会造成露天矿周围山丘之间的冷空气，不易从中流出，从而减弱了通风气流。

如果废石场的位置甚高，而且和露天矿坑凹的距离小于其高度的四倍时，废石场将成为露天矿通风的阻力物，造成通风不良、污染严重的不利局面。

一些丘陵、山峦及高地废石场，如果和露天矿坑边界相毗连，不仅能降低空气流动的速度，影响通风效果，而且促成露天采区积聚高浓度的有毒气体，造成露天矿区的全面污染。

8.2.1.3 气象条件的影响

气象条件如风向、风速和气温等是影响空气污染的诸因素的重要方面。例如长时间的无风或微风，特别是大气温度的逆增，能促成露天矿内大气成分发生严重恶化。风流速度和阳光辐射强度是确定露天矿自然通风方案的主要气象资料。为了评价它们对大气污染的影响，应当研究露天矿区常年风向、风速和气温的变化。

8.2.1.4 矿山机械的生产能力的影响

露天矿机械设备能力对有毒气体生成量的关系大不相同。例如，使用火力凿岩，当不断增加钻进速度时，有毒气体生成量反而逐渐下降；对柴油发动的运矿汽车和推土机而言，尾气产生量和露天矿大气中有毒气体含量随运行速度提高而直线上升。

8.2.1.5 矿岩湿度的影响

影响空气含尘量的主要因素之一是岩石的湿度。随着岩石自然湿度的增加，或者用人工方法增加岩石湿度能使各种采掘机械在工作时的空气含尘量急剧下降。但每种岩石都有自己的最佳值，超过该值后，空气中含尘量降低不多。所以，如果增加岩体的湿度超过上述极限值，不管从经济和卫生方面考虑都是不合适的。

8.2.2 露天矿大气污染的防治

由于露天开采强度大，机械化程度高，而且受地面条件影响，在生产过程中产生粉尘量大，有毒有害气体多，影响范围广。因此，在有露天矿井开采的矿区，防治矿区大气污染的主要对象是露天采场。

在露天矿的开采过程中，使用了机械化强度高的大型移动式设备，如穿孔设备、装载设备及运输设备等。根据国内有关实测资料表明：穿孔设备的产尘量占总产尘量的 6.30%；装载设备产尘量占总产尘量的 1.19%；运输设备的产尘量占总产尘量的 91.33%；凿岩设备的产尘量占总产尘量的 0.57%；推土设备的产尘占总产尘量的 0.61%。

8.2.2.1 露天矿机械设备防尘措施

机械设备产尘强度的决定，需要考虑粉尘的生产过程和排放方式，一般有两种方式：

产生的粉尘没有经过扩散或泄漏，而是集中由一定的管道排入大气；产生的粉尘没有经过集中捕集，而是在生成过程中就被排入大气。

8.2.2.2 穿孔设备作业时的防尘措施

钻机产尘强度仅次于运输设备，占生产设备总产尘量的第二位。根据实测资料表明：在无防尘措施的条件下，钻机孔口附近空气中的粉尘浓度平均值为 448.9mg/m^3，最高达到 1373mg/m^3。

露天矿钻机的除尘措施可分为干式捕尘、湿式除尘和干湿相结合除尘三种方法，选用时要因地制宜。

干式捕尘是将袋式除尘器安装在钻机口进行捕尘。为了提高干式捕尘的除尘效果，在袋式除尘器之前安装一个旋风除尘器，组成多级捕尘系统，其捕尘效果更好。袋式除尘器不影响钻机的穿孔速度和钻头的使用寿命，但辅助设备多，维护不方便，且能造成积尘堆的二次扬尘。

湿式除尘，主要采用风水混合法除尘。这种方法虽然设备简单，操作方便，但在寒冷地区使用时，必须有防冻措施。

干湿结合除尘，主要是往钻机里注入少量的水而使微细粉尘凝聚，并用旋风式除尘器收集粉尘；或者用洗涤器、文丘里除尘器等湿式除尘装置与干式捕尘器串联使用，其除尘效果也是相当显著的。

8.2.2.3 矿岩装卸过程中的防尘措施

电铲给运矿列车或汽车卸载时，可使爆破时产生的和装卸过程中二次生成的粉尘，在风流作用下，向采场空间飞扬。卸载过程中的产尘量与矿岩的硬度、自然含湿量、卸载高度及风流速度等一系列因素有关。

装卸作业的防尘措施主要采用洒水；其次是密闭司机室，或采用专门的捕尘装置。装载硬岩，采用水枪冲洗最合适；挖掘软而易扬起粉尘的岩土时，采用洒水器为佳。岩体预湿是极有效的防尘措施，在国内外煤层开采时都得到应用。在露天矿中，可利用水管中的压力水，或移动式、固定式水泵进行压注，也可利用振动器，脉冲发生器或爆炸进行压注，而利用重力作用使水湿润岩体是一种简易的方法。

露天矿的岩体预湿工艺可分为：通过位于层面的钻孔注水；通过上一平台和垂直或与层面斜交的钻孔注水；也可利用浅井或浅槽使台阶充分湿透并渗透湿润岩体。

8.2.2.4 大爆破时防尘

大爆破时不仅能产生大量粉尘，而且污染范围大，在深凹露天矿，尤其在出现逆温的情况下，污染可能是持续的。露天矿大爆破时的防尘，主要是采用湿式措施。当然，合理布置炮孔、采用微差爆破及科学的装药与填充技术，对减少粉尘和有毒有害气体的生成量也有重要意义。

在大爆破前，向预爆破矿体或表面洒水，不仅可以湿润矿岩的表面，还可以使水通过矿岩的裂隙透到矿体的内部。在预爆区打钻孔，利用水泵通过这些钻孔向矿体实行高压注水，湿润的范围大、湿润效果明显。

爆破过程中可采用水封爆破。水封爆破有孔内孔外两种。孔外水封爆破是在炮孔的孔口附近布置水袋和辅助起爆药包，每个炮孔的耗水量约为 0.5~0.7m^3，相当爆破 1m^3 矿石耗水量约为 0.01~0.015m^3。孔内水封爆破也需设辅助药包，其耗水量小于孔外水封爆破，每个炮孔约用水量为 0.4~0.5m^3 即可。

8.2.2.5 露天矿运输路面防尘措施

目前国内外为防止汽车路面积尘的二次飞扬，主要采取的措施有：

路面洒水防尘；喷洒氯化钙、氯化钠溶液或其他溶液；用颗粒状氯化钙、食盐或二者混合处理汽车路面；用油水乳浊液处理路面；人工造雪防尘。

8.2.2.6 采掘机械司机室空气净化

在机械化开采的露天矿山，主要生产工艺的工作人员，大多数时间都位于各种机械设备的司机室里或生产过程的控制室里。因此，采取有效措施使各种机械设备的司机室或其他控制室内空气中的粉尘浓度都达到卫生标准，是露天矿防尘的重要措施之一。

8.2.2.7 废石堆防尘措施

矿山废石堆、尾矿池是严重的粉尘污染源，尤其在干燥、刮风季节更严重，台阶的工作平台上落尘也会大量扬起。

在扬尘物料表面喷洒覆盖剂是一种防尘措施。喷洒的覆盖剂和废石间具有黏结力，互相渗透扩散，由于化学键力的作用和物理吸附，废石表面形成薄层硬壳，可防止风吹、雨淋、日晒引起的扬尘。

8.3 矿山水污染及其防治

在环境污染中，以水体污染发现最早，影响也最大、最广泛。据不完全统计，全世界每年约有 $4.5\times10^{11}m^3$ 废水排入水体，我国每年排入水体的废水量约为 $3.03\times10^{10}m^3$，其中每 1m^3 的污水又可污染十几立方米的天然水。我国每年因采矿产生的废水、废液排放总量约占全国工业废水排放总量的 10%以上，而处理率仅为 4.23%。全国的选矿废水年排放总量约为 36 亿吨。我国北方岩溶地区的煤、铁矿山，每年排放矿坑水 12 亿吨，其中 30%左右经处理使用，其他都是自然排放。这些未经处理或处理不完全的废水直接外排，必将给自然水体造成严重污染，水资源将遭到严重破坏。

8.3.1 矿山废水的来源及其危害

8.3.1.1 矿山废水的来源

(1) 矿坑水 矿坑水系指在采矿过程中，从开采矿段中涌出的水，亦称为矿坑涌水，一般通过提水泵从坑下中央水仓排向地面，故又称其为矿坑排水。其主要来源有四个方面：

① 大气降水。随着煤炭的大量开发，井下采空面积逐渐增大，围岩应力场也发生变化，煤层回采后顶板开始沉陷，地表出现裂缝和塌陷，大气降水有的直接通过裂缝灌入坑道，有的则沿有利于入渗的构造、裂隙及土壤等补给矿床含水层，因此大气降水入渗补给是一种发生在流域面上的补给水源。

② 地表水。由于采矿进一步沟通原始构造，同时又产生新裂隙与裂缝等次生构造，当矿区有河流、水库、水池、积水洼地等地表水体存在时，地表水就有可能沿河床沉积层、构造破碎带或产状有利于水体入渗的岩层层面补给浅层地下水，再补给煤系地层中的含水层，或通过采煤产生的裂隙直接补给矿井。

③ 地下水。地下水是大部分矿床的直接补给水源，主要指矿层顶板和底板含水层中的水。当矿井揭露或通过含水层时，赋存于含水层中的水就涌向坑道，成为矿井的充水水源。

④ 老窑积水。开采历史悠久的矿区的浅部分布有许多废弃的矿窑，赋存了大量积水，它们像一座座小“水库”分布于采区上方及附近，一旦与矿井连通，短时间内有大量水涌入矿井，其危害性很大。

(2) 矿山工业用水产生的废水

① 矿井排水。矿山地下采掘工作会使地表降水及蓄水层的水大量涌入井下，尤其是水力采煤、水沙充填采矿，更会使矿井排水量增加。

② 渗透污染。矿山废水或选矿废水排入尾矿池后，通过土壤及岩石层的裂隙渗透而进入含水层，造成地下水资源的污染。同时，矿山废水还会渗过防水墙，造成地表水的污染。

③ 渗流污染。由于含硫化物废石堆，直接暴露在空气中，不断进行氧化分解生成硫酸盐类物质，尤其是当降雨侵入废石堆后，在废石堆中形成的酸性水就会大量渗流出来，污染地表水体。

④ 径流污染。采矿工作会破坏地表或山头植被，剥离表土，因而造成水蚀和水土流失现象发生；降雨或雪融后水流，搬运大量泥沙，不但堵塞河流渠道而且会造成农田的污染。

综上所述，采矿过程中水污染的途径是多方面的，其污染所造成的后果也是相当严重的。

8.3.1.2 矿山废水的危害

矿山废水的危害性，包括对生态环境的破坏和对生物体的毒害，主要来自于酸污染和重金属污染。矿山酸性废水大量排入河流、湖泊，使水体的 pH 发生变化，抑制细菌和微生物的生长，影响水生物的生长，严重的导致鱼虾的死亡、水草停止生长甚至死亡；天然水体长期受酸的污染，将使水质及附近的土壤酸化，影响农作物的生长，破坏生态环境。矿山废水含重金属离子和其他金属离子，通过渗透、渗流和径流等途径进入环境，污染水体。经过沉淀、吸收、络合、螯合与氧化还原等作用，在水体中迁移、变化，最终影响人体的健康和水生物的生长。

8.3.2 矿山废水污染的控制

8.3.2.1 矿山废水污染控制的基本原则

① 改革工艺、抓源治本。污染物是从工艺过程中产生出来的，因此，改革工艺以杜绝或减少污染源的产生是最根本、最有效的途径。

② 循环用水、一水多用。采用循环用水系统，使废水在一定的生产过程中多次重复利用或采用接续用水系统。既能减少废水的排放量，减少环境污染，又能减少新水的补充，节省水资源。

③ 化害为利、变废为宝。工业废水的污染物质，大都是生产过程中的有用元素、成品、半成品及其他能源物质。排放这些物质既造成污染，又造成很大浪费。因此，应尽量回收废水中的有用物质，变废为宝、化害为利，是废水处理中优先考虑的问题。

8.3.2.2 控制矿山废水的措施

(1) 选择适当的矿床开采方法　地下采矿时，选择使顶板及上部岩层少产生裂隙或不产生裂隙的采矿方法。是防止地表水通过裂隙进入矿井而形成废水的有效措施。露天开采时，应尽量采用陡峭边坡的开采方法，以减轻边坡遭水蚀及冲刷现象。及时覆盖黄铁矿的废石，以防止氧化。

(2) 控制水蚀及渗透　地下水、地表水及大气降雨渗入废石堆后，流出的将是严重污染了的水。因此堵截给水、降低废石堆的透水性，是防止和减少水渗透的有效措施。

(3) 控制废水量　在干燥地区亦可建造池浅而面积大的废水池蒸发废水，这对排水量大的矿山是减少废水处理量的合理办法。

(4) 平整矿区及其植被　平整遭受破坏的土地，可以收到掩盖污染源，减少水土流失，防止滑坡及消除积水的效果。植被可以稳定土石，降低地表水流速度，因而能在一定程度上减少水土流失、水蚀及渗透。

8.3.3 矿山废水处理基本方法

矿山废水多为酸性水，通常采用中和法。常用的三种中和方法如下。

8.3.3.1 利用碱性废水、废渣中和

此方法既能除碱，又能除酸。当附近有电石厂、造纸厂等排出碱性废水、滤渣时，宜予以利用。

例：龙游黄铁矿选矿厂将酸性流程改为碱性流程后，尾矿水呈碱性，与矿区酸性水同时排入河道进行自然中和，改善了被污染水体，使排入河流2km区段内仍有鱼类生长。

8.3.3.2 加石灰和石灰乳中和

此方法成本较高，沉渣多而难处理。

例：向山硫铁矿结合处理矿井酸性水，将选矿厂的酸性流程改为碱性流程，既处理了矿井排出的酸性水，又使精矿品位和回收率有所提高。

8.3.3.3 用具有中和性能的滤料进行过滤中和

常用的滤料有石灰石、白云石和大理石等。常用的设施有：

① 普通中和滤池。用粒径较小的石灰石作滤料，可处理硫酸含量不超过1.2g/L的废水。特点是因反应后生成的硫酸钙经常沉积在滤料表面，使滤料失去中和性能，影响效果。

② 升流式膨胀滤池。由普通中和滤池改进的滤池，可处理硫酸含量不超过2g/L的废水。特点是滤池体积小、管理操作简便。

③ 卧式过滤中和滚筒。用以处理的废水含硫酸浓度可高达17g/L，对处理硫化矿矿山酸性水是一种较理想的设施。

8.4 矿山噪声污染及其防治

采矿工业中噪声污染甚为严重。矿山设备的噪声级都在95~110dB(A)之间，有的超过115dB(A)，均超过国家颁发的《工业企业厂界环境噪声排放标准》(GB

12348—2008)。

8.4.1 噪声的危害

随着矿山机械化水平的不断提高，矿山各作业场所的噪声污染也日益严重。据调查，从事采矿作业的工人中，有50%以上遭受不同程度的听觉损伤。噪声污染不仅危害职工的身体健康，降低劳动效率，而且干扰通风系统的正常运行。

噪声对人的影响是一个复杂的问题，不仅与噪声的性质有关，而且还与每个人的心理、生理状态以及社会生活等方面的因有关。表8-1列出了矿山噪声的危害情况。

表8-1　矿山噪声的危害

影响方面	内　容
影响正常生活	使人们没有一个安静的工作和休息环境，烦躁不安，妨碍睡眠，干扰谈话等
对矿工听觉的损伤	矿工长期在强噪声90dB(A)以上环境中工作，将导致听阈偏移，当500Hz、1000Hz、2000Hz听阈平均偏移25dB，称噪声性耳聋
引起矿工多种疾病	噪声作用于矿工的中枢神经系统，使矿工生理过程失调，引起神经衰弱症；噪声作用于心血管系统，可引起血管痉挛或血管紧张度降低，血压改变，心律不齐等；使矿工的消化机能衰退，胃功能紊乱，消化不良，食欲不振，体质减弱
影响矿山安全生产和降低矿山劳动生产率	矿工在嘈杂环境里工作，心情烦躁，容易疲乏，反应迟钝，注意力不集中，影响工作进度和质量，也容易引起工伤事故；由于噪声的掩蔽效应，使矿工听不到事故的前兆和各种警戒信号，更容易发生事故

8.4.2 矿山机械设备噪声控制

8.4.2.1 风动凿岩机噪声控制

风动凿岩机是井下采掘工作面应用最普遍、噪声级最高的移动设备。一般噪声级达110~120dB，是目前井下最严重噪声源。

(1) 降低排气噪声方法　风动凿岩机噪声主要声源是排气噪声。至今，人们还无法消除风动凿岩机的排气声源，但用限制排气速度和工作速度的办法来降低排气噪声是有可能的，也就是说，创造最好环流条件，减少气流排出时压力波动，使缸体内部和大气间保持较小的压力差。上述方法可通过在风动凿岩机排气口安装消声装置实现。

(2) 降低钎杆冲击噪声方法　钎杆噪声主要是活塞冲击钎尾引起钎杆振动而

发出的噪声。通过理论分析试验研究，欲降低钎杆噪声，可采取的措施有增加活塞与钎杆撞击的延续时间、增加钎杆结构损失系数、增加钎杆横截面半径、减少撞击偏心率、在钎肩处加橡皮垫等。

(3) 降低机械噪声方法　机械噪声是由机械部件振动、摩擦而产生，属于高频噪声。采用超高分子聚乙烯包封套，使凿岩机噪声由 115dB 降至 100dB。还可以使用一种吸收噪声的合金制作凿岩机外壳，该合金能吸收振动应力，故衰减噪声能力特别强。除此之外，还要采用结实的非谐振材料，如用尼龙做某些构件，使邻近零件的相对运动变为尼龙和钢的运动，从而完全消除钢对钢的运动。

(4) 降低岩壁反射噪声的方法　由于巷道空间有限，反射噪声形成混响场，从而增加凿岩机噪声强度。国外曾试验在井下巷道周壁喷射高膨胀泡沫稳定层，可有效地降低岩壁的反射噪声。

8.4.2.2　凿岩台车噪声控制

为提高采矿和掘进速度，目前国内外广泛采用多机凿岩台车。美国和加拿大联合研制应用于万能-1 型台车的隔声防震司机室和法国赛马科掘进台车都装配有隔声防震操作间，为多机凿岩台车作业时全面改善井下环境提供安全舒适的条件。

8.4.2.3　通风机噪声控制

控制扇风机噪声的根本性措施是：改进风机的结构参数，提高风机的加工精度，从研制低噪声、高效率的新型风机入手。对于目前正在使用的高噪声扇风机，可采取以下措施：

(1) 主扇噪声控制

① 用隔声室隔离机体噪声：将发声体和周围环境隔开。

② 排风口消声装置：采用矿渣膨胀珍珠岩吸声砖或水泥蛭石混合料吸声砖，是目前主扇排风口消声装置中比较理想的材料。

(2) 局扇噪声控制

① 用各种吸声材料和消声材料制成阻性消声器。②微穿孔板消声器。③柔性消声器。

8.4.2.4　空压机噪声控制

主要措施包括进气口安装消声器、机组加装隔声罩、空压机管道采取防震降噪、贮气罐的噪声控制及空压机站噪声综合治理措施。

8.5 矿山土地复垦

8.5.1 概述

土地复垦是指采用工程、生物等措施，对在生产建设过程中因挖损、塌陷、压占和自然灾害造成破坏、废弃的土地进行整治、恢复利用的活动。采矿工业占用的土地随着矿山生产活动的日趋结束，绝大部分经过恢复后仍可用于农、林、牧、渔业或旅游业，若条件合适，也可以作为发展其他工业或城乡建设用地。将采矿等人为活动破坏的土地因地制宜地恢复到所期望状态的行动或过程，称为矿山土地复垦。我国的土地复垦工作起步晚，复垦资金渠道尚不畅通，开展土地复垦工作至今还是举步维艰。土地复垦率还很低，复垦质量也远不如国外。

土地复垦是新兴的交叉学科，过去土地复垦常常被当作纯工程问题，尚未建立其理论体系，土地复垦是采矿工程、土木工程、土壤科学等学科的结合体，分为工程复垦与生物复垦两个阶段。在工程复垦中常用的方法是综合利用复垦技术。生物复垦是采取生物等技术措施恢复土壤肥力和生物生产能力，建立稳定植被层的活动，它是农林用地复垦的第二阶段工作。废弃土地复垦后，除作为房屋建筑、娱乐场所、工业设施等建设用地外，对用于农、林、牧、渔、绿化等复垦土地，在工程复垦工程结束后，还必须进行生物复垦，以建立生产力高、稳定性好、具有较好经济和生态效益的植被。

8.5.2 土地复垦方法

矿山开采后的土地复垦作，由于各矿床赋存条件不同，故所采用的复垦工艺技术也不尽相同，但共同经验是：矿山土地复垦必须与开采工艺相协调，统一计划，边开采边复垦，在复垦时充分利用采矿设备，既发挥现有设备效率，又降低复垦成本，缩短复垦周期，使恢复后的土地早日受益。按土地复垦的地点，开采后的土地复垦工作分如下几种：

① 采空区复垦。利用废石或尾矿充填采空区，然后铺覆表土，把采空区恢复成有用的土地，可用来种植农作物、牧草或植树造林，或作旅游胜地。

② 废石场复垦。是将结束了的废石场平整后，然后覆土造田，种植农作物和植树，而且可以消除废石场泄出的酸性水对农作物的危害和污染水系。

③ 尾矿池复垦。尾矿池结束后占用了大片土地，又是产生沙暴和污染水系的根源。在结束后的尾矿池顶部种植农作物、牧草或植树造林，是环境保护的重要内容。值得注意的是，尾砂中有害物质能否侵入复垦后的食物链中，对人是否

存在潜在危害，有待进一步研究。

④ 塌陷区复垦。各矿区的地势、地貌、区域气候、地下水位的高低不同，地下采矿引起地表大面积的塌陷对地表损害程度亦不一样，必须根据未来土地的使用方式进行复垦。

8.5.3 矿山固体废弃物的综合利用

我国矿产资源的特点是贫矿多，富矿少；难选矿多，易选矿少；共生矿多，单一矿少。在矿产矿产资源综合利用方面，我国中、小型矿山企业综合利用程度比较差，大部分小型矿山企业和小矿山根本不进行综合利用，不能做到贫富兼采、综合利用。如：我国金属共、伴生矿产资源总回收率只有50%，而国外先进水平均在70%以上，差距达20个百分点。

矿山资源的综合利用工作是一项重要的工作，尾矿、煤矸石、粉煤灰等固体废弃物的治理和开发利用也是资源综合利用的重要内容。开展矿山资源的综合利用，不仅可以增加矿产原料的品种、产量，提高产品质量，而且可变废为宝、化害为利、一矿变多矿、小矿变大矿，使矿山资源得到合理开发、充分利用。

矿山固体废物的主要来源是采矿后产生的废石和矿山选矿产生的尾矿。矿山废石的堆积和尾矿坝的构筑，不仅侵占大量土地和农田，而且大量的矿山废石、尾矿的排放，会严重破坏土地资源的自然生态环境，破坏自然景观，并且因其成分复杂，含有多种有害成分甚至放射性物质，严重污染水源和土壤，污染矿区和周围环境。目前，我国对矿山固体废物的利用率还是偏低。

矿山采矿废石特别是近矿体的矿化废石，一般多含有低品位的有用元素，对其中的有用元素综合回收利用，也是减少矿山固体废物排放、解决资源供需矛盾、提高矿山经济效益的一种有效途径。我国尾矿利用工作起步较晚，但进展较快，20世纪80年代以来，一些矿山企业迫于资源枯竭、环境保护以及解决就业问题等多种压力，开始重视对尾矿资源的开发利用，并在尾矿中回收有价金属与非金属元素，尾矿制作建筑材料，磁化尾矿作土壤改良剂，尾矿整体利用等方面已经取得了实用性成果。

8.6 矿井热害及其防治

随着矿井开采深度和强度的不断增大，矿井机械化、电气化程度不断增强，地热和机械设备散发的热量显著增加，使井下气温升高。此外，一些地处温泉地带的矿井，从岩石裂隙中涌出的热水及受热水环绕与浸透的高温围岩，都能使井下气温升高、湿度增大。这样就更加恶化了井下工作环境，严重地影响井下作业人员的身体健康和劳动生产率，成为一种灾害，习惯上称热害。为了降低热害，必须采取降低井下空气温度的措施。寒冷的矿区，为了防止因井筒结冰而造成提升、运输事故，防止人员上下班受寒生病，进风流采取加热的措施。

8.6.1 影响矿内气温的因素

矿内空气温度是决定矿内气候条件的重要因素，它直接或间接地影响着人体的散热状态。如果空气温度超过 27℃时，人体散热极为重要，甚至从空气中吸热，使人体内热量积蓄过多，热平衡遭到破坏，出现过热症状甚至中暑。因此，冶金矿山安全规程规定，采掘工作面的空气干球温度不得超过 27℃；高硫矿井和热水型矿井的空气湿球温度不得超过 27.5℃。

当地面空气进入矿内后，由于井下各种热源进行热交换，其状态参数(温度、湿度)随着风流的前进会不断发生变化。影响井下气温变化的主要因素有：矿井进风(地面空气)温度、(地表大气)、矿内空气的压缩和膨胀、岩石温度、矿岩氧化放热、矿内热水散热、机电设备散热、人体散热；(工作人员的能量代谢)、矿内水分蒸发吸热和井巷通风强度、矿内机电设备的运转、电力照明、灯火燃烧、人体放热、矿内水分蒸发吸热等。

总之，影响矿内热害形成的因素很多，矿内热源主要来自围岩放热、矿岩氧化放热以及矿内热水散热等方面。应当指出的是，围岩放热和矿井深度有关。一般来说，矿内岩石温度是随着开采深度的增加而升高的。如印度的科拉金矿开采深度为1000m 时，岩石温度为36℃，开采深度为8000m 时，岩石温度增至49℃，当开采深度增加到 2500m 时，其岩石温度增至 56℃。我国安徽省某硫铁矿，矿内岩石温度为40℃；安徽省某铜矿，矿内岩石温度则高达 40~60℃。总之，随着矿井深度的不断增加，矿内热害问题也愈来愈突出，必须引起人们的注意。

8.6.2 矿内热环境对劳动效率的影响

人在热环境中作业劳动生产率将显著降低，这是由于人体在热环境中可出现中枢神经系统紊乱使肌肉活动能力下降。

高温对工作效率的影响，大体有几个阶段：在温度 27~32℃范围内，主要影响是局部用力工作效率下降，并且促使用力工作的疲劳加速，当温度高达 32℃以上时，需较大注意的工作及精密性工作的频率也开始受影响。

日本北海道 7 个矿井调查表明：气温在 30~37℃时，工作面事故率较 30℃以下增加 1.5~2.3 倍。据我国里兰矿及长广煤矿的调查，井下工人在热环境中劳动效率大大下降。

南非在 20 世纪 50 年代后期对温度、湿度和风速对工人生产率的影响进行了广泛的研究。研究发现，当实效温度由27℃增加到30℃时，生产率明显下降；当实效温度为34.5℃时，生产率下降到实效温度为27℃的25%。由于高温导致矿山劳动生产率的降低，从而使矿山生产定额减少，最终导致采矿费用的增加。

综合上述情况，为了保护矿山劳动安全和工人的身体健康，提高劳动生产率，提高经济效益，改善矿井气候条件是很有必要的。

8.6.3 矿井热害防治措施

8.6.3.1 矿内无需人工制冷设备的降温方法

(1) 利用通风方法降温

① 适当增加通风：增加风量，提高风速，可以使巷道壁对空气的对流散热量增加，风流带走的热量随之增加，而单位体积的空气吸收的热量随之减少，使气温下降。与此同时，巷道围岩的冷却圈形成的速度又得到加快，有利于气温缓慢升高。适当加大工作面的风速，还有利于人体对流散热. 另外，回采工作面的通风方式也影响气温，在相同的地质条件下，由于W型通风方式比U型和Y型能增加工作面的风量，降温效果都较好。

② 利用调热井巷通风：利用调热巷道通风一般有两种方式，一种是在冬季将低于摄氏零度的空气由专用进风道通过浅水平巷道调热后再进入正式进风系统。在专用风道中应尽量使巷道围岩形成强冷却圈，若断面许可还可洒水结冰，储存冷量。当风温向零度回升时，即予关闭，待到夏季再启用。淮南九龙岗矿曾利用-240m水平的旧巷作为调热巷道，冬季储冷，春季封闭，夏季使用，总进风量的一部分被冷却，使-540m水平井底车场降温2℃。另外一种方式是利用开在恒温带里的浅风巷作调温巷道。

(2) 选择合理的开拓、开采方式

① 建立合理的通风系统。加强通风降温，首先必须建立合理的通风系统，要求在确定开拓系统并进行采准布置设计时，应使进风风流沿途逐步减少，比如将进风风路开凿在传热系统较小的岩石中，避开各种热源；避开掘专用的巷道把热水、热空气单独送入回风巷；尽量采用全负压的掘进通风方式以及改单巷掘进为双巷掘进或采用绝热风筒进行供风等。对地热型的高温矿井，宜采用能缩短进风路程、分区进风的混合式通风系统。多井筒混合式通风系统的进风路线最短，因而它的降温效果比中央式通风系统好。合理划分通风区域，利用废旧井巷和大直径地面钻孔直接向工作面供风，有时也起到降温作用。

② 选择合理的开采顺序。后退式开采的矿井，生产初期通风路线较长，使采煤工作面进风温度增高。但由于通风作用使煤岩散热形成冷却带，工作面本身

风流温升将减少 0.6~1.6℃。前进式开采的矿井工作面风温将增高 2.0~2.5℃。

漏风对风温也有影响。后退式开采时，采区平巷漏风很小；前进式开采时，漏风率可达进风量的 20%~30%。把进风巷布置在导热系数低的岩石中，采用双巷掘进、全矿井负压掘进都有利于降温。平顶山八矿-430m 水平大巷采用双巷掘进，降温可达 1.6~7.5℃。

③ 确定合理的工作面长度。增加矿井产量有利于深井降温。分析表明，开采产量提高 1 倍，可使工作面末端风温降低 1~4℃。

增加工作面长度对降温不利，由于目前增加产量的主要方法是增加工作面数目和提高推进速度。因此，在深井高温矿井中采用分区式布置，有利于风流中温度降低。

(3) 其他降温隔热方法　利用地下水降温；在局部地点使用压气引射器；冰块局部降温；个体防热；减少各种热源放热。

8.6.3.2　矿内采用人工制冷设备的降温方法

从低温热源吸取热量排向高温热源所用的机械称为制冷机。根据完成制冷循环所用的方法不同，大致可分为压缩式、蒸汽喷射式和吸收式三类，而压缩机又由于采用的制冷剂不同，分为空气压缩制冷与蒸汽压缩制冷。在空气调节工程中最常用的是蒸汽压缩式制冷。蒸汽压缩式制冷机的构造如图 8-1 所示。制冷降温系统由制冷机、空气冷却系统、冷却循环水系统三大部分组成，。主要包括制冷、输冷、散冷、排热四大系统。目前国内外的大部分矿井降温系统都是采用这种形式。

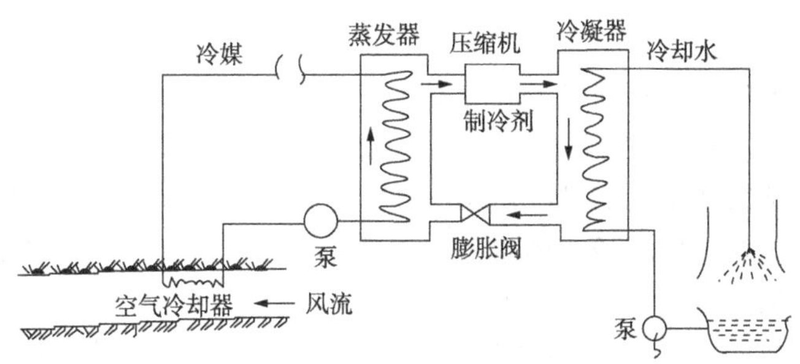

图 8-1　冷冻机制冷工作原理

制冷机的工作原理是：利用某种临界温度高、临界压力不大的气体(制冷剂)受压液化放热，而降低压强时又可汽化吸热，使周围物质冷却。

制冷机的工作过程是：循环使用的气态制冷剂进入压缩机被压缩，使其温度和压力升高，进入冷凝器后，被其中盘旋冷却水管的冷水所冷却，使制冷剂温度降低而液化，再经过膨胀阀进入蒸发器时，制冷剂压力显著降低，同时吸收蒸发器内盘管中冷媒的大量热，制冷剂完全汽化，汽化后的制冷剂可再进入压缩机循环使用。从蒸发器内盘管中流出的冷媒由于被吸去了大量热量而温度降低，降温后的冷媒从蒸发器中流出，经过泵沿管道流至空气冷却器内，使其周围气温降低，达到降温调节目的，升高了温度的冷媒可沿管路再重新流入蒸发器内的盘管内继续使用。常用的冷媒是水或盐水。

8.6.4　矿井入风预热

我国东北、华北、西北广大地区冬季气温较低，低温空气进入矿井，可使潮湿或淋水的井筒结冰，给提升、运输带来困难，甚至发生事故；另外，进风井筒温度较低时，使井下气候条件恶化，影响工人身体健康。因此，必须对进入矿井的冷空气进行加热，使进风温度不低于2℃，以保证矿井安全生产和工人身体健康。

矿井入风空气预热的方法，目前主要采用锅炉预热和地温预热两种。采用锅炉及加热装置加热的方法消耗燃料较多，但安全可靠；采用地温预热矿井入风的方法(即利用废旧巷道和金属矿的采空区作为预热巷道)可以节省大量燃料，主要应用于有色金属矿。地温预热和降温在地面建筑物中也有广泛的应用，地温预热入风空气分浅部巷道(恒温带内)和深部巷道两种。

8.6.4.1　矿井入风预热的方式

矿井入风预热方式的选择，对矿井防冻的效果有很大影响，因此必须结合矿井的具体情况和地面气温情况，确定其加热的方式。常用的矿井入风预热方式有以下几种。

(1) 无风机的空气在井口房混合方式　这种方式多用于竖井，将井口房四周和井口房以上的井架进行密闭，井口房大门设自动风门或热风空气幕。在井口房主导风向的一侧安装空气加热器，以及百叶窗和防寒窗扇等。矿井总入风量的大部分由主通风机负压作用经加热器吸入井口房，并与加热器上部的冷风调节窗及门缝等处渗入的冷风进行混合后进入井筒。

(2) 有风机的空气在井口房混合方式　这种方式一般不用热风道，而用通风机将入井风量的一部分加热至30~50℃送至进口房与冷风混合到2℃，利用矿井的负压吸入井筒。

(3) 无风机的空气在井内混合方式　这种方法多用于斜井。斜井至地面经常有一段平硐或地道供人员出入。在这段平硐或地道两侧安装散热器，经过平硐或地道进入斜井的空气则被加热。

(4) 有风机的空气在井筒内混合方式　将矿井总入风量的一部分(大约15%~

40%)加热至40~70℃后用通风机送入井筒，与大部分由井口进入的冷风混合到2℃。这种方法由于空气通过加热器的速度较大，因而加热器的利用率较高，加热器的数量较少。

(5) 矿井为压入式通风的空气预热方式　这种方式的空气加热室，可不为加热室专设通风机，而与主通风机房联合建筑，一般将加热器布置在通风机的吸风侧，按其布置特点属于有风机方式。

8.6.4.2　锅炉蒸汽预热法

采用锅炉和加热器加热矿井入风时，一般只将矿井总入风的一部分进行加热，再与一部分冷空气混合后送入井下，加热空气的数量可取总风量的15%~40%，加热后空气的温度可取：送往竖井井筒为50~70℃，送往井口房为40~60℃。锅炉蒸汽预热的典型装置如图8-2所示。从锅炉房产生的蒸汽用隔热管道送到进风井旁的暖风硐，进入加热器(翅片管道)，用小风机送入其间的冷空气加热，通常加热到70~80℃以后的热空气由联络道切向地流入进风井筒内，与流入井筒的冷空气混合，使混合后的空气温度达到2℃。

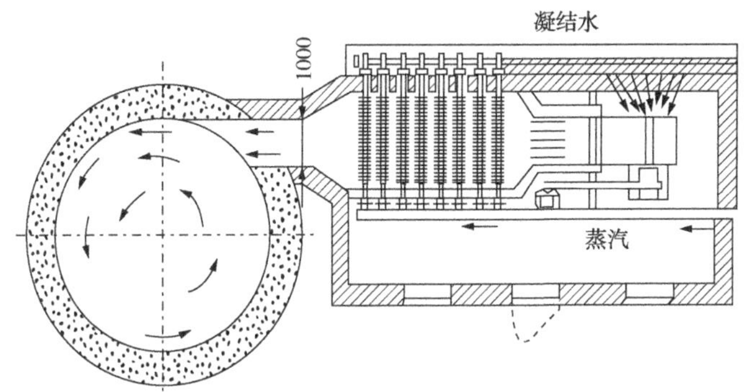

图8-2　蒸汽预热装置

8.6.4.3　地温预热法

冬季地面温度较低的空气进入井巷后，空气与围岩发生热交换，空气沿巷道流动方向的温度将逐渐升高。这种利用地下岩体热源加热空气的方法，可以用来加热冬季的矿井入风，即使进入矿井的空气首先经过一段调热巷道，使空气温度升高到2℃时再进入矿井。当冬季温度很低的空气经过调热巷道后，空气吸收了巷道周围岩体的热量，使巷道周围岩体温度降低很多，而且调热巷道入风口部分还要结冰。调热巷道经过一冬天的冷却，变成了一种冷库，到了夏季则可利用这种变成冷库的调热巷道，对矿井的入风流进行降温。利用地温预热降温矿井入风或大型民用建筑，如影剧院、礼堂等的升温，是近几年在国内发展起来的一门新技术，由于系统简单、节省能量和造价低廉而引起人们的重视。但这种利用调热巷道对入风的预热降温使用是有条件的。

金属矿山的调热巷道大多利用旧井巷及采空区，使空气先经过废旧井巷和采空区与围岩进行热交换，升温(冬季)或降温(夏季)后再进入矿井。对于煤矿，如果有距地表较近的在岩石内开凿的废旧井巷，也可以用来作调热巷道，但采空区及煤巷不得采用。必要时也可开凿专用调热巷道。

参 考 文 献

[1] 解世俊．金属矿床地下开采[M]．北京：冶金工业出版社，1986
[2] 王青，史维祥．采矿学[M]．北京：冶金工业出版社，2001
[3] 赵兴东．井巷工程[M]．北京：冶金工业出版社，2010
[4] 王子云．矿井通风与防尘[M]．北京：冶金工业出版社，2016
[5]《采矿设计手册》编委会．采矿设计手册[M]．北京：中国建筑工业出版社，1987
[6]《采矿手册》编委会．采矿手册[M]．北京：冶金工业出版社，1990
[7] 李宝祥．金属矿床露天开采[M]．北京：冶金工业出版社，1992
[8] 古德生，李夕兵等．现代金属矿床开采科学技术[M]．北京：冶金工业出版社，2006
[9] 陈国山．采矿技术[M]．北京：冶金工业出版社，2011
[10] 孙本壮．采矿概论[M]．北京：冶金工业出版社，2007
[11] 蒋仲安．矿山环境工程[M]．北京：冶金工业出版社，2009
[12] 陈宝智．矿山安全工程[M]．北京：冶金工业出版社，2009
[13] 杨殿．金属矿床地下开采[M]．长沙：中南工业大学出版社，1999
[14] 张敢生，戚文革．矿山爆破[M]．北京：冶金工业出版社，2009
[15] 张钦礼，王新民，邓义芳．采矿概论[M]．北京：化学工业出版社，2008
[16] 郭进平，聂兴信．新编爆破工程实用技术大全[M]．北京：光明日报出版社，2002
[17] 中国冶金百科全书编委会．中国冶金百科全书[M]．北京：冶金工业出版社，1999
[18] 高永涛，吴顺川．露天采矿学[M]．长沙：中南大学出版社，2010